直播時代

快手是甚麼 II

快手研究院 ——— 著

商務印書館

直播時代——快手是甚麼 II

作　　者：　快手研究院

責任編輯：　甄梓祺

裝幀設計：　涂　慧

出　　版：　商務印書館（香港）有限公司

　　　　　　香港筲箕灣耀興道3號東匯廣場8樓

　　　　　　http://www.commercialpress.com.hk

發　　行：　香港聯合書刊物流有限公司

　　　　　　香港新界荃灣德士古道220-248號荃灣工業中心16樓

印　　刷：　美雅印刷製本有限公司

　　　　　　九龍觀塘榮業街6號海濱工業大廈4樓A室

版　　次：　2021年5月第 1 版第 1 次印刷

　　　　　　© 2021商務印書館（香港）有限公司

　　　　　　ISBN 978 962 07 6670 1

　　　　　　Printed in Hong Kong

視頻的表達方式，打破了文字表達的門檻，也打破了文化的界限，讓更多的人有機會表達、有機會被看見。那些原來沉默的大多數，可以不沉默；那些原來普通的人，可以不普通；那些原來平凡的事物，就不再平凡。

——快手科技創始人兼首席執行官　宿華

從感性的視角來看，雖然算法特別強大，但我不覺得未來一切的事情都由算法決定，人和人之間的感情還是非常有力量的。我非常相信人和人之間的信任，或者感情的連接，這是非常有價值的。

——快手科技創始人　程一笑

本書 7 個要點

1. 視頻是一種可以極大釋放生產力的科技手段，是推動內外循環和消費升級的新基建，正在改變一切。直播不是一種延伸和補充手段，而是一個時代。視頻和直播會縮短時空，成就更有溫度和信任感的社會。商業會重構。商業新物種爆發期將到來。

2. 直播電商「消費者→主播→產品」的鏈條，是從消費者出發，與商家連接的迄今最短、最有效的模式。

3. 直播電商還在全球範圍內快速演進。精準化、個性化、品牌化是方向，是大規模的消費升級。

4. 直播電商正在重塑供應鏈。規模化 C2B，根據需求重新定義產品，改造和激活工廠。

5. 對各地政府來說，直播電商是不可忽視的機會，可以把本地資源嵌入一個更大的市場中。

6. 對企業和行業來說，直播並非臨時之舉，而是未來的一種常態，需要高度重視。

7. 直播電商是扶貧和鄉村振興的好手段，是內生動力，是長效機制。

快手的社區演變

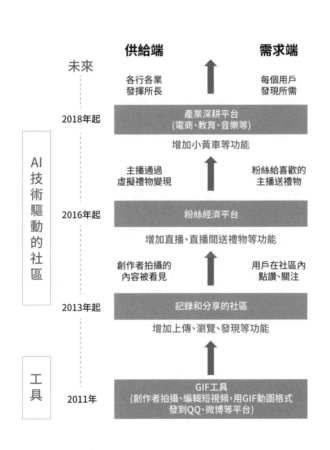

供給端　　　　　　需求端

未來

各行各業　　　　　　每個用戶
發揮所長　　　　　　發現所需

2018年起

產業深耕平台
(電商、教育、音樂等)

增加小黃車等功能

主播通過　　　　　　粉絲給喜歡的
虛擬禮物變現　　　　主播送禮物

2016年起

粉絲經濟平台

增加直播、直播間送禮物等功能

創作者拍攝的　　　　用戶在社區內
內容被看見　　　　　點讚、關注

2013年起

記錄和分享的社區

增加上傳、瀏覽、發現等功能

2011年

GIF工具
(創作者拍攝、編輯短視頻，用GIF動圖格式
發到QQ、微博等平台)

AI
技
術
驅
動
的
社
區

工
具

2020 年上半年，2 000 萬人在快手獲得收入，其中很多在偏遠地區。

直播 目
時代 錄

序言

01 第一部分
　　　各地樣本調研

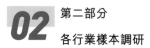

02　第二部分
　　　各行業樣本調研

03 第三部分

快手生態（上）：基礎設施快速更新

04 第四部分
快手生態（下）：品牌崛起

05 第五部分
新基建、內循環

直播　序
時代　言

本書出版之際，恰逢快手 10 週歲和上市。書的序言是快手兩位創始人的文章，一篇是宿華在上市儀式上的講話，一篇是一笑為本書寫的序。

讓每一個人發現所需，發揮所長

宿華　快手科技創始人兼首席執行官

（本文是宿華在 2021 年 2 月 5 日快手上市儀式上的致辭）

各位朋友，各位同學，大家好！

很高興能和大家一起見證這個時刻。在快手很早期的時候，我就想像過我們上市的情形。今天這一刻，和我曾經的想像，有些一樣，也有些不一樣。在我的想像中，敲鐘的應該是快手的忠實用戶，而我和一笑則會留在工位上寫代碼。

今天來了 6 位來自世界各地的社區用戶代表，代表了我們數億的創作者和用戶。是用戶一路陪伴着快手的成長，而快手，也一直堅定地和他們站在一起。一會兒我們將請這幾位用戶代表來敲鐘。

2011 年，快手開啟了短視頻時代。我們通過十年的不懈努力，讓視頻的表達方式被更多的人接受和喜愛。這打破了文字表達的門檻，也打破了文化的界限，讓更多的人有機會表達、有機會被看見。那些原來沉默的大多數，可以不沉默；那些原來普通的人，可以不普通；那些原來平凡的事物，就不再平凡。

當無數的人和內容連接在一起之後，逐漸展現出多元而真實的社會，他們之間相互作用，構建起一個有很強生命力和演化能力的生態。

在這個生態裏，不斷湧現出新的商業模式，重構商業系統和行業結構。我們的直播業務、視頻電商業務就是這樣一點點長出來的。我們的創作者從中獲得了尊重、理解和信任，也從中獲得了物質回報，從而更進一步促進了創作；我們的用戶從中獲得了更多的精神和物質的消費選擇，也獲得了更多的情感共鳴和溫暖陪伴，從而更進一步促進他們的社區認同。

在過去的一年，我們產生了超過 130 億條視頻，成為這個社會發展、民眾獲得感提升的有力見證；有近 9.6 萬億分鐘的消費時長，相當於 1 800 萬年的人類歷史光影；有超過 2 000 萬人在平台上獲得了收入，獲益者涵蓋從一線城市到偏遠地區的個體、羣體、行業、機構；產生了超過 3 000 億元的 GMV，有趣地逛、放心地選、信任地買成為社區多元生態的重要組成部分。我們已經幫助了很多人在利用科技改善生活，我們也將會幫助更多人，在數字時代更好地生存和發展。

在這一切的背後，是我和一笑創業開始就確定的一種信念：對人的尊重，對勞動和創造的尊重。我們幫助人們發現所需，發揮所長，希望有恆心者有恆產，有恆產者有恆心，希望打造一個最有溫度、最值得信任的社區。我們選了 1024 作為我們的股票代碼。1024 是 2 的十次方，它代表了一行行的程序代碼，代表了科技的力量，代表了先進的生產力。我們希望用科技的力量，讓勞動和創造釋放更大的能量，讓價值創造者得到更好的回報。我們會一直堅持為用戶創造長期價值，為社會創造長期價值。

今天的公開上市，對我們來說，是接受公眾考驗的新起點，更是我們迎接更多更大機遇和挑戰的新起點。我們會繼續砥礪前行，推動社會變得更好，個人變得更幸福。

最後，我想借此機會，感謝快手的每一位用戶，感謝一起奮鬥的每

一位夥伴，感謝過去和未來的投資人，感謝背後支持我們的親友，感謝生我養我的村莊和城鎮，感謝 1024，感謝這個充滿機遇和挑戰的時代。

謝謝大家！

打造最有溫度、
最值得信任的在線社區

程一笑　快手科技創始人

　　快手創立有 10 年了，最初它是 GIF 工具，然後逐漸變成一個國民性的短視頻和直播平台。這 10 年裏，我們一直在思考和堅持的是，我們為用戶、為社會創造了甚麼價值，未來如何創造更多社會價值。因為只有創造社會價值，我們才有價值。

　　我們創造的社會價值主要體現在效率提升上。我們做的短視頻、直播、分發，都是把供給端和需求端更好地、更高效地進行匹配，以提升信息交互的效率，實現我們的使命：幫助人們發現所需，發揮所長，持續提升每個人獨特的幸福感。

　　發揮所長比較核心。因為這個世界上有很多生產者的產品特別好，只是他們不太會賣，不知道怎麼吆喝，或者不太知道怎麼在電商平台上做網店。而快手的存在為有好產品但不知道怎麼賣出去的人提供了更好的平台。

　　那麼，為了承載這個使命，我們最終要達成甚麼樣的狀態或畫面，即我們的目標或願景（Vision）是甚麼？我想是「打造最有溫度、最值得信任的在線社區」。

　　為甚麼用溫度和信任這兩個詞？我覺得，隨着社會越來越往前發展，很多事情都在發生變化，尤其是 2020 年爆發的疫情，讓人和人之間的關係變遠了，跟朋友聚餐或者一起出去玩的機會少了很多，感覺人情味變淡了，缺少了一點溫暖感。人畢竟是社交動物，對於溫度的渴求非常強，溫度是不應該隨着社會的發展變淡的，所以我覺得，一個大的社區特別應該給人「有溫度」的感覺。

　　關於信任，我自己有感受，如果在與別人談合作時，還沒建立起信任，心裏就會犯嘀咕，只能小步嘗試，發現他沒騙我後，再多加一點合作。如果我信任他，就可以更深度地合作。我覺得，信任是商業社會最重要的東西，可以降低我們交易的成本，是很多事情能不能順利推動的特別重要的要素。

　　我們的平台不僅僅是娛樂的社區，而且正越來越深地介入交易的環節，漸漸影響老百姓的日常生活，無論是買東西賣東西，還是本地生活服務。我在想，用戶信任我們的主播嗎？如果他們相信，我們的交易循環也好，未來也好，就會打得特別開。如果他們不相信，其中的信任成本就會特別高，影響整個交易的循環。所以我們希望可以在平台上構建一個有非常高信任感的社區，這樣我們做各種各樣事情的順暢度會特別高，會讓我們的未來打得特別開，更好地為社會創造價值。

兩個特別重要節點

　　説回到快手這 10 年，一路走過來，還是幸運地順應了視頻發展的趨勢，不斷增加新技術功能和社區內容，從記錄和分享的社區到粉絲經濟平台，再到現在的產業深耕平台。近 5 年，我特別想提到兩個重要的時間節點，一個是 2016 年我們開始做直播，有了自己的商業模式。之前大家擔心我們能不能活下去，現在已經證明了這個商業模式是成

立的。

2016 年以前，大家基本都是在 PC 上做直播，當時手機做直播還是挺卡的，還有挺多技術上的難題，大家對手機能不能做直播這件事情還不太確定。這也是定佳（快手首席技術官陳定佳）加入快手時做的第一個項目，他非常順利地把這個項目搞定了。

另一個重要的時間節點是 2018 年，直播電商開始了。我們可以為更廣大的人羣提供服務，為生產者端提供更好的銷售方式，而且極大地降低了銷售成本。對我來講，這是特別正向的事情。

最開始，直播電商的供應鏈還處於比較初始的狀態。尤其是 2017—2018 年，消費者剛剛經歷微商時代，對微商的意見還是挺大的。我們這時來做直播電商，大家就會想，你賣的東西能為消費者創造真正的價值嗎？所以要不要做直播電商，當時的內部爭議確實挺大。我們之後進行了深入思考，在直播中賣標品想讓消費者滿意是非常難的，但是賣非標品，用戶滿意度就會高得多。

讓我特別震撼的是賣玉這件事，有一次我問電商部門的同學，玉在商場加價率多高？他說 10 倍。我說這個行業不太對，一個東西應當有一個合理的加價率，我為甚麼要到商場去買一個銷售價在出廠價之上加了 10 倍的東西呢？我覺得這個行業應該可以被改變。現在，在我們的努力下，玉的利潤空間已經相對合理了。

過去，我們更多地是對整個供應鏈進行改造。對快手來說，現在特別大或特別好的一個變化是客單價在往上走，用戶買便宜的東西是試試你的東西行不行，客單價往上走意味着用戶對於商家的信任度在提升，用戶越來越願意在我們的平台上買貴的東西。

2020 年，我們的電商業務有所突破，我覺得在電商上我們做得最對的地方是把賣家服務評級系統、用戶購買了商品之後的評價指標、

用戶滿意度指標真的做起來了，至少是在往上走的趨勢中。大幅提升用戶滿意度，這是我們在做交易類業務也好，或者其他業務也好，最應該思考的事情。也就是說，我們和用戶之間的信任度，是不是通過交易變得越來越深了，這才是我們未來真正的大機會。

我已經看到一個方向，我們電商業務在從產業層向內容層走。我認為電商應該成為內容層的一部分，是一個有特別強的「逛」的屬性或者有內容屬性的業務。雖然說今天電商還沒能做出特別強的「逛」的感覺，但是我堅信一定可以做出來，這也是特別大的期待，期待再過半年，電商業務可以在內容層站到一個特別堅實的地位。

重構 10 億用戶的消費決策

我們在電商等產業結合方面做了一些工作，但我相信，直播時代的潛力還遠沒有發揮出來，我們目前還在很早的階段。

我認為，視頻＋算法＋經濟，如果做得好，完全可以重構用戶的消費決策，推動下一輪信任機制的創新。打造最有溫度、最值得信任的在線社區，這其實也是直播時代給我們的難得大機會。

我們回看整個商業時代的變化歷程，最開始是小商品時代。小的時候我家門口經常有幾個菜農過來賣菜，每天都是他們幾個人，我媽媽就特別相信他們賣的東西是靠譜的。20 世紀 90 年代，漸漸進入產品時代，我記得那時開始有可口可樂這樣有品牌的產品出現。因為它是一個牌子，所以我願意買它，這是對品牌的信任。

再下一個時代是商超時代。2000 年前後，在我生活的範圍內出現了沃爾瑪、7-11 這樣的商場和超市。裏面賣的很多東西我沒有見過，有品牌也有散裝的東西，但我認為，這麼大的商場，不至於賣一些假冒偽劣的東西。

　　到了平台時代，比如淘寶，通過用戶點評構建了信任關係。我在淘寶看到評分是 5 分的店舖時，會覺得挺靠譜的。

　　從小商品時代到產品時代，到商超時代，再到平台時代，每次消費決策的改變都是一個特別大的生意，每個時代都出現了特別巨大的公司，我相信直播時代可以重構信任，這也是一個特別大的時代的開始。

　　一個普通用戶來到快手這個平台，最初可能是因為「爽」，但他為甚麼在這裏長期留下來，我覺得還是因為有信任和有溫度。打造一個最有溫度、最值得信任的在線社區，重構 10 億用戶的消費決策，這是我們的夢想，也是對社會更加有價值和意義的道路。

關於公域和私域

　　面對這個時代機會，我們要打造最有溫度、最值得信任的在線社區，這裏面有很多挑戰和不確定性，但也有一些確定的點，需要我們努力做好。其中有一條是我們要去發揮好私域的力量，把公域跟私域結合好。

　　我特別相信，得生產者得天下。我們應該更加堅定地站在用戶這邊，站在生產者這邊。畢竟平台不生成內容，生產者是整個內容行業的根基所在。我們要跟生產者站在一起，就需要公域跟私域相結合。

　　大家肯定會有這樣的疑問，為甚麼在算法如此高效的情況下，平台擁有這麼強的分發力的時代，我們依然要做私域。從感性的視角來看，雖然算法特別強大，但我不覺得未來一切的事情都由算法決定，人和人之間的感情還是非常有力量的。我非常相信人和人之間的信任，或者感情的連接，這是非常有價值的。當然，我們要做私域並不是要放棄公域，而是要走一條公域跟私域相結合的路。

　　私域有很多地方給我特別大的感動。我關注了一位主播，他説話有

京腔，應該是北京通州人。他每天開播的時候實際上沒有太多的人觀看，大概 100 多人吧，基本是北京週邊的一幫人。有一年端午節，他說要回饋一直看他直播的人，要給粉絲送粽子。他說：「我家有三輪車，我就從北京繞一圈，把粽子給你們送過去。」我當時特別感動。這個兄弟回饋用戶的方式和其他主播不太一樣，別人回饋用戶是發點紅包讓大家搶一搶，他是自己蒸了粽子，騎着三輪車給大家送，真的繞了北京一大圈，大概送出去五六十份。看他直播的那些人都說，這個兄弟特別靠譜，兩斤粽子也沒有多少錢，20 元左右，但是給人的感受特好。我覺得，這種感覺只有私域才能帶給我們。

給我們送粽子的主播，無論他賣甚麼東西，都有非常高的信任基礎。我知道他是一個甚麼樣的人，他不至於騙直播間的 100 多人，如果他騙了這些人肯定就沒飯吃了。我覺得，只要這樣的人越來越多，就會開啟另外一個大的時代，這個大時代是基於粉絲經濟重構整個信任體系的。我現在看到一些苗頭，但這樣一個大的方向還是要靠大家共同努力去達成。

從管理複雜度來講，肯定是公域好管得多。原因是誰行誰上，不行拉倒。但是私域有一個特別複雜的問題，相當於主播有了自己的一點產業在那裏，你到底是管還是不管，用甚麼樣的方式管，難度特別大。

一個比較共識的結論是，我們做到了有恆產者有恆心，但還應該做到有恆心者才有恆產。還是要管好，不能允許主播和 UP 主做傷害用戶的事，要引導他們有恆心。

我堅信把私域管好這樣一條路是正確的。舉個小例子，前不久，我帶着宿華和一些同事又去了我的家鄉，又看了二人轉。現在外面廣場上已經沒有二人轉表演了，都是在電影院裏演的，環境特別「高大上」，門票不便宜，靠前一點的位置大概 200 元一張票，而電影在我家鄉只

要二三十元一張票而已，這意味着二人轉在我家鄉已經成為一種特別高雅的文化和休閒娛樂方式。過去，二人轉給人的印象並不是這樣。看來這些生產者還是可以被改變的，或者只要有機會都是可以變得更好的。

我認為，把私域做好並管好，讓更多生產者「綻放」，可以讓社會有更多溫度和信任。

堅持用戶利益優先原則

要實現我們的願景，堅持用戶利益優先這一條，無疑是必須要做到的。以我們的電商為例，我們的電商叫作體驗型電商，在滿足用戶需求方面，比貨架電商要高一些。這會涉及一些用戶利益和公司利益衝突的問題。

在我心中，用戶利益一直都是排在第一位的。我始終堅信用戶利益優先原則，因為有用戶利益才有公司利益。我在公司內部一直強調這件事情，一個很重要的原因是，大家很容易因為重視公司利益而忽視用戶利益，無法平衡好兩者的關係。

還有，各個部門因為看到用戶利益的不同方面也會產生衝突，比如，視頻團隊會看到用戶在視頻上消費的利益，直播團隊會看到用戶在直播業務上的利益，電商團隊會看到用戶在電商業務上的利益，我覺得這些不同利益視角需要進行平衡，讓用戶利益最大化。

如何看待用戶利益第一，我曾經在內部給同事們分享過兩個案例。

第一個案例是一位主播在直播時賣了一些劣質酒，用戶買了酒後很不滿意。我們在覆盤時發現，一是我們團隊沒有把控好商品質量，沒能讓用戶買到放心的產品；二是事件發生後，我們團隊對相關主播的處罰力度不夠。這不符合我們用戶利益第一的價值觀。

　　第二個案例是快手上有一位主播拉着三輪車，經川藏線從四川步行去西藏，展示自己的路途特別辛苦，並由此得到粉絲的關注和支持。有一天有路人路過，在微博上發佈了一個爆料視頻，原來他不是自己拉着三輪車走路，而是前邊有汽車拉着他，他拍一段徒步的視頻就上車了。針對這個案例，我對團隊提出了批評，這相當於欺騙用戶感情。這樣的事情，我們要發現真相，其實並不容易，但只要發現一定要特別嚴格地處理，應該封號，因為欺騙用戶的感情是大事。

　　我認為，避免用戶利益受損優先級排第一，公司利益排第二。

非標品比較適合快手去做

　　再回到具體的電商業務中，我們經常被問到，快手電商與其他電商平台有甚麼區別？我們還是應該做適合我們做的事，非標品比較適合快手去做，因為它比較適合直播展現，而且在其他電商平台賣得不一定好，所以，我們並不是搶了誰的生意，更多的是製造了一種新的商業模式，主播和粉絲之間因為互信而產生購買行為。

　　非標品是一個大類，是一年交易額在幾萬億元的市場。服飾肯定是其中最大的，然後還有珠寶。這種非標品是比較適合在快手上通過直播展現銷售的。

　　珠寶市場可能是一個比較好的例子。這是比較明顯的增量市場，之前大家買珠寶對於商場的信任度沒有那麼高，有了快手這樣的直播平台之後，大家對珠寶的信任度有了很大的提升，相當於變成了「打明牌」，平台為珠寶方面提供信用背書。

　　和其他電商平台交流時，我們也是「打明牌」，説出我們的想法。首先我們非常確定自己不是貨架式電商。對於標品，我們願意跟合作夥伴比如京東、淘寶進行更多合作。非標品的市場空間非常大，我們肯定

會做，在這件事上我們與其他電商平台確實會有一些競爭，但我覺得大家各憑本事，誰滿足用戶做得好，誰就能拿下來。

我們和其他電商平台最重要的分割線是在標品和非標品上，我們聚焦在非標品上。對於標品，我們沒有特別大的優勢，就算去做，也是做成貨架電商，那是其他電商平台的優勢。

非標品不是指白牌，它一樣也有品牌。品牌或非品牌是在標品或非標品的下一級。我們迫切希望有更多服飾品類的品牌加入進來。

對品牌企業，我們的態度是開放和歡迎的，比如服飾、珠寶類。我們看到，在快手上賣羽絨服，做得比較好的主播會集中在國內幾個一線品牌上，這樣的品牌變得越來越多，也是一個大的趨勢。實際上我們也在採取措施，讓更多品類的品牌進來。

在中國，大家願意提標品和非標品這兩個概念，跟中國工廠柔性供應鏈是強掛鈎的。沒有柔性供應鏈，「非標時代」是不會來的，這也是供給端產生的變化。用戶肯定更喜歡個性化的東西，所以非標品的市場越來越大是一個大的趨勢，並且在工廠端、柔性供應鏈端，技術進步應該會把「非標度」做得越來越高。

聚焦於我們的使命

最後寫幾句總結。這本書的書名叫「直播時代」，直播提升了信息傳遞的效率，釋放了相當多的生產力，創造了社會價值，是時代的進步。

從實時性、交互性的角度來看，直播意味着整個信息傳遞方式已經發展到了非常極致的狀態，這會是一個長期的過程。未來 VR 和 AR 等技術可能會有很大的進步，也會融合在直播中。

未來在這個長期的過程中，會出現各種各樣的機會和誘惑。我們處於分發的重要環節，有各種各樣的新東西需要用到我們這樣的平台，看

起來我們能做的事情確實挺多。但對於一家公司來講，並不是所有的機
會都要抓。我們需要思考哪些是屬於快手的，我們堅持抓與我們更近
的機會，我們的視野會特別集中在跟快手用戶、主播或生產者連接的機
會上。

　　作為平台方，我們要有平台的視野和心胸，還是應該思考清楚我們
是誰，應該為用戶和社會提供甚麼樣的價值。還是應該回到我們的願景
和使命：打造最有溫度、最值得信任的在線社區，幫助人們發現所需，
發揮所長，持續提升每個人獨特的幸福感。

花10分鐘

看看別人怎麼想怎麼做

快速檢索本書的22個知識點

本書涉及148個訪談，共21萬字。
我們做了一份知識點索引，方便讀者快速檢索、翻閱內文。

一、主播篇

本書專業術語較多，我們在最後（第417-424頁）
附有71個名詞解釋，供讀者查閱。

直播
時代

播
代

導言
直播經濟是甚麼

文字所能傳的情，達的意是不完全的……文字是間接的說話，而且是個不太完善的工具。我們有了電話、廣播的時候，書信文告的地位已經大受影響。等到傳真的技術發達之後，是否還用得到文字，是很成問題的。

面對面的往來是直接接觸，為甚麼捨此比較完善的語言而採取文字呢？

在「面對面社羣」裏，連語言本身都是不得已而採取的工具。

—— 費孝通（《鄉土中國》1947 年）

我們這幾年最重要的認知是一句大白話：視頻是新時代的文本。

視頻不是一個行業，而是一種新的信息載體。影像活生生在那裏，比文字更真切。

所有行業會因為視頻而重新定義。

—— 宿華（在 36 氪年會上的演講，2016 年）

本書有 30 多個鮮活的案例，供讀者各取所需。本章的任務是呈現我們的思考過程，以視頻時代為對象，作出比較系統的闡釋，供讀者參考和批評。本章理論性較強，讀者或可先行跳過，等有空時再細看。

以直播經濟為標題，是因為直播這個概念最近比較受關注。我們談的其實是更廣的概念：視頻時代如何改變我們的社會、經濟和生活。

本文作者何華峰 快手科技副總裁、快手研究院負責人

我們講的視頻包含了快手、Zoom（一款多人手機雲視頻會議軟件）、微信視頻通話，也包含拼多多、B 站等正在推出的直播，還有 VIPKID（在線青少兒英語教育品牌）這樣的企業提供的直播課。本書的案例以快手為主。

不過，直播是雙向的信息即時交互，是電話級別的發明，是視頻中特別重要的場景，所以講直播經濟也沒有大問題。

我們要回答幾個問題。視頻時代為甚麼不只是一陣風，而是會改變一切？文字時代向視頻時代的遷徙為甚麼是必然趨勢？視頻時代有甚麼新的特徵？視頻時代的生態是如何演化的？視頻時代的新物種有甚麼特徵？視頻時代在數字地球的建設中處在甚麼位置？

一

2016 年底，宿華提出，視頻是新時代的文本，視頻會改變一切。4 年後回看，這個洞察是前瞻的。

視頻是一種信息的載體。2015 年後，隨着智能手機和 4G（第四代移動通信技術）的普及，上網門檻大降，整個社會進入了視頻時代。視頻時代的數據量比過去呈指數級增加，推動了人工智能技術的發展。過去，文字和圖片是主要的信息載體。2015 年後，圍繞視頻的基礎設施逐漸成熟了。

文字是人類發明的傳遞信息的編碼，是間接的溝通方式，人們需要經過培訓（識字）才能使用。與文字相比，視頻在傳遞信息方面優勢明顯：更加生動鮮活，且沒有學習門檻。

媒介是人的延伸，用來傳遞信息和能量。媒介是相互競爭的，一種媒介要戰勝別的媒介，被人採用，一定是在傳遞信息和能量方面有獨到之處。

今天，我們的生活已經離不開視頻。快手日活躍用戶已經超過3億，微信視頻通話幾乎天天被使用。在接下來的世界，數字化的信息量會不斷呈指數級增加，大部分會以視頻形式呈現。

我們2020年出版的《被看見的力量——快手是甚麼》，其實也可以稱為「被數字化的力量」。視頻對數字世界的貢獻在於，把世界上一切可以用眼睛看到的事物都數字化了，這個能力是以前的媒介所沒有的。

視頻溝通更自然，因而能夠取代文字成為日常異地溝通的主流，這個不難理解。但視頻會改變一切做何解釋？為甚麼生活、商業乃至各行各業都會被視頻時代改造？

這涉及對世界本質的理解。從經濟的層面看，世界由一個個交易構成，交易由信息和實物交付兩部分構成。信息層面的效率得到巨大提升，會極大降低交易成本，讓交易得以在更大的範圍內發生，獲得更好的回報。自然而然，所有交易會採用新的信息技術，從而改變整個世界。

所有機構其實都是運輸信息和實體（比特和原子）的工具。信息層面變了，所有機構也會變，就有了新物種的誕生。歷史上這樣的事一再發生。

1876年發明的電話，實現了人與人的異地直接溝通。1976年，麻省理工學院（MIT）為紀念電話發明100週年，舉行了一次研討會，出版了論文集《電話的社會影響》。我們可以從中看到一些有意思的內容：

「貝爾發明的電話最終由玩具變為強化廣大組織和經濟力量的社會工具。」

「某些家庭電話的使用有助於經濟的高效，比如，醫生和商人在家辦公。另一方面，電話在經濟領域（如商業、工業）最終也會有利於經濟上的高效。」

「電話進入商業，商人可以遷到地價較低的區域了，但他們還能與自己的商業夥伴保持聯繫。商人們可以向外遷移，很多公司都是這樣做的，或者搬到新蓋的高樓的第十層甚至第二十層。」

「電話發明引起的另一個社會變化是辦公室裏女性的出現，並且現在的數量已經超過了男性……電話與打字機一起摧毀了女性在文書領域求職的阻礙……在世紀之交的廣告宣傳中，打字員和接線員的工作很有威望，為那些準備進入商界的新潮女性們製作的合身制服引發了一場時尚熱潮。」

就像電話、汽車、鐵路一樣，在視頻時代，整個社會會圍繞視頻建構，形成新的技術—經濟範式。

在視頻時代，不僅過去可以做的事情會做得更好，還可以做到以前做不到的事情。比如，我有個同事說，逛圖文時代的服裝網店，喜歡一件衣服，往往不知道衣服合不合適，而現在就可以和主播說：「你穿一下，我看看。」主播穿上後，用戶覺得合適，就買了。這是文字時代做不到的「奇跡」。

所以，疫情過後，直播不會像一陣風那樣過去，直播時代才剛剛開始。

二

數字經濟的基礎是連接和計算（其實整個人類網絡的核心也是這兩個要素）。視頻時代在這兩個要素上都發生了根本的變化。在連接的方

式上，是數字化能力更強的視頻。在計算方式上，是人工智能。

　　人工智能和視頻是相輔相成的，在快手平台上，每天產生的數千萬條視頻，被精準地匹配給幾億人，沒有人工智能技術是做不到這一點的。但如果沒有視頻這個場景，人工智能的算法也很難迭代。

　　視頻時代跟圖文時代相比，有甚麼區別？最直觀的一點是，視頻時代的溝通是面對面的。世界上任何一個人跟另外一個人隨時就可以成為鄰居，只是隔着一個薄薄的屏幕。

　　我們回過頭來看，很多商業設施，如批發市場、購物商城等，其實都在解決一個空間上的問題。在視頻時代，空間上的距離被消滅了。

　　信息和實物交付構成了世界上所有的交易，這兩個因素的變化，帶來交易方式的變化，消費會進入一個全新的時代，相應地也會帶來生產端等各個方向的變化。而新的商業物種就會出現。

　　與文字時代相比，視頻時代的第一個特徵是：更大更快更深。

　　首先，市場規模要大許多。主要是視頻的門檻低，可以連接的人更多。更多的人在同一個平台上，而且有人工智能的推薦技術進行匹配，讓交易有可能在更大的範圍內發生。

　　其次，視頻是面對面的溝通，讓交易更直接，因而速度更快，這會帶來整個生產速度的加快。

　　最後，「更深」指的是，視頻讓更多的信息被看見，有了更多更小顆粒度的場景，這些場景原來是不具備商業化可能性的，但是現在因為可以被連接起來，具備了商業化的可能性。

　　比如，中央民族樂團的嗩吶演奏家陳力寶，現在在快手上有 80 萬粉絲。嗩吶是很小眾的樂器，以 1 000 人中有 1 個感興趣估算，全國只有 140 萬人喜歡。這些人分佈在全國各地。在快手平台上，這些人有機會被連接起來，並有機會與中國嗩吶高手陳力寶每天進行實時交流。

而對陳力寶來說，每天提供服務，也有賣課、賣嗩吶等收入。

快手強調普惠理念。每一條合法視頻都會被推薦，會比較公平，整體的流量會被大家享有。這本身也與交易可以在更大、更快、更深的範圍內發生有關。讓過去沒有可能的交易得以發生，讓過去沒有機會被看見的人，可以被看見。

《被看見的力量》裏提到江西山區的蔣金春直播賣土特產的案例。2020 年 9 月，長江商學院金融 MBA（工商管理碩士）的同學到快手總部訪問，我們請了蔣金春遠程連線對話。蔣金春說當年他的銷售額是 500 萬元，我們都很震驚，這一年漲得挺快，他說以後的目標是 2 000 萬元。他在江西山區，這樣的事情，以前是不可能發生的。

三

從我們的調研看，視頻時代的第二個特徵是：出現了大規模的 C2B（消費者到企業）現象。C2B 是阿里巴巴提出來的，被認為是新經濟的趨勢，大意是，互聯網的發展，讓消費者可以發出更多的聲音，主導商家的產品。

在微博和阿里生態成長起來的網紅是個好例子。她們在微博上與粉絲互動，在淘寶上賣貨。

在快手上，每一位主播都是消費者的代表，主播通過視頻與用戶無縫溝通，尤其是在直播的模式下，主播每天跟用戶互動幾個小時，此時所有的用戶都是實時在線的，大家頻繁互動，有甚麼意見都可以充分表達，讓主播知道。然後主播與後端的供應鏈和工廠溝通，選擇商品。

所以，主播與用戶的實時在線，主播選品和研發產品機制，加上無數主播在平台上的競爭，數據公司把平台的數據透明化，整個過程為商品和服務提供了實時反饋的閉環，反饋的速度比過去任何一個時代都快

了很多。

從連接與計算的角度看，兩者都比以前快了許多，這帶來的是整個生態的進化速度大大加快。

以臨沂的主播徐小米為例，她一年賣的 SKU（庫存保有單位）高達上萬個，一場直播 6 個小時，截至 2020 年 12 月，平均實時在線人數有 4.4 萬。要知道服裝品牌 Zara（颯拉）一年的 SKU 才幾萬個。視頻時代的速度比以前快了許多。

主播在直播中了解到用戶的最新偏好，這些成了極有價值的商業信息。現在很多工廠做產品，都會去找主播問用戶的喜好等問題。

所以，在視頻時代，C2B 真正形成了規模。視頻時代成為 C2B 的好土壤，在消費者的推動下，生長出更多更精準的優秀產品。

回看歷史，C2B 其實一直都在，任何產品都是人的延伸，只是過去信息交互的速度沒有那麼快，生產的反應速度也沒有那麼快。

我們也可以看到，每次信息加速之後帶來的 C2B 的進展，比如，電話發明之後，出現了通過電話賣保險，當年很多公司把電話號碼放在黃頁上，與消費者建立聯繫。在圖文年代，淘寶出現了很多 C2B 案例。今天，這個規模與速度比以前都大了、快了許多，讓過去大量沒有得到滿足的細分場景需求得到了滿足。

四

視頻時代的第三個特徵是：服務化、非標準化（即非標化）。直播時，主播與用戶實時在線，面對面交流，讓用戶的需求可以更好地被滿足。商品服務化、非標準化的趨勢明顯。

非標化源於更細的場景顆粒。在快手主播抹茶 Sweet 的案例中，該帳號創始人杜啟帥說：「一開始我們設計的服裝全是高個子女生能

穿的，通過粉絲留言，我們才意識到，很多粉絲都是小個子女生，148～162 厘米這個區間大概佔到 60%，所以我們後期就主要服務這個羣體，教她們怎麼穿衣搭配、掩飾身材上的不完美。」

從這個例子可以看到，過去的商業只能在所有場景裏截取一部分比較主流的、顆粒度比較大的場景，進行商業化服務。

現在，在更小的顆粒度層面上的消費者可以被看見，可以提出自己的要求，同時因為這些細小的場景可以在更大的範圍內被連接起來，並且可以與生產者實時互動，因而有了商業價值。

比如，現在抹茶 Sweet 專注於給身高 148～162 厘米的女性生產衣服，過去不好精準地找到這些人，現在在快手的平台上，可以直接聯繫到她們，所以就可以進行商業化。

從過去的眼光來看，這就是非標化。

過去的標準化，由於用戶與生產者無法直接溝通，會打擊生產者生產更好產品的積極性。比如，自己家種植大米，用綠色的方法，和不用綠色的方法生產，從外觀上是分辨不出來的，所以價格是一樣的，生產者會傾向於生產成本低的產品。現在有了直播，用戶可以為綠色大米支付更高的價格，這就鼓勵生產者生產出更好的大米。

同時消費者也在觀看視頻的過程中學會了如何消費更好的大米。這就是服務的加深。

今天的商品，正在向老中醫坐堂式的服務發展。老中醫先是望聞問切，這是服務；然後開了藥方，去抓藥，這是商品。這是一個服務化和非標化的過程。

《失控》的作者凱文・凱利談到網絡社會的特點時說，過去是生產鞋子。現在是生產適合腳的東西，而且不斷迭代。

從這個角度看，商品其實是服務的延伸，迭代永無止境。

五

前面我們提到，整個社會和經濟會圍繞視頻重新建構。這個建構的過程是甚麼樣的？或者說，視頻時代的生態是如何演化的？

這個過程主要是市場的力量發揮作用。先是一些個體偶然發現利用信息的新工具，得到了超額回報。《被看見的力量》其實主要講的就是這個。然後有更多的機構進來，有的機構會利用信息新工具，得到更大回報。然後，由市場信號引領整個變化。卡蘿塔・佩蕾絲在《技術革命與金融資本》一書中說：

出現新的技術──經濟範式對創新和投資行為的影響之大，可以類比一次黃金潮或是發現一片廣闊的新大陸。對廣泛設計、產品和利潤空間的開拓，迅速點燃了工程師、企業家和投資者的想像力，他們以試錯法嘗試應用新的財富創造的潛力，成功的實踐和行為由此產生，新的最佳慣行方式的邊界也逐漸確定了。

視頻是互聯網發展過程的一個新階段，是搭建視頻時代的過程，它不是圖文的延伸，而是顛覆。這個過程，與 PC（個人計算機）互聯網被移動互聯網取代，是一樣的。

比如，汽車的發明，擴大了人的活動範圍，也改變了城市。沃爾瑪、宜家就是汽車時代的商業物種。而馬車時代便一去不復返了。

在視頻時代，直播電商是一個典型。視頻時代的商業新物種有七個特徵。

從臨沂調研（見本書第三章《臨沂：快手之城》），我們可以很直接地總結出下面四個特徵：

第一，主播與用戶面對面交流，消滅了空間距離，營銷成本大大降低。商業回歸為面對面的交流與交易。

第二，與用戶共創，規模化 C2B。主播與用戶大量互動，實時獲得用戶反饋，產品不斷迭代，可以更精準地滿足用戶的個性化需求，也帶來更高溢價。

第三，銷售半徑無限擴大。不再有區域性的消費。每一件產品一上市即面向全國，乃至全球。大量地域性商品將獲得全球性紅利。

第四，「消費者—主播—產品」模式。較之歷史上任何一種商業模式，如百貨商店、大賣場、傳統電商，商業通路更短更有效率。

總結一下，就是四個特點：鏈路短，效率高，更精準，更加個性化。

其實，商業新物種還有三個特徵。從陳力寶的案例我們可以總結出兩個：

第五，社羣效應。視頻和推薦技術帶來更強的「人以類聚」效應。主播與消費者之間不是單純的買賣關係，而是構成有情感互助的社羣。專家型主播崛起，誕生全新的品牌。

第六，知根知底經濟。不僅展示產品本身，還展現生產過程和一切相關信息。知根知底經濟，是新型信任經濟。

最後一個，我簡單地提一下：

第七，閒置資源大解放。因為被看見，大量原來無法移動的閒置資源被解放出來，參與交易，如少數民族地區的美景、土特產、民俗文化等。

六

我們給視頻時代的商業新物種總結的七個特徵，似乎挺新鮮。不過，如果我們從信息化和互聯網發展的脈絡來看問題，陽光下並沒有新鮮事。

我們的觀點有兩個：

第一，信息化催生的新物種，都具有這七個特徵，本質是一樣的。

第二，信息化是一個不斷演進的過程，不同的階段，因為信息化能力的差異，新物種呈現出不同的外觀形態。

每個時代都有自己的信息化新物種。從麥克盧漢的著作《理解媒介》中我們可以看到，有了電話，很多行業的自由度就大了許多，成為信息化程度更高的商業物種。

比如，救護車和消防車。在電話發明之前，救護車和消防車就是普通的車。當人們可以撥打 120 和 119 之後，救護車和消防車就成了信息化的新物種。

今天，有了移動互聯網這個更強大的信息化工具，出租車就升維成了滴滴打車。

所以，信息化不神秘。只是這幾十年間，因為互聯網的發明，信息化突然加速，能力越來越強，導致新物種源源不斷加速誕生。

當新的物種誕生後，老的物種去哪裏了呢？如果還在，就成了藝術品。比如，幾十年後，現在家裏的座機電話可能只能在古董市場看到。今天，紙鈔用得越來越少，消費都用微信支付和支付寶，將來也許是央行正在試點發行的數字貨幣。

視頻時代的商業新物種，與傳統電商時代的商業新物種，有甚麼相

同點和不同點？

阿里巴巴原總參謀長曾鳴教授從淘寶模式中總結出了 C2B 模式。我們認為，曾教授總結的新物種，和快手上看到的新物種，本質上是一樣的，都是互聯網時代的新物種，或者説，都是信息化催生的新物種。

區別也是有的。新物種在傳統電商時代是個別的、特殊的，但在視頻時代，是普遍的，力量也更大。從成交量來看，直播時代的一些頭部主播大大超過了圖文時代的網紅。

七

前面説，新物種的本質都是一樣的，都是數字化和信息化過程的產物，有類似的特徵，只是廣度和深度不同。下一個問題是：信息化為甚麼會催生新物種？

其實前面談過，所謂商業機構 / 商業物種，無非就是運輸信息和實體（比特和原子）的組織。

所謂數字化和信息化，是商業機構傳輸信息的能力不斷增強的過程，信息的增加會消除不確定性，對應的就是讓消費者得到更精準和更個性化的商品和服務的過程。

當比特的運輸能力有了大的提升，商業機構自然成了新的樣子。

互聯網是可以消滅時間和空間的。演化的方向就是，信息量越來越大，越來越精準和個性化，同時是去物質化的。比如，以前我們需要一個鬧鐘在早上叫醒自己。今天，很少有實體的鬧鐘了，鬧鐘變成了手機裏的一段代碼。

我們發現三條規律：

1. 同一種數據，在其輸入、儲存、處理、控制、輸出的能力提升

時，商業效率也會提升，商業新物種就會誕生。比如，臨沂的華豐批發市場和主播，後者傳輸信息的能力高於前者。

2. 一種新數據被大規模利用時，會產生全新的商業物種。比如，GPS（全球定位系統）定位數據被規模化利用後，就有了滴滴打車、共享單車。

3. 在同等的信息傳輸效率情況下，信息化程度較高的行業會率先被改造。

從互聯網的歷史可以看到，這種改造是有順序的，從新聞到娛樂（遊戲），然後是電商。信息化程度高的先被改造，程度低的後被改造。表 0.1 展示了互聯網發展不同階段的代表性產品。

表 0.1　互聯網發展不同階段的代表性產品

互聯網發展階段		期間誕生的典型互聯網產品
窄帶、文字		新浪、網易、搜狐、 QQ（即時通信軟件）、百度
寬帶、文字		盛大、淘寶
移動、寬帶		微信、手機淘寶
移動、寬帶	GPS	滴滴、摩拜
	語音	得到、喜馬拉雅
移動、寬帶、視頻、人工智能		快手

信息化進程到今天經歷了很多階段，比如窄帶互聯網、寬帶互聯網，從 PC 到移動。今天是視頻時代／人工智能時代。

信息系統有五個基本功能：輸入、存儲、處理、控制和輸出。互聯網的發展，或者信息化的過程，就是上述五個功能不斷擴展的過程。

今天，視頻時代／人工智能時代是一個新階段，比起過去，在信息化和數字化能力上，又有了數量級的提升。

八

既然信息化程度高的行業先被改造，我們在探討視頻時代的新物種時，可以從歷史中找到完整的借鑒案例。

大多數人都知道的案例是紙鈔。今天的紙鈔幾乎已經去物質化，中國人民銀行已經在內部試點使用數字貨幣，目前我們在日常生活中幾乎都用微信支付和支付寶進行支付，紙鈔的使用已經大大減少了。

這裏我想詳述一下圖書／知識分享這個行業，這是很好的借鑒。我們可以將得到作為例子。

得到的前身是羅輯思維，由羅振宇在 2012 年底創辦，當時他在微信公眾號上每天發 60 秒的語音。2012 年，微信推出了微信語音功能，這是一個重要的時刻，從信息的提取和傳輸角度來講，語音是直接交互，效率高、門檻低。在語音時代出現了一批產品，包括蜻蜓 FM、喜馬拉雅等。

當時，很多人不知道羅振宇未來的商業模式。大約在 2014 年底我聽他說，他的商業模式是非常清楚的，他已經變成了全中國最大的書店。當時他在語音裏向大家推薦一本他認為好的書，一下子就可以賣掉幾萬本甚至幾十萬本。他就是網紅帶貨主播。

在文字年代，書是信息載體，它包含了信息和實體兩個部分。實體部分，最早被亞馬遜革命，Kindle（亞馬遜設計和銷售的電子閱讀器）可以把書送到你手裏。而信息部分，羅振宇通過幫人讀書，將書裏的知識更精準地傳遞給廣大讀者。

今天，知識分享行業很火。反觀實體書店，在 2020 年 6 月初，中

國台灣首家誠品書店台灣誠品敦南店停止營業。

知識分享領域發生的事情，到了信息化能力更高的視頻時代，會在更多行業重演。我們預判，臨沂的批發市場轉型和快手之城的崛起，是大時代的一個縮影。

甚至，如果進一步細看得到的案例，它崛起的路徑，到了今天的直播時代，也在不同行業一次次重演。我初步梳理成四步：

第一步，羅輯思維推薦精選過的好書，相當於為品牌帶貨，以此在自己的粉絲羣建立認知。第二步，他開始觸及那些已經絕版的特別好的書，相當於涉及了源頭好貨，這樣可以提高自己的利潤率。第三步，書只是知識的一個載體，但有大量消費者關心的問題，不一定有現存的好書，這時針對消費者定製的精選課程就出現了，他找到最好的知識達人幫他生產知識，這相當於知識的 C2B 生產。這時，社會上出現了批評的聲音，説他販賣焦慮。其實，羅振宇只是把人們的痛點找出來，提供過去沒有的更精準的產品而已。第四步，因為已經平台化，羅輯思維開始去個人化，改名為「得到」。據 2020 年 9 月公佈的創業板招股書申報稿，得到的估值是 41.5 億元。

幫人帶貨，觸及優質供應鏈並直接給到消費者，根據消費者的需求進行 C2B 定製，再逐步從個人品牌變成機構品牌。今天的直播時代，我們看到很多在走這四步的案例。

九

前面講到得到的案例，發生在信息（比特）含量比較高的知識分享行業。對於物質（原子）比重較高的行業，又會被信息化或者視頻化如何改造？終局是甚麼樣子？

在快手公司總部所在的北京西二旗，有一家肯德基和一家便利蜂，

也許我們可以從中看到更多的未來。

在傳統的肯德基餐廳，大家在櫃台點餐，後廚現場加工生產。肯德基的生產標準化、信息化做得比較好。每一位員工的作業台前都有一個屏幕。說明生產的智能化已經有了相當的基礎。

現在，肯德基有了微信小程序，顧客可以在小程序上直接點餐。到了店裏，也沒有了下單員這個角色。大家在現場掃二維碼點餐。

從這裏可以看出肯德基的變化：

1. 實體店其實已經極大地減少了下單的職能，與客戶互動的職能其實已經剝離出來，實體店變成了一個生產中心和配送中心；

2. 原來的下單是需要排隊的，現在是併發的；

3. 肯德基服務的客戶同時來自現實空間和網絡空間。

肯德基變成了同時在現實的西二旗和網絡空間營業的智能企業。現在它是一家 C2B 企業，而且其生產環節已經數字化、智能化。這和盒馬鮮生其實是同一種模式。

肯德基隔壁的便利蜂也是同類企業。裏面的所有商品都是數字化的，通過與總部的「大腦」相連接，進行指揮。每個店的 SKU 都是不一樣的，每週會進行迭代。有大量的算法工程師，根據數據進行建模，優化效率。

這些店都成了「多棲生物」，在多個平台上尋找最佳服務點，在多個平台上同時進行效率的優化。

我理解，快手這樣的平台，其實是給企業提供了成長的土壤。快手的平台是一個生態，有各種各樣的人工智能技術，讓平台越來越智能，可以最大限度地方便各種企業接入。這些企業在快手這樣的生態裏，與

各個角色一起，為客戶提供最好的服務。

　　對於服裝這樣比較複雜的行業，通過用戶的智能化，推動後面供應鏈和工廠的智能化，直到所有企業和行業被智能化改造。

　　這是人工智能不斷改造各個行業的過程。

十

　　總結一下，人類的歷史就是一部信息化、網絡化、智能化的歷史。其中的兩個變量是連接和計算。在通向智能經濟和智能社會的路上，目前視頻時代是最新的階段，在連接和計算兩個維度，都出現了較大的進步，帶來了人的能力的延伸，形成了面對面交流的社會。

　　技術的進步會改變社會、經濟和生活，形成新的技術—經濟範式，帶來新的商業物種。

　　在文章的最後，我們還需要提及技術的另一面。技術是中性的，真正要讓新的技術造福於人類，還需要有與新的技術—經濟範式相對應的治理框架。

　　我們強調算法是有價值觀的，新技術如果使用不當，會對社會造成負面影響。要讓社會的方方面面相互協調，摸索出合適的治理框架，讓人工智能技術造福人類。

01 直播時代

第一部分
各地樣本調研

第一章
杭州：直播之都

- 九堡原本位於杭州城郊，為何會成為杭州直播生態的起點，並集聚如此多的直播機構，成為全國的信息橋頭堡？
- 直播電商如何改造商業的各個環節？
- 人工智能＋大數據會如何改造服裝產業？

本章篇目

「在臨沂，我想找個人聊天都不容易。但到了杭州會發現，這裏就是個信息橋頭堡。」2020 年夏天的一個深夜，快手主播陶子的丈夫吳猛連趕了兩個場子，終於在凌晨三點開車回到酒店。

陶子是山東臨沂的頭部主播，她在快手上的帳號叫陶子家，2021 年 1 月初她在快手已有近 800 萬粉絲。臨沂現在被稱為「快手之城」，湧現出很多粉絲數量過百萬的主播。但在 2020 年夏天，他們紛紛選擇到杭州來走播。吳猛和陶子在杭州待了一個月。他們在杭州及週邊的各大供應鏈基地做帶貨專場，貨品覆蓋了服飾、鞋、小家電、家紡……

杭州依託整個長三角的服裝類、日化類等供應鏈優勢，在全國的直播生態版圖中舉足輕重。同樣讓吳猛看重的，還有杭州的人才和高速流動的信息。主播、MCN 機構（孵化、服務主播的網紅運營機構）、供應鏈基地、服務商，形形色色的人在這裏，交換着直播的生意經。

政府方面也有意把杭州打造成直播之都，出台了多項與直播行業相關的扶持政策。2020 年 7 月 9 日，杭州市商務局發佈《關於加快杭州市直播電商經濟發展的若干意見》（以下簡稱《意見》），對直播電商企業、直播電商園區、主播等進行扶持及獎勵。

《意見》提出的目標是，到 2022 年，杭州市要實現直播電商成交額 1 萬億元，對消費增長年貢獻率達到 20%；要培育和引進 100 個頭部直播電商 MCN 機構，建設 100 個直播電商園區（基地），挖掘 1 000 個直播電商品牌（打卡地），推動 100 名頭部主播落戶杭州，培育 1 萬名直播達人。

直播圈常說，「九堡離貨近，濱江網紅多，餘杭互聯網人才多」。儘管直播業態還在不斷演化，但杭州的直播版圖已經形成了較為清晰的特色和功能區劃分。

九堡崛起（上）：
直播「宇宙中心」成長史

要點

· 以新禾聯創為圓點，週邊三公里範圍内密集分佈着大大小小的供應鏈基地。

· 九堡的區位優勢：靠近服裝批發市場、工廠和產業帶，便利的交通優勢，人才優勢等。

· 九堡的供應鏈基地，吸引着全國各地的主播，他們像候鳥一樣輪番飛來。

薇婭的「娘家」新禾聯創

想要了解杭州的直播生態，得先從它的起點九堡說起。在老杭州人眼裏，九堡是位於杭州市東北角的城鄉接合部。據媒體報道，短短幾年間，在九堡的各個創業園區、寫字樓裏，已經活躍着近 600 家網紅孵化與營銷平台，有超過 1 萬名電商主播，數百家品牌代理商和供應鏈企業。

而九堡直播生態的起點，又和「新禾聯創」緊密聯繫在一起。新禾聯創產業園，位於杭州市江干區九華路 1 號。2019 年以前，這裏常被稱為淘寶頭部主播薇婭的「娘家」。2019 年以後，因為大

本文作者為快手研究院研究員楊睿。

量供應鏈直播基地的聚集，這裏逐漸被媒體稱為「宇宙直播中心」。

很難想像，「宇宙直播中心」最開始是工廠的生產車間。在新禾聯創的路邊，至今還豎着一塊磚紅色的石牌，上面的「新星光電」四個金色大字已有些斑駁，透露出年代感。

新星光電，成立於 1978 年，主要生產家電元器件。其董事長季石安早年從溫州樂清起家，2003 年把公司搬到了杭州九堡。

據季石安後來回憶，當時九堡周圍都是農田。除了新星光電，還有一些企業如西子電梯廠也一路見證了江干區的城市化進程。到了互聯網時代，這些企業的命運又趕上了另一波浪潮，故事依舊精彩。

2015 年，杭州推動製造加工企業外移，新星光電開始進行廠房搬遷，空出的佔地面積達 18 萬平方米的廠區做甚麼？這成了一個難題。

2015 年底，季石安的兒子季建星對新星光電原來的 11 幢舊工業樓進行改造，另外又新建了兩棟商務綜合樓，取名為「新禾聯創公園」。「新」，繼承「新星光電」的第一個字；「禾」，是因為董事長姓季，裏面有「禾」，「新禾」也指新興創業者和剛剛孵化、尚在萌芽期的企業。再加上 2015 年，全國提倡「大眾創業、萬眾創新」，新禾聯創應運而生。

新禾聯創在招商時定下了三個方向：硬件加工基地、文創中心和互聯網產業基地。

但在當時，只有一些與服裝相關的電商企業選擇落戶新禾聯創，例如定位少淑風的女裝淘品牌「MG 小象」。這些電商企業的故事也大同小異，起初依託九堡附近的四季青女裝批發市場和阿里 1688 平台進貨，再一步步與工廠對接，參與到設計和生產的環

節中來。

2017 年上半年，第一代「淘女郎」薇婭帶着她的團隊從廣州搬到了杭州的新禾聯創公園，成為第一批入駐的直播電商。

在她成名後，這裏也常被外界稱作薇婭的「娘家」。剛搬到這裏時，薇婭只租了一間幾十平方米的辦公室。當年 10 月，薇婭直播 5 小時，為海寧一家皮草店賣出了 7 000 萬元的貨，「一夜賺下一套房」，一戰成名，電商直播也首次破圈進入公眾視野。

薇婭播下了這顆種子後，很多供應商從全國各地慕名來新禾聯創找薇婭談合作。薇婭下播常常已是凌晨。有一家足浴城與薇婭的公司在同一幢大樓。供應商們往往會一邊捏着腳一邊等薇婭下播，互相分享着信息。這也為後面的故事埋下了伏筆。

因為服裝類直播電商無心插柳成了主角，2018 年 7 月，九華路 1 號有了新的名字 —— 新禾聯創數字時尚產業園。之後經過 2018 年、2019 年兩年的培育，這裏成長為九堡地區比較有代表性的直播電商園區，等待着 2020 年的爆發。

為甚麼是九堡

「為甚麼會是九堡？因為這裏有天然的基因。九堡靠近服裝的批發市場、工廠和產業帶。做直播最早是從服裝開始的，去市場拿貨也比較方便。」新禾聯創數字時尚產業園的招商負責人黃益杭如此分析。

在黃益杭看來，九堡一帶的直播生態還是從服裝行業開始的。這裏有區域優勢，原先在九堡區域就有大量的服裝元素匯聚。

四季青、意法、華貿等鞋服市場，包括以前的東大門，曾經都是
淘寶店舖、微商挑版拿貨的地點。

四季青服裝集團成立於 1989 年，是全國最大的一級服裝批發
市場之一，30 年時間締造了「13 億人口，人均 1 件衣服來自四季
青」的輝煌業績。杭州的服裝批發業是集聚型的，四季青、中洲、
意法等市場，都在一條街上。

從生產端來看，近一點的地方，如杭州東郊的喬司街道、臨
平小城，聚集了大量小型服裝加工企業、物流公司和產業工人，
有相對完善的服裝加工產業鏈。以喬司街道為例，其下轄的 9 個
村均擁有服裝生產廠家，以朝陽村最為密集。

再往遠去，杭州週邊的服裝產業帶有很多知名特色品類，比
如嘉興平湖的羽絨服、常熟的商務男裝、諸暨的襪子、海寧的皮
革等。九堡距離這些產業帶不過一兩個小時的車程。圖 1.1 展示
了九堡的區位優勢。

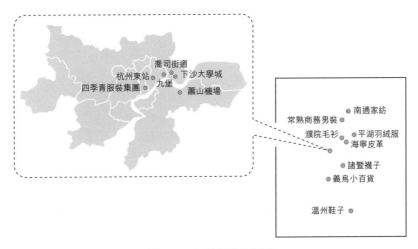

圖 1.1　九堡的區位優勢

「所以這邊有大量的服裝從業人員，裁縫也好，設計師也好，包括電商運營人員，全部進到這裏（九堡）。」黃益杭說。

從事直播電商的「新九堡人」，常常還會提到這裏完善的生活配套設施。比如新禾聯創園區裏有一棟青年公寓，裏面有 200 個房間，每間可以住 1~2 人，現在已經住滿了。園區對面就是萬科的住宅小區，步行只要 5 分鐘。商業綜合體的一層，有各式各樣的美食料理。

除此之外，九堡還有其他區位優勢。例如，交通方面靠近杭州東站和蕭山機場。另外，九堡還靠近下沙大學城，很多大學生畢業之後會直接帶着行李來九堡找工作。

出圈之後，供應鏈基地聚集

站在風口之上，薇婭的公司擴張得很快。他們的辦公面積從開始的幾十平方米，擴大到後來的將近 1 000 平方米。到 2019 年，薇婭提出需要 1 萬平方米的場地，對接的樣品需要一個兩層樓的倉庫才放得下。新禾聯創已無法滿足這樣的場地需求。2019 年 10 月，薇婭把公司總部搬到了濱江阿里中心，一棟 10 層的大樓，辦公面積達 3 萬多平方米。

也有一些機構，或是要整合供應鏈，或是擴大規模，在融資之後陸續搬離了新禾聯創。但這裏的故事並沒有因為「薇婭們」的離開而結束。相反，當薇婭的光芒從這裏離開，新禾聯創自己走到聚光燈下，逐漸有了「宇宙直播中心」的稱號，也吸引了大量供應鏈基地在此聚集。

以新禾聯創為圓點，週邊三公里範圍內密集分佈着大大小小

的供應鏈基地。愛潮尚直播基地，就是其中一家。

王聰榮，福建石獅人，經過十幾年打拼，在石獅以及湖北武漢、廣東中山和東莞都有自己的服裝工廠，已經成為某著名快時尚品牌的核心供應商。

2018 年，王聰榮想在杭州打造自己的女裝品牌，於是在蕭山博地中心租了一層樓面。但無論從管理還是從供應鏈角度來看，蕭山都有些偏遠。2019 年初，他搬到距離蕭山 20 公里的九堡，入駐新禾聯創，他隔壁樓的 3 層，就是薇婭曾經的駐紮地。

他搬來時，新禾聯創已經形成了非常濃厚的直播氛圍。2019 年，王聰榮也開始嘗試做淘寶直播，一場有十幾、二十萬元的銷售額。儘管當時缺乏經驗，僅根據手頭上現有的產品來直播，但王聰榮還是被直播的威力震撼到了。他在杭州還有 6 家實體店，實體店一個月的營業額大約三四十萬元，而一場直播一天就能賣出實體店半個月的營業額。

溫迪，上海人，做傳統電商起家。2019 年她像全國慕名而來的供應鏈商人一樣，跑到新禾聯創找薇婭談合作。在一次飯局上，溫迪與王聰榮兩人一拍即合，決定合作進軍直播行業。於是，他們在新禾聯創租下一層樓，用了兩個月時間裝修好，成立了愛潮尚直播基地。

2020 年，快手等短視頻平台的主播成為直播基地排期的寵兒。2020 年 8 月，快手主播陶子在愛潮尚做了一場直播，訂單量超 6 萬，GMV（一定時間段內的成交總額）超 500 萬元。

「之前我們跟不少平台的主播打過交道，也跟快手的娛樂主播合作過。但陶子的專場，顛覆了我們對快手垂類主播的認知。這個女人太會賣貨了，一晚上能賣 6 萬單呀！而且她在鏡頭前後沒

有反差，就是真性情的那種人。」溫迪說。

在九堡，像愛潮尚這樣的基地還有很多。聚集的原因也很簡單，這個行業有很多走播，原先做主播自己不會去備貨，沒有貨就去市場檔口拿，但又很麻煩。這時就有人發現了商機，幫主播備貨、組貨。直播間搭好，配上場控、中控等運營團隊，主播只要拎包來播就行。久而久之，供應鏈基地的形態產生了。

「九堡的供應鏈基地慢慢從 10 家、100 家到 1 000 家，現在已經形成了一個產業帶。主播只要拎着包駐紮在這裏，想播輕奢也好，運動也好，食品也好，鞋類也好，生活家居也好，珠寶也好，男裝也好，全部都能播。」溫迪介紹道。

供應鏈基地解決了傳統品牌的一個痛點——SKU 少。以女裝品牌為例，一個月一到兩次上新，一個季度頂多三四次上新。但在供應鏈基地不一樣，基地可以一次為一位主播準備 100 個款，為另一位主播也準備 100 個款，互相不會撞車。

主播在基地的銷售數據往往被稱為「戰報」，這也是基地對外宣傳最好的廣告。「就像虹吸效應，只要有好的直播數據出去，其他主播自己都會找過來。」一位九堡的直播基地負責人說。

小貼士

供應鏈直播基地

供應鏈直播基地，是指擁有自己的貨盤（如衣服、鞋子等），有至少一兩個直播間並配備直播運營人員的線下場所。主播可在這裏

直接選貨，選完就直播。

　　供應鏈基地要為主播組貨，這是一門大學問。主播一場直播帶的貨被稱為一盤貨，每場直播的貨品分佈大致相同：30% 是走量款；20% 是平銷款；還有 10% 是調性款，即所謂高客單價的款；20% 是搭配款，例如一些內裝、外裝的搭配；熱門款是指當晚最可能爆單的款，佔 10%；此外清倉款再佔 10%。

　　除了組貨，供應鏈基地大多會強調自己的運營能力，尤其是場控和中控。如果把一場直播比作一期綜藝節目，場控就相當於導演，要把控整場直播的節奏。他需要在現場「耳聽六路、眼觀八方」，比如過款節奏、秒殺貨品節奏、與主播搭配唱雙簧、解說產品功能等。有些供應鏈基地的老闆會親自擔任場控，因為他們對貨品最熟悉。中控則是現場後台的操作者，要及時上下架貨品、修改庫存。

　　主播一般都認場控。因為他們每天接觸太多的商品，對商品本身可能沒有那麼熟悉。如果場控與主播搭配得好，就能有高產出，主播也願意一直來基地排期。如果一個基地沒有好的場控，主播的 GMV 不高，就不會願意再來。圖 1.2 顯示了供應鏈基地可以為主播提供的服務。

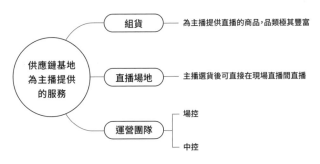

圖 1.2　供應鏈基地為主播提供的服務

不分白天黑夜的創富神話

與新禾聯創只隔了一條馬路，是另一個直播供應鏈基地聚集地——西子環球。走近西子環球一帶，就能聽見「五、四、三、二、一」的聲音。不用問，這一定又是某個直播間裏的主播正在倒數、改價、上連接，讓粉絲們拼手氣。

西子環球直播生態的形成比新禾聯創晚，但兩個園區有相似的故事。前面說到，與新星光電同樣見證江干區發展的另一家企業，就是西子電梯。原先，西子環球一期是該公司的辦公場地，後因業務擴大而搬離，園區空置。

在直播電商興起之後，這裏也逐漸成為九堡一帶的直播中心之一。新禾聯創的公共空間大，樓層相對沒有那麼高。相比之下，西子環球更加緊湊。

「我們這裏是先有服裝企業，然後經歷了網紅時代，再變到直播電商。最開始可能是淘寶直播比較多，2019 年下半年開始在快手等平台發力。」西子環球物業運營負責人黃建成介紹道。

2013 年網紅經濟開始流行，有家 MCN 機構就在西子環球一期租下了一棟樓裏的兩層，其中很大的面積是用來做服裝倉庫的。2015 年以後陸續開始有直播。到了 2018 年，與直播相關的企業大概能佔 50%。2019 年西子環球的二期工程完成，兩棟高聳的大樓剛好遇上直播的風口，吸引了上百家企業入駐。據黃建成介紹，截至 2020 年 9 月，西子環球大概有 150 多家企業入駐，95% 都是直播電商供應鏈上的企業或者 MCN 機構。

某天下午，黃建成在他的辦公室裏接待着一波一波的客人。正交談時，他接了個電話。電話那頭一位操着廣東口音的男人問，

現在西子環球有沒有合適的場地，大概 700 ~ 1 000 平方米。黃建成說沒有，對方仍不放棄：「小一點兒的也沒有嗎？附近有沒有，能不能幫忙找一下？」

「發展得太快了，沒有場地給他。開口就要 700 ~ 1 000 平方米，換作別的地方可能是大客戶了。但在我們這裏，就是沒有地方能給他。」黃建成有些無奈。在西子環球，有的直播基地因為擴張太快，空間不足，甚至把辦公室直接改裝成直播間。

在網紅經濟時代（2013 年前後），西子環球的物業價格是 1.1 元 / 平方米；2018 年、2019 年開始慢慢漲到 1.8 元 / 平方米；到 2020 年，根據樓層位置的不同，已經漲到每平方米 2 元多。

現在還有三四十家公司在排隊，等着進駐西子環球。2020 年西子環球的戰略目標是品牌化，要求入駐的企業自帶品牌，做品牌直播的園區。

每到晚上，這些大樓全部燈火通明，直播常常要持續到凌晨兩三點。緊閉的窗簾讓直播間裏的主播和運營團隊，幾乎不分白天黑夜，上演着一場又一場創富神話。

九堡的這些供應鏈基地，吸引着來自全國各地的主播，他們像候鳥一樣輪番飛來。夏天時，臨沂的大主播們紛紛來杭州做專場。到了九月，廣州的主播開始到杭州來開工作室。廣州的春夏裝比較有優勢，到了冬天，主播缺貨，全部往杭州轉。吸引他們的，除了貨，還有杭州這座城市高速運轉的信息。

九堡崛起（下）：
直播如何改變商業各環節

要點

· 四季青由單純拿貨的批發市場變成流行趨勢的風向標。

· 直播電商如何精準識別粉絲的需求，背後有一套方法論。

· 直播間裏的「秒殺」，正在倒逼後端生產方式發生改變，大量「快反」工廠湧現，服裝生產週期被極度壓縮。

　　如果説上一篇是從歷史的維度觀察九堡是如何一步一步成為「宇宙直播中心」的，那麼接下來我們要站在此刻甚至是未來的角度，看一看現在的直播電商呈現出甚麼樣的特點，直播是如何改變商業的。

　　以九堡地區週邊的服裝市場四季青為例，在直播電商的生態系統中，它已經從一個原本「拿貨」的地方，變成了一個「看貨」的地方，成為直播電商的線下「櫥窗」。它的定位更接近於流行風向標，而非一級批發市場。供應鏈基地派出的買手團隊，在四季青看到好的貨品後，會直接跟源頭廠家對接。

　　此外，直播電商能夠用各種方法更精準地測試、收集粉絲的

本文作者為快手研究院研究員楊睿。

消費需求，再倒逼後端的生產方式進行改變。大量「快反」（快速反應）工廠湧現，服裝生產週期被極度壓縮。

另外我們也發現，在信息密度高的杭州，供應鏈基地的創辦者開始有了危機意識。他們密切關注着直播形態正在發生的變化，也在思索着如何成為直播電商平台上的超級供應鏈。

四季青市場，從批發到「櫥窗」

阿珍是愛潮尚直播基地的一位買手。愛潮尚的買手團隊總共有 5～7 人，分佈在廣州、杭州，平時的工作就是逛街。

第一次見到阿珍時，她剛從四季青市場提回來一個超級大的黑色塑料袋。裏面裝滿了她一下午的收穫，包括一些時尚的帽子、流行的配飾。這些飾品主要是給主播直播時做搭配使用的，如果直播間裏有粉絲詢價，也可以從市場拿貨來賣。

四季青市場離九堡約有 40 分鐘車程，阿珍對這裏的情況如數家珍。這裏並不是一座大樓的體量，而是一條街。街上密集分佈着意法、中洲、長青等市場，每個市場的定位和風格都不一樣，貨的來源、價格、調性也都不一樣。

這些大廈的每一層，都密密麻麻擠滿了服裝檔口。中洲大廈會有一些韓國貨、廣州貨和泰國貨，價格較高。意法大廈賣的主要是杭派女裝，用來跑量，基本上都是杭州的女裝工廠開的檔口，三樓會給網紅供貨。而長青大廈則主打低價位女裝。

根據阿珍的指引，我們也來到了四季青市場。推包車在密密麻麻的檔口之間穿梭。精壯的漢子用推包車把從廠家拿來的大包

小包的衣服推到檔口，再把一包包要郵寄的衣服從檔口推到快遞點。每個檔口的牆上都張貼着招聘「穿版美女」的廣告。大一點的店中間，「穿版模特」頻繁地換着樣衣，給來往的批發商看衣服上身的效果。

在一個檔口，老闆娘指着一件大衣告訴從外地趕來的客商：「這件衣服去年我們這裏就賣得特別好。今年到了你們那裏一定賣爆，我們這裏（反映潮流）是最快的。」這就是傳統批發市場的時間差和信息差，而「一批」市場（一級批發市場）作為信息流通最快的地方，是天然的數據匯合處。

在阿珍看來，四季青市場的反應很快。檔口裏上新的頻率很高，基本上一個星期要上兩三次新款。如果市場有「反應」，就讓它繼續爆。如果沒有反應，就馬上下架，再上新款。

所謂的「反應」，實際上就是指消費者的需求和喜好。四季青是華東一帶最大的服裝「一批」市場，與上海七浦路、廣州白雲市場齊名，全國各地的批發商都會到這裏拿貨。這樣也就有了全國的反應數據。「這裏是（服裝）信息流通最快的地方，全國各地都來拿貨，如果補單就是有反應。所以說市場會很快地反映出爆款，這就是快時尚的節奏。」阿珍說。

意法大廈還有專門做單品的檔口。比如大衣、連衣裙。「把單品做到極致，就很容易出爆款。一些檔口常年就開這一個品類，買版、開發，他們研究得多，肯定會出爆款。」阿珍說。

對於像愛潮尚這樣的直播基地，更多地扮演了市場風向標的角色。買手們是去看爆款和方向，而不再是傳統的拿貨。買手看到好的版，會直接跟源頭工廠談。比如愛潮尚看中某家檔口的一款絲綢連衣裙，想給主播組貨，就會自己去聯繫廠家，跟廠家談

直播供貨價。

除了批發市場，買手團隊也會去商場看大牌女裝，包括色系、搭配、陳列、品類、爆品以及流行趨勢。看商場的大牌女裝店主要是為了積累感覺，而在批發市場則能看到更具體的火爆款式。此外，買手團隊也會利用蝶訊網看走秀資訊、利用 INS（Instagram，一款能進行圖片及視頻分享的社交軟件）網站看流行趨勢。現在，愛潮尚最常用的還有 AI（人工智能）公司知衣科技的「AI 數據」，能實時抓取全網爆款數據。

前端：精準識別消費者需求

直播圈常說：淘寶一年只有一天「雙十一」，做直播每天都是「雙十一」。所謂的爆款，其實就是市場需求的集中反映。每個供應鏈基地，都有自己測試爆款的玩法。

位於西子環球的常來網直播基地，只播羽絨服品牌「雪中飛」。相比女裝要求 SKU 多、上新速度快，羽絨服略有不同，其生產週期和銷售週期相對長一些，因此通常是現貨。

9 月，被常來網直播基地的負責人趙立偉定義為羽絨服上新前的測款期。產品有了真實的市場反饋，到旺季選品時，才能做進一步的研究和設計。

趙立偉測款的方式是選擇與大主播進行戰略合作。讓大主播做一場羽絨服專場，把他們前期已經選好的 100 個款快速過完。不追求主播對貨品進行非常細緻的講解，而是提高過品速度。由於大主播的粉絲基數大，一場直播下來就能得到大概的數據。再

有針對性地做第二場、第三場直播，一直到第十場，沉澱下來所有需要的銷售數據。

2020 年 9 月 13 日，快手主播瑜大公子為「雪中飛」做了一次專場，當場 GMV 破 1 000 萬元。趙立偉他們的第一盤貨基礎款男裝比較多，針對這盤貨的特性，特意選擇與瑜大公子合作。

在羽絨服旺季來臨前要精心測品，這是一種多贏的操作。對於直播基地來說，手裏有 100 個款，但誰都不知道哪款會賣得好。每個人的經驗和偏好都不一樣，即使是一個團隊裏的人也會持不同意見，因此需要數據來支撐判斷。

對主播而言，如果沒有基地實實在在的數據，貨品沒選準，直播帶貨的時候就有「翻車」的可能。「要讓主播在這裏『起飛』，貨品的結構很重要。99 元的長款羽絨服是福利中的戰鬥機，它就像一場戰鬥中的炸彈，扔出去必爆。但它是用來保底的，不到萬不得已儘量不扔。」趙立偉說。

直播時要對貨品結構有一個清晰的定位，剛開場怎麼上款，中途怎麼上款，哪些是應急款，哪些是保證 GMV 的款。一場直播，從第四款開始是主推產品，以「雪中飛」為例，就要上「標籤產品」，讓大家提到這款，都知道是「雪中飛」的；第五款是性價比高的產品。整場直播，要按節奏串起這些產品。

對直播基地來說，前期通過達人測出爆款之後，就有信心深度下單，避免庫存積壓。趙立偉介紹，第一輪測款期間，他們每款羽絨服向工廠下了 1 萬單。而到了旺季，測出來的爆款可能要下 80 萬單。「如果我不把它的銷售表現測得很精準，真的不敢下那樣的大單。」到了旺季一旦囤積，會影響到產品的周轉，庫存積壓是對供應鏈最致命的打擊。

通過測試，趙立偉他們會在 100 個款裏選出大約 40 個款。「現在這 100 個款都組織生產，到時候可能停掉一半，甚至更多。有些貨品下線不做了，只留一些好的貨品。按照產品結構，比如短款的、帶帽子的、低領的、帶毛領的、不帶毛領的，再搭配衞衣、褲子，拿到最精準的盤貨。」

此外，當銷售有足夠信心下 80 萬單時，面對工廠就有了議價能力。「下 10 萬單是一個價格，下 80 萬單又是另一個價格。加工費、採購、流水線上的排產率，每個環節都能夠降低成本」，他說。

深度測款的方式也有講究。在選款下單時要有一個定位，如 3 000 件測、1 萬件測，基數不一樣。如果一款產品的定位是基礎款，想要讓它跑出大爆款，可能測款時 1 萬件都不夠，因為還要分顏色、尺碼。

即使有現貨，也可以開預售模式。如果預售 30 天，消費者還會選擇下單，就說明這款產品真的可以跑出量來，有爆款潛質。「這樣的產品，即使下 100 萬單心裏也不慌，而且要馬上安排工期」，趙立偉說。

後端：快反工廠的速度奇跡

在直播間裏，貨品往往在幾秒、幾分鐘內就被一搶而空。愛潮尚直播基地曾經為快手的一位大主播供貨，3 個版的短袖 T 恤，只用了 3 分鐘就賣出了 8 萬多單，創造了 380 萬元的 GMV。

這種瞬時銷售，極度壓縮銷售週期，考驗的是背後的供應鏈。

對服裝生意來說，最大的痛點是庫存。如果不小心備多了貨，

賣不掉或是退貨率高,就有可能把自己弄垮,業界這樣的教訓比比皆是。如果備貨沒那麼多,但在直播間裏爆單,就有可能發不出貨,會降低主播的評分,拉低直播基地的聲譽。

前端的爆款也在倒逼後端的生產變革。

以愛潮尚和這位主播的合作為例。溫迪介紹,從 T 恤的設計到送版給主播,再到直播,只有短短七天時間。在這七天,這位主播的團隊還跑去驗廠,問溫迪貨在哪裏。溫迪指了指工廠裏的一堆布說:「貨在那兒。」

「其實當時我們壓根兒還沒開始生產。但是主播的團隊說,咱們都簽死合同了,從下播那一刻開始計算,只有 48 小時的發貨時間。也就是說所有的貨要在 48 小時內發完,不發完會面臨巨額賠償。」

「我讓他們放心。我們的工廠只用 3 天時間就能生產得差不多。主播下播後的 48 小時內,8 萬多件訂單全部發完。」溫迪說。

「我們當時預備生產 13 萬件 T 恤,他下播以後,一看他的下單數據顯示賣了 8 萬多件。當時工廠還在生產,並沒有停下來。我們看反饋回來的數據,有些尺碼壓根不用生產多少。最後其實也就生產了 8.5 萬件左右。這相比傳統的下訂單模式,大大減輕了庫存的壓力。」溫迪介紹。

服飾行業最害怕的就是庫存的積壓,一旦做尾貨清貨,有可能連成本都收不回來。但電商行業,尤其是直播電商有巨大的爆發效應,知道銷售數據之後,利用快反能力組織生產,可以有效地將庫存控制在很低的範圍內。

例如,女裝的工藝複雜程度高,從備貨、面料、輔料、人工到後道工序,整個流程走下來,生產週期比較長。「快反」的概念,就是在面料、輔料已經備貨完畢的情況下,利用生產線快速的優

勢，把一件衣服的工期儘量縮短，比如從 15 天變為 7 天。

在服裝品類中，休閒潮牌更容易快反，比如衛衣和 T 恤，可以把版型確定好之後生產出白胚，差別僅限於顏色和圖案。賣的時候，根據銷售端的情況來確定具體的顏色和圖案，可以在很短的時間內就完成生產工序，可能兩三天就能出貨，四天就發貨完畢。

以連帽衛衣為例，可以提前準備好 5 萬件白胚。哪位主播來，就噴哪位主播的專屬圖案。這就是典型的「快反」，胚全部是提前準備好的，直播賣了多少件，就噴多少件。

「快反」實際上是把非標品做成一定意義上的標品。如果是標品，比如自嗨鍋、月餅、糕點，只要跟工廠談好價格，樣品上架就行。難就難在做女裝這樣高頻購買的非標品。女裝的客單價高，能帶動 GMV。但非標品一定是有退貨的。

溫迪認為，女裝的貨盤，不可能全部做成標品，但一定要有做標品的供應鏈，只有這樣才能把量給做起來。

直播間速度與激情的背後

杭州九堡一帶，供應鏈基地的圈子是鬆散的，沒有統一的組織或協會。但信息在這個圈子裏不停地滾動，哪位主播今天在哪家基地播了一場，戰績是多少，甚至 ROI（投資回報率）是多少，很快就能傳遍九堡。這與九堡一帶獨特的信息交換方式有關。

直播間裏，主播們高聲喊着，「五、四、三、二、一，上連接」，享受着速度與激情，GMV 一次次攀越高峰。與直播間裏的快節奏無關，供應鏈基地往往有一間被隔出來的辦公室，擺着一張茶

案。基地的老闆坐在中間，燒水、泡茶、倒茶，客人們則分坐茶案兩旁。信息就在倒茶、喝茶的過程中傳遞。來者皆是客，即使是互相不認識的人也可以坐在一桌喝茶。

某個夜晚，一位主播的經紀人到愛潮尚直播基地來喝茶。「月底我有一盤貨首發，你要不要做首播？」「好啊，這個獨家留給我。」這裏儼然成了直播電商界的「華爾街」。

晚上八九點，比普通人的飯點都要晚一些，在新禾聯創一樓商舖的餐廳裏坐下，如果側耳聽鄰桌人的聊天，關鍵詞一定是主播、品牌、供應鏈之類的詞彙。飯桌對於新禾聯創的人來說，從來就不是一個單純吃飯的地方，而是一個信息交換的場所。他們交換着彼此的生意經。

有媒體報道，2020 年 7 月，新型餐飲品牌嘭嘭牛雜火鍋將店開在了九堡的新禾聯創產業園。如今 60 平方米的小店，月流水 40 多萬元，日翻台數為 5 桌。

信息在高速流動，從業者更新換代的速度也一樣。2019 年，九堡一帶的供應鏈基地倒了一大批。根據西子環球的數據，儘管是 100% 入駐率，但也有 30% 的流轉率。在新禾聯創，佔地一兩千平方米的大企業抗風險能力強，相比之下中小供應鏈企業或剛入局的小品牌，更新迭代速度非常快。新禾聯創直播的小微企業，在疫情後更換了 40%。

這是一羣最有危機意識的人。

2020 年一個顯見的變化是，九堡的直播電商園區都在往品牌方向靠攏。有些園區甚至提出，這一年是品牌戰略元年，要求入駐的供應鏈基地都要自帶品牌。此前從市場拿貨之類的組貨模式已漸漸沒有了優勢。

一些供應鏈基地也發現，今年的玩法不一定適合明年，這個行業的更新換代太過迅猛。溫迪最近就在思考，做快手直播最終只有兩條路。

「第一條路是做品牌。但對供應鏈基地來說，品牌不在自己手上，永遠只是一個中間商。今天幫這個品牌賣，明天幫那個品牌賣。除非手裏有主播矩陣，自己的主播控制在自己手中，才能跟進這個事情。」2020 年下半年，愛潮尚直播基地開始自己孵化主播，並且錨定中高客單價貨品。

在溫迪看來，如果他們孵化的主播全部賣中高客單價貨品或者賣品牌貨，就相當於鎖定了快手「二八定律」中的「二」（指快手中的高消費人羣），哪怕創造的 GMV 並不高，也已經佔有了這部分份額。

「還有一條路，就是在快手上再造一個 SHEIN（跨境女裝品牌）。」王聰榮的工廠給 SHEIN 供貨，每天能出一兩萬件貨。溫迪打算借助王聰榮身在 SHEIN 體系的優勢，聯合 SHEIN 體系中的供貨商，再把設計師端口打開，真正做到小單「快反」。

一個成體系的服裝供應鏈，一定離不開研發、設計、打版、生產、根據整體數據反饋補單。數據不好的產品就直接砍掉，爆款則會返單。「就是這樣一個流程，它在不停地滾動。」

溫迪舉了個例子，SHEIN 一款衣服一次最少生產 100 件。但工廠做 100 件衣服肯定不賺錢，甚至是虧錢的。人工成本、輔料等各方面的費用都平攤在這一兩百件衣服裏。它們賭的是後面的訂單，一旦賣爆就會大量補單。十個訂單中有兩個爆款，工廠就能回本甚至賺錢，所以它才願意接 SHEIN 剩下的八個訂單，否則工廠很難玩得動。

　　在溫迪看來，SHEIN 對供貨商該檢驗的都檢驗過了，該「教育」的也都「教育」過了。她希望能聯合其中的三四家優質供貨商，每天出 50 到 100 個款，在全平台上做散發，輻射全網主播，但凡有爆單出現，後面的工廠再持續滾動。

　　「做超級供應鏈其實就是面向快手的『八』（指大眾用戶），而不是『二』。我要能輻射全網的中低客單價的貨品，把供應鏈全部跑通，讓主播能一鍵下單，哪怕一件賺一兩元，量足夠大也夠了。」溫迪說。

小貼士

跨境電商 SHEIN 的供應鏈創新

SHEIN 是一個主打女性快時尚研發、生產和銷售的 B2C（企業對消費者的一種電子商務模式）跨境電商平台。歐洲、美國、澳大利亞和中東地區是 SHEIN 的主要海外市場。

據 SHEIN 官網介紹，截至 2020 年 4 月，其銷售覆蓋全球 200 多個國家和地區。2019 年，SHEIN 日均上新數百款商品，以卓越、敏捷的供應鏈體系為支撐，日發貨最高超過 300 萬件。

SHEIN 在招募供應商時提出四個合作條件：供應規模要集生產、研發、銷售為一體；發貨及時，要求現貨 40 小時內發貨，備貨 5 天內發貨；貨源穩定，具體體現在庫存充足，品質保證，品類中的行業領頭羊優先；擁有自主研發和設計能力，新品多於 30 款 / 月。

據媒體報道，2019 年 SHEIN 全面上新 15 萬款，平均每月上新 1 萬餘款，僅一到兩個月就趕上了 Zara 全年的上新量。而且，開款速度還在加快。在 2020 年 7 月，SHEIN 僅女裝門類平均每天上新 2 000 款（包括部分飾品和舊款）。

SHEIN 官網提及，公司通過深耕供應鏈管理和不斷提升運營實力，逐步成為跨境時尚電商的行業領先者。曾有媒體報道，2018 年一份商業計劃書顯示，SHEIN 爆款率在 50%、滯銷率在 10% 左右。押中爆款後，通過後續追加訂單，單件成本就能大幅降低。

知衣科技：
數據為媒，AI 改變服裝業

要點

- 直播電商需要不斷測試，降低試錯成本，不積壓庫存，這就需要看大量數據。

- 與傳統電商相比，直播電商的 SKU 更多、對數據反饋的需求更快。

- 服裝產業下一階段的重點，必然是選款和供應鏈管理。

　　鄭澤宇是美國卡內基梅隆大學計算機專業的碩士，2013 年畢業後加入谷歌。2015 年 7 月，鄭澤宇回國，與幾位谷歌前同事一起創業，有網紅電商第一股之稱的如涵是他的客戶之一。

　　2018 年 2 月，鄭澤宇決定專注於服裝領域，創辦杭州知衣科技有限公司，想在服裝產業的升級換代中挖掘機會。

本文作者為快手研究院研究員楊睿。

◎ 以下為知衣科技 CEO（首席執行官）鄭澤宇的講述。

我在谷歌做的工作與電商相關，主要負責谷歌電商商品的整理和推薦。

從谷歌出來後，我做了大概兩年的人工智能外包，給各行各業做人工智能技術的服務商。在提供服務的過程中，我發現純外包式的人工智能算法競爭比較激烈，門檻也沒有那麼高。當時就覺得，還是得進入有一定行業壁壘的領域。

我們曾經為如涵提供服務，接觸到了服裝行業。這是一個體量很大，但數字化水平比較落後的行業。我們應該算是第一批進入服裝行業的科技公司。從服裝選款的角度來看，可以說我們是比較領先的。

為甚麼選擇進入服裝領域？我們在給如涵提供人工智能服務的過程中，看到了服裝選款背後有理性的部分，而不僅僅是純粹感性的。服裝不是一件藝術品，而是一件商品。商品的背後，其實就有很多選款的邏輯，包括爆款的邏輯。

就拿測爆款來說，光靠自己試，再勤奮也只能試有限的款式。無非就是在 100 個款裏看哪個轉化率最高，轉化率最高就約等於賣得最好。我們通過數據化的方式，把別人的數據直接整理出來告訴你，減少你自己試錯的成本。

行業的經驗派與數據派

剛入行時我就發現，服裝行業分為經驗派和數據派。

　　絕大多數人是經驗派，遵循傳統服裝運營方式。服裝的流行趨勢是被定義出來的：國外大牌設計師每年舉行小型閉門會，走秀之後大牌開始出類似款式，然後國內在第一時間模仿大牌。

　　90% 的人通過看走秀、理解秀場來把握流行趨勢。還有蝶訊網、POP 時尚資訊網這類平台，幫助服裝行業從業人員了解秀場，國內產業可以從中汲取靈感。

　　經驗派認為，服裝是需要提前規劃的，市場數據跟自己關係不大。比方說，現在是 9 月，很可能生產的是明年春夏的款式，最近也是今年秋冬的款式。

　　數據派是新生代，以電商為代表。市場上甚麼東西賣得好，他們立馬組織快反生產，快反週期在 3～15 天。

　　數據派認為，大品牌設計出來的東西，在未來可能流行，也可能不流行。提前規劃很難完全精準，這也是導致大量庫存的重要原因。

　　時代確實變了。過去，大家接收的信息相對統一，現在則越來越個性化。很多 KOL（Key Opinion Leader，關鍵意見領袖）甚至 KOC（Key Opinion Consumer ，關鍵意見消費者）都會影響到消費者的決策。預測半年之後的流行趨勢，難度越來越大。

　　時代要求你加強快反能力，那麼在快反的時候如何知道最近在流行甚麼？數據就是一個很有效的驗證方式。

　　2018 年，國內服裝行業只有很少一部分人有數據思維，這些人集中在電商領域。2020 年以前，知衣的客戶大部分是電商。

　　其實，服裝行業有非常強烈的數據需求，因為這個行業非常分散，市場佔有率最高的品牌所佔的份額也不到 1%。而有些行業是被大品牌壟斷的，比如家電行業，一個大品牌可能佔有 30%～

50% 的市場份額，它自己就有大量的數據，因此對市場數據的需求沒那麼強烈。

淘寶店和直播電商的相似邏輯：快反爆款

如涵這樣的淘寶網紅店採用的是快反爆款的邏輯，直播電商繼承了這個邏輯，不同於傳統品牌的邏輯。

快反爆款的邏輯，是假設現在連衣裙好賣，我就全賣連衣裙。在實際操作中，雖然網紅不可能百分之百賣連衣裙，總是會有一些搭配，但是可以做到連衣裙佔全部貨品的 80% 甚至 90%。

而傳統品牌的邏輯是提前規劃，但是反應慢，我甚麼都得有，連衣裙賣得再好，也只有 20% 的佔比。

玩單品快反爆款，需要判斷哪個貨品是爆款，這就要靠測款。看市場上甚麼樣的東西好賣，或者說拿已有的貨品去預售。就是不斷地去試，看數據，降低試錯成本，最終的目標是避免形成大量庫存。

如果你有這個貨品，你可以去試。如果沒有，就從已有數據庫裏面篩選款式做成樣衣進行測款。甚至有很多人是買一件樣衣做直播，如果直播效果好，再下單生產。現在的試錯成本已經被無限降低了。

2018 年就有一批像如涵這樣的網紅電商敏銳地利用了快反爆款的邏輯，做成了這件事。

直播的 SKU 豐富、反饋更快

直播電商和之前網紅開店的邏輯也有不同之處。

最大的不同是 SKU 的數量。一家淘寶店一個月的 SKU 大概是兩三百款，300 款算比較多的。但直播帶貨一個晚上可能就有 60～100 款。就算一個月只直播 10 天，也需要大概 600～1 000 款。當然主播也可以重複賣同一款產品，但如果粉絲看主播天天賣的都是相同的產品，就很難再想去看下一場。

SKU 多，在快時尚、女裝領域是特別突出的。就拿快手的某位大主播來說，如果他每天都賣美特斯邦威，效果肯定一天不如一天。所以主播可以第一天賣美特斯邦威，第二天賣太平鳥，第三天甚至可以選擇賣家電，用差別吸引顧客的關注。對主播來說，一定要將粉絲轉化最大化，產生最高的價值，所以說 SKU 一定要豐富。

按照這個邏輯，其實服裝類目是最容易成長出垂類大主播的。因為這個類目的 SKU 完全能夠滿足主播每天都播不同款的需求。而其他的類目相對較難，比如一天到晚播家電，一天又能賣多少家電呢？

垂類主播，要不就是自己有好貨，比如工廠老闆娘；要不就是到不同的基地走播，播不同的品牌。對垂類主播來講，服裝是最有機會的，可以天天播不同款式的女裝，做到每天都不重樣。男裝不如女裝，女裝銷量佔到整個服裝市場的七八成。

除了 SKU 多，直播電商與傳統電商相比另一個不同就是反饋更快。傳統電商反饋再快，可能也要兩三天的時間。但對於直播來講，很快就能知道轉化率是多少，所以說對數據的需求也更高。

由於反饋快，「解讀」這個反饋的時間也要很快。如果沒有一個很好的工具，就很難「解讀」反饋回來的數據。

比如一位主播一個晚上至少播 6 個小時，總共 100 個款，通常 3～4 個小時就能全部播完，這個時候就需要返場。絕大部分的主播其實就是靠返場或幾個爆款撐銷量的。這時主播就要更快地知道哪個是爆款，而這個數據從哪裏來？

所以我們現在能看到一些數據服務商的崛起，來支撐如此快速的數據反饋痛點。比如後台看不到實時成交額，只能看到成交件數。成交件數相對來說沒那麼直觀，還是要看成交額，那就需要對每件貨品進行單獨計算，這就很麻煩。

更進一步，不僅是看成交額，對主播來說還要看佣金、坑位費，計算相應的 ROI。如果按照 ROI 排序，ROI 高，主播對商家有交代，可能就不用再返場了。

服裝產業下一局：選款和供應鏈管理

我認為服裝產業下一階段的重點，必然是選款和供應鏈管理。

其實服裝行業的鏈條特別長，從前端企劃、設計到後端的面料、輔料、排期生產。而這個鏈條上的各環節信息化程度又極低，有的幾乎為零。所以我們希望做一件事，就是讓信息在整個鏈路上流通。

而帶動這根鏈條的核心環節還是選款。現在越來越多的 OEM（代工生產）往 ODM（貼牌生產）轉型，我覺得這是個趨勢。工廠要自帶設計能力，設計就是它的一個核心環節。

　　品牌要選款，工廠也要選款，如果大家都選到同一個款，這筆交易就完成了。然後再去匹配前端的流量，因為 C 端（消費者）的用戶其實也在選款。所以選款這件事，其實是一個核心環節。

　　所有人選款的邏輯是類似的。雖然每一個消費者都有自己的喜好並且很難被刻畫，但無數的 C 端聚合起來的選擇，是可數據化的、有趨勢性的。我們聚合的就是 C 端選款的趨勢。

　　反過來，數據也可以影響到 C 端，因為這是無數個人數據的匯總，是趨勢。同時它也影響 B 端（商家）選款。所以說選款背後的大數據邏輯是趨同或者說是類似的。我們現在做的事就是儘量把所有的數據打通，讓大家看到的是一盤數據。

　　不管是渠道品牌、線下品牌還是供應鏈品牌，看到的都是這一數據，感受到的都是終端消費者的習慣。

　　工廠端在此數據的基礎上可能還要結合品牌自身的數據。比如某個品牌的消費者就喜歡紅色波點連衣裙，但品牌方不建議再做紅色波點連衣裙了，那工廠就不做了。可能這個品牌的消費者還喜歡藍色碎花連衣裙，這時候品牌方可以把信息同步給工廠。工廠知道消費者喜歡甚麼、這個品牌還缺甚麼，那它就有了做決策的依據。

　　品牌也是一樣的，知道我現在有甚麼，市場喜好甚麼、缺甚麼，品牌方就能據此決策。當廠家和品牌方的信息溝通對稱時，比如品牌方需要這個款式，工廠也有這個款式，決策速度就更快了。不要等到品牌方想要一件藍色碎花連衣裙，在市場上沒找到，再讓工廠設計、確認，然後再下單生產，那麼這個過程就慢了。

　　所以說，整個快反是基於行業裏所有的參與者在同一個數據庫中，由利益方推動的。現在這種轉變已經開始了，即 OEM 往

ODM 轉變。它們需要這樣的數據連通、轉變，然後形成一整盤
數據決策。

我們現在就希望可以逐步打通各個環節，但所面臨的阻力和
障礙還是蠻大的，包括工廠的數據化建設、品牌的數據化建設、
機構的數據化建設等一整套體系。好在目前我們至少承擔了教育
市場的角色。

其實現在我們對供應鏈的管理做得還不多，因為這是需要投
入大量精力的。當前面所說的這些事情發生之後，我們就會知道
供應鏈上到底有沒有生產能力、有多少生產能力、有多少款式。
要把工廠的生產能力和工廠的信息進行同步，才能形成最終的閉
環。否則所有的數據和決策都到位了，但沒貨也不行。

這裏存在極大的挑戰。首先，工廠端的數據化程度偏低、意
願偏弱 —— 憑甚麼要告訴你我的生產能力呢？我先把訂單拿到再
說。其次，有數據它也未必願意用，就算願意用，也未必有能力
用。圖 1.3 展現了知衣未來將在全產業鏈上的努力方向。

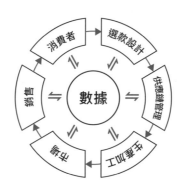

圖 1.3　知衣未來要打通全產業鏈，讓各環節看到同一盤數據

芈姐案例：用知衣加快選款速度

快手主播芈姐，是從服裝工廠直接轉型直播帶貨的快手電商。其優勢是在沒有中間商賺差價的情況下，直接向消費者提供高性價比的商品。但隨着她在直播電商領域越做越大，加快選款速度、提高開款能力等挑戰日益凸顯。

為了解決這些問題，芈姐選擇了知衣科技的「AI 數據」和「煉丹爐」兩款產品輔助自己的工作。

芈姐在入局快手電商前，她的服裝工廠主要承接品牌代工和批發生產的生意。當她作為快手商家，直接面向消費者的時候，選款速度需要進一步加快。根據「煉丹爐」的統計，芈姐單日直播平均需要上架 50～60 款商品，在像快手「116 購物狂歡節」這樣的特殊日子，甚至需要將近 100 款商品。

這就對芈姐工廠的選款、開款能力提出了巨大的挑戰，如何才能跟得上自己直播帶貨的速度，保證每天都能有足夠多的新款拿來直播呢？

知衣的產品「AI 數據」收錄了全網超 20 萬家服裝類目店舖以及數億服裝商品的數據信息，每天都能夠為用戶提供海量的款式數據更新。

芈姐可以根據自身開款的需求，直接在「AI 數據」的海量商品庫中進行選款工作。在商品銷售數據的輔助下，芈姐就能夠更加方便地對爆款商品進行判斷，在提高選款效率的同時，還能保證選款質量。

　　另外，因為直播帶貨還需要多種服裝品類的搭配支撐，半姐需要同時開發不同品類的商品款式，所以「AI 數據」的商品熱銷榜功能也十分重要。商品熱銷榜可以讓半姐直觀地看到近期任意時間段內所有服裝品類下的商品銷量排名。

第二章
廣州：傳統商貿中心走進視頻時代

- 廣州是傳統商貿中心，也是直播電商的主要貨源地，本章選取了服裝和化妝品兩個行業進行觀察。
- 在服裝行業，有各自做了 10 年電商的真姐和芈姐，讓我們來看看她們的觀點和打法。
- 在化妝品行業，我們選了兩家比較知名的企業：環亞和韓后。看看他們怎麼思考、怎麼做。

本章篇目

　　廣州是全國性商埠，一級批發市場和配套供應鏈在此集聚。作為重要的貨源地，廣州長期為全國的批發零售體系、全球出口體系供貨。

　　淘寶等電商平台興起後，廣州因為貨源優勢，從全國吸引了一批做淘寶的商人。

　　如今，視頻時代到來，直播電商大潮興起，廣州有何機遇和挑戰？對廣州商業生態的各個角色，如一級批發市場、品牌企業，分別有何影響？這是大家密切關注的話題。

十年電商老兵真姐：
快手電商的關鍵是人設和品牌

要點

- 真姐做了多年傳統電商，而且身處廣州貨源地，當他們以新的思維和姿態進入快手時，對其他主播衝擊很大。

- 真姐認為快手直播最重要的是人設的建立和品牌的打造，她說自己走品牌化路線，粉絲認可度非常高。

- 未來真姐會對品牌進行分層，一個是平價品牌，一個是高端品牌，每天她會在直播時穿插幾個高端款式，慢慢改變粉絲的認知。

　　真姐和孫朋濤夫婦在電商領域探索了 10 年，有成功也有失敗。在圖文時代，他們曾「一夜爆紅」，成為淘寶電商的風雲人物；在直播電商時代，卻因為思維慣性而錯過了第一波紅利。

　　2018 年 10 月，他們研究了各大平台。最後在真姐生日那天，決定做快手電商。他們有多年電商經驗，是專業選手。加入快手後，第一天就上了熱門，一個星期的時間就漲了 70 萬粉絲。

　　目前，他們有自己的工廠、品牌，商業模式也一直在創新，有很多心得要分享。

───

本文作者為快手研究院高級研究員李召。

◎ 以下為真姐夫婦的講述。

從大學生創業到 34 家天貓店

我倆是山東人，是青島農業大學的同學，讀大學時就開淘寶店。我 2013 年畢業，朋濤高我一屆，他為創業放棄了畢業。

2010 年，我們嘗試在淘寶賣東西，當時淘寶開店門檻低，不需要多少啟動資金和門店費。小打小鬧的結果還不錯。我們先做淘寶 C 店 —— 普通集市店，積累了資金才轉戰天貓。2010 年的時候天貓還叫淘寶商城，1 萬元就可進駐；第二年變成 16 萬元，直接卡掉了很多人。

2011 年「雙十一」，我們碰上一個活動爆單，賣了好幾千件。青島沒那麼多貨可發。朋濤在網上發現廣州有一些廠家有這個款，他直接訂了張機票去廣州，想弄點貨就回來。廣州是一級批發市場聚集地，貨非常多。他是那年 11 月底到廣州的，結果一看就沒回來，直接在廣州扎根了。

以前我們主要從青島即墨二級批發市場拿貨，單價會比廣州高 5 ~ 10 元。當時來廣州進貨，更重要的原因還是款式。女裝對款式很敏感，即墨的款式相對陳舊，廣州的新款、好看的款多。你看快手直播就會發現，我們家的款式還是很新的，應該算是走在時尚前沿的。

我們 2013 年轉戰天貓，主要是為了做「聚划算」。2013—2016 年團購很火，在聚划算做活動，天貓店比較好通過。C 店也能通過，但是概率低。為了讓大量活動獲得通過，最多時我們兩個人名下有 34 家天貓店，平均每天銷量 5 萬件，客單價 80 多元。

當時我們是整個阿里女裝系的核心合作夥伴之一。電商確實成就
了一些普通人的商業夢想,今天賣 100 件,明天賣 1 000 件,慢慢
就做起來了。但我們一上來就是爆發式的,從幾千件開始,很短
時間就做到了幾萬件,一直穩定了好幾年。我們賺了錢並沒有拿
出來花掉,而是再開一家店,賺了錢又開一家,一家店投 20 萬,
累積到了 34 家天貓店。

兩次失敗:網紅模式和線上線下店模式

「聚划算」之後,2016 年我們做了類似雪梨那種網紅自帶流量
的網紅店。當時的風口就是微博導流量,很多淘寶店舖都往這個
方向轉,做私域流量,做風格店舖。

我們轉型做網紅店,一些自帶粉絲的網紅把外部流量引流到
淘寶店成交。但這個項目失敗了,因為做網紅店有很多不可控因
素,我們前後換了五六個網紅。有的網紅做了一段時間後吃不了
電商的苦;有的拍出來的照片粉絲不認可;還有的要去國外拍照,
成本很高。我們大概做了一年半就結束了,算是一次失敗的嘗試。
那時候直播電商的體量不是特別大,看直播的人還不是特別多,
我們也不太看得上,想集中精力做網紅店,搭配微博,還是圖文
形式的思維模式。2017 年下半年,我們覺得淘寶 C 店不能做了,
就準備做線上線下店,即當時所倡導的連鎖店 —— 線上可以購
買、線下可以體驗的女裝店舖。這是一個很大膽的嘗試,我們的
第一個佈局,就是在廣州萬佳、南城、十三行等批發市場開檔口,
投了大概 2 000 萬元。想以檔口形式對全國各地優秀的代理商進

行招商加盟。跟他們談，讓他們在當地開店。比如我們某個品牌的實體店，可以通過我們自己的 App（應用程序）做社區營銷。

但是這件事做了一年我們就放棄了。失敗的第一個原因是對實體店款式運營的經驗不足，因為我們一直是做線上的，而線上、線下的款式是有區別的。第二個原因是廣州批發市場的檔口租金特別貴。南城一年要 200 萬元，我們在萬佳租了一個五年使用權的檔口，還算便宜一點；十三行一個檔口一個月租金 28 萬元，是最貴的，但利潤也高一點。來十三行採購的商人比較有實力，手裏有很多店，大訂單比較多。我覺得這種商業模式是一個趨勢，只是現在還沒有人真正做出來而已。以後怎麼實現這種體驗呢？我認為可以把實體店看作一個分倉，輻射週邊十幾、二十公里，消費者登錄 App 查看店裏現有的款式，直接下單，倉庫發貨，保證兩小時內送達，他們也可以去店裏選。這個模式我覺得還是可以做的，而且可以跟直播結合，比如快手也很注重同城項目，未來我可能會這樣做。

剛做快手就常上熱門

真正認識快手是在 2018 年 10 月，當時做線上線下連鎖失敗了，也認識到未來的趨勢一定是直播，我們就在分析各個直播平台。

我們一直在觀察快手上的主播，尤其是山東臨沂的服裝主播，比如陶子家，我覺得這個事情可以做，因為她的銷量還不錯。我們想了大概一個星期，最後在我過生日那天決定做快手電商。

因為我們身在廣州這個貨源地，又具備電商思維，所以我們進入快手直播對山東臨沂的一些主播衝擊很大。他們是從二級批

發（以下簡稱「二批」）市場起家的，確實帶動了第一波快手電商直播，但我們是以新的思維和姿態進來的，就會讓粉絲眼前一亮。

我們的作品和他們的明顯不同，總是上熱門，一個星期就漲了 70 萬粉絲。我們的做法相當於結合了傳統電商的元素，這在當時看來很新穎，很多做「二批」出身的快手主播都說，這個人是幹嗎的，怎麼這麼厲害，漲粉漲得好快。於是他們就開始學我們發作品。很多人還私信問我：「這個圖片用甚麼軟件做的？能不能教我發這種作品，我給你錢。」

這是「一批」對「二批」的衝擊。我們是「一批」，自己開過檔口，而且在做天貓的時候就已經開始自己生產了。另外，我們的電商運營思維對他們來說也是一個挑戰。未來肯定是後來者居上，我們做得還不夠好，而且當時有很多電商大咖還沒進來。

真姐 Design：走品牌化路線

我們現在是走品牌化路線。其實在快手上我們算是最早做品牌的，從 2019 年開始就為每件衣服打上自己的商標 —— 真姐 Design（真姐定製）。有時候設計跟款式會借鑒當時的爆款，但生產全是自己做。

自產自銷，成本其實沒有低很多，因為我們把成本加在了面料上。比如在金馬、萬佳這些市場，一條裙子打包價 50 元，我自己做出來可能要 53 元，但是品質起碼高了兩個檔次。自己生產不止是為了節省成本。如果我做出來的產品跟市場貨是一樣的，那可能就是為了多一點利潤。但我們注重品質多一點，考慮的是做好品牌。

現在粉絲對真姐 Design 品牌的認可度非常高。我做過一個測試，在我的直播間裏賣別人的品牌，粉絲基本上不買單。他們來我直播間就是要買我自己家做的衣服，已經不能接受市場貨的質量了。

做品牌的核心是設計，設計能力、創新能力是最重要的。我們主要採取的是「買手＋設計師」模式，買手遍布廣州的各個市場。我們有自己培養的設計師，現在還在慢慢地磨合。我們的買手團隊有 6 個人，跟了我很多年，對款式的把控都是比較厲害的。

其實我們對快手未來的趨勢看得很清楚，並不是很多人以為的單純賣貨。我認為快手直播最重要的兩點是人設的建立和品牌的打造，兩者相輔相成。因為快手是以人為中心的平台，所以在這裏人設是第一位的。做品牌也是依託於人的，要讓粉絲見到主播這張臉，就覺得可以信任、可以託付。

我覺得直播時代的品牌跟傳統意義上的品牌 —— 脫離具體的人的品牌是兩個完全不同的概念。傳統意義上的品牌可以做到家喻戶曉，一提起 ONLY，（大家會認為是）大品牌，肯定品質好、有檔次。而我們想做的就是一個屬於快手直播間的品牌，就是粉絲買了真姐家的衣服，覺得又便宜又好，認可真姐的品牌，可以放心買。

現在做全網的品牌非常難，我認為也沒有意義，因為任何人都不可能把全網的粉絲弄到自己這兒來，只要真姐的粉絲覺得這是一個品牌就足夠了，這相當於快品牌。

痛點：要跳出殺價的怪圈

我們也有痛點，就是好的品質匹配不到應有的價格。我們有

粉絲高度認可的品牌，卻不能提高產品價格。其實快手的粉絲羣體是願意買貴的東西的。

我認為粉絲並不只是想買便宜的東西，而是想買性價比高的東西。如果品牌做起來了，就可以適當提高一下價格。

我們現在賣的是自己工廠生產的衣服，拿出來放在萬佳市場賣的都是數一數二的品質，放到十三行也屬於好的衣服。我做的東西材料貴、加工費高，即使這樣我也不敢賣貴了。賣貴了肯定會有人模仿，在小作坊裏換種面料做加工，成本會低很多。一生產出來就殺價賣，讓我們有苦說不出。

一些經常看我直播的、有黏性的粉絲知道我們家的東西品質是不一樣的。但會有一些新粉，以前沒買過我們家的東西，他們的初印象就是我家東西比別人家貴，這樣我就不敢賣價過高。我想吸引、轉化新粉，就得壓低價格，這樣一來運營成本就有點讓我難以承受。

不過我們通過自己生產和品牌化路線的努力，已經快要跳出殺價的怪圈了。因為我們賣的東西其他人沒有，而且已經認可我們家品牌的粉絲不會單看殺價，他們會認為貴幾元也是合理的。

未來會對品牌進行分層

未來我們的路線是對品牌進行分層。我們會有一個平價的主營品牌；然後再推出一個高端一點的品牌，也會在直播間賣，每天會穿插幾個款式，慢慢調高直播間的客單價。

目前我們要把大號抓起來，畢竟精力還是要放在一個號上。

然後看看這種包裝主播的模式（比如跟娛樂圈打通，參加地方衛視的一些節目）是否能行得通；通過包裝策劃，樹立主播在粉絲中的形象，擴大知名度，好把價格往上抬一抬。

我們也想做一個針對快手生態的供應鏈整合，就是對外輸出現在的工廠資源、團隊、款式等，給主播供貨。主播沒有好貨源，我們來解決他們的痛點。我們和快手聯盟的分銷庫是不一樣的。快手分銷庫的東西誰都可以賣，賺佣金。但是我們想建立的是一種深度的合作。大家談好一個框架協議：這件衣服我給你備貨，加 5%～10% 的利潤，你沒有任何的庫存壓力，只負責賣，一個月至少賣我幾個款。

這樣做是要承擔庫存風險的，但我們會儘量控制風險。假如賣得好那麼我會再備 60%～70% 的貨供快手直播，把供應鏈全部開放，只要是主播都可以來做。現在沒有多少人能做得了極具性價比的產品，為甚麼呢？他們要不找工廠貼牌，要不就沒有開發能力、不懂生產。我們對整套系統都非常了解，對成本的把控也很有優勢，包括整個團隊的建設，已經磨合了好多年。

快手的發展很快。我覺得從 2019 年下半年開始快手電商時代才真正到來了，這是一個很大的轉折，證明快手認可並堅定去做這件事。2020 年的疫情加速了這一進展，我認為經過一年的發展，會淘汰掉很多（商家），到 2021 年就都是能活下來的。

在廣州做工廠的經驗之談

我們在廣州的工廠成立已經 5 年了，大約有 60 人。生產這個

板塊也是一個系統，要花很長時間去運作才能順暢。它涉及的環節太多了。第一，版型。製作一件衣服要經過打版、確定面料、車版、再次試版、再修改、成本核算、面輔料採購、工廠確定貨期、剪裁、製作等流程。剪裁時要進行監控，防止浪費，裁完以後上車位讓工人做。需要跟單、質檢把控品質，最後再出貨。

在快手做服飾，做得越大自己的工廠佔比就會越小。主播做工廠的目的，主要是加快反應速度，以備不時之需。比如有些款要得比較着急，有自己的工廠就可以更靈活地掌控，先把款做出來。銷量達到一定程度的時候，自己的工廠是沒辦法滿足需求的。你既要快，又要反應靈活，以三四十人的小型規模的工廠來配合，比較好調度和匹配。比如我今天有 50 個款，沒有辦法安排，只能排期。大的工廠要有一個生產計劃，至少要排一個星期。對於主播來說，預售一般只有 7 天，怎麼做得了生產分析？

源頭工廠基本是做代工的，自己做不了品牌，所以處在食物鏈的最底端，利潤很低。一個真正開源頭工廠的老闆一件衣服就賺兩三元，是在生產成本的基礎上賺的一點利潤。

2020 年由於疫情的原因，很多工廠都沒活做，我們就調整戰略，在廣州番禺區的南村鎮找了一二十家長期合作的工廠來配合。我們以前在南村做得比較少，因為這邊的工廠之前是做品牌貨的，質量好，但工價偏高。南村的工廠比較規範，工人不怎麼加班，不趕貨。我們以前和海珠區康樂村一帶的工廠合作得比較多，但它們只能做到萬佳廣場的水平，做不到十三行的水平。

如果不受疫情影響，南村的工廠會有大量外貿品牌的訂單，比如它們的產能一天是 5 000 件，可能 3 000 件保本，另外 2 000 件賺錢。但是現在沒辦法，連 3 000 件的訂單都拿不到了。老闆

把自己的利潤拋了一部分出來，以前賺兩元的，現在賺一元就行。這是為了保產能，把工人給養住，那些固定的支出，比如裁剪師傅的工資、尾部打包的開支、廠房租金，都是要付的。

真正的源頭工廠是不會做貨（銷售）的，凡是自己做貨的工廠，出來的產品都很貴。廣州這邊的業態分為好多種，就服裝這個行業來說，有一種工廠是自帶設計師的，一個季度開發 100 個款，你挑中以後直接下單，工廠至少會加 15% 的利潤，到主播手裏價格就會偏高。不過目前這種工廠很少，大部分的工廠是沒有開發能力的。

也有少數近千人規模的工廠，基本上被一些外企或者合資企業的大品牌給承包了。大品牌承包後都有生產排期計劃，因為人家要提前做下一期的備貨。我們做夏裝的時候，人家的工廠已經在做秋冬裝了。這樣規模的工廠開支很大，老闆一天沒貨做，這一個月就白做了。所以他必須有足夠多的銷量，才敢把規模做得這麼大。

快手黑馬芈姐：
我如何做品牌，練基本功，佈局未來

> **要點**
>
> · 芈姐在快手第一場直播賣了 200 多萬元，很多人說芈姐是一匹黑馬，其實她有近 10 年的電商經驗，不是突然冒出來的。
>
> · 芈姐在廣州有自己的服裝廠，工人有上千人，這在快手主播中是非常罕見的。為甚麼她要自己開工廠，而不是選擇大多數人所採用的代加工模式？
>
> · 芈姐賣的基本上是「芈蕊」品牌。芈姐說寧願自己工廠虧一點錢，也要讓三、四線城市的人能穿上跟一、二線城市的人一樣時尚的服裝。

　　2019 年 4 月，芈姐開始在快手上直播，當時她有 12 萬粉絲。2020 年 6 月，芈姐有 500 萬粉絲，6 月 6 日開播 40 分鐘，銷售額破 1 000 萬元；全天訂單量超 100 萬單，銷售額 8 100 萬元。2021 年 1 月初，她已經有 900 多萬粉絲了。

　　2020 年 8 月，芈姐分享了自己是如何成為快手「黑馬」的。

本文作者為快手研究院高級研究員李召。

◎ 以下為芊姐團隊創始人、芊姐的丈夫王陳的講述。

2019 年 4 月 28 日，芊姐開始快手直播首秀時，我們只有 12 萬粉絲，當天賣了 1 萬多單，GMV200 多萬元，算是嘗到了快手電商的甜頭。本來打算一個星期播一次，後來變成隔一天播一次，到 2019 年 7 月才開始每天直播，8 月我們拿了「潛力達人」第一名，9 月又拿了第一名。

2019 年 11 月的快手購物狂歡節，芊姐兩天銷售了 80 多萬單，拿了快手服飾類第二名，總榜第四名的好成績。那時我們的粉絲量在 150 萬左右，卻將許多粉絲量超千萬的大主播甩在了身後。2020 年快手舉辦「616 品質購物節」，6 月 16 日活動當天，芊姐開播 40 分鐘銷售額就破 1 000 萬元；全天訂單超過 100 萬單，銷售額達到 8 100 萬元。2020 年 11 月，芊姐直播銷售額達 1.56 億元。

芊姐的迅速崛起，我們總結出以下幾點原因：

一是我們有 10 年電商運營經驗，有完備的主播、運營、售後、客服團隊和倉儲物流中心、供應鏈等；

二是我們有很好的貨源，廣州本身就是全國最重要的服裝貨源地之一，而我們在廣州有自己的服裝工廠，規模有上千人；

三是我們的產品非常貼近生活，不是那種很誇張的類型。針對快手目前的粉絲人羣，品質和價格都有優勢。

「黑馬」前傳：10 年電商經驗

很多人說我們是快手的一匹黑馬，其實我們有近 10 年的電商

經驗，不是突然冒出來的。

我到廣州是 2004 年，那時候 16 歲，第一次從四川出來打工。中間回到成都溫江做了兩年女性飾品生意，又到廣州，開始做淘寶電商，那是 2010 年，我 23 歲。我們在淘寶一直做得不錯，2012 年時，我們每天有 5 000 筆左右的訂單，在淘寶應該排得很靠前。

為甚麼選擇廣州？廣州的核心優勢是產品。杭州有阿里巴巴，那邊主要做網紅、做運營。廣州是百年時尚之都，靠近深圳、香港特區，時尚度高，很多品牌都是從廣州做起來的。廣州這邊可以拿到最低的工價，比杭州大概低 8 ~ 10 元，但是工人也能掙到錢。

我們的主線產品有三種：第一種是休閒，第二種是稍微流行一些的快時尚，第三種是氣質風情。我們沒有單獨針對某一類人羣，否則會缺少差異化。隨着淘寶賣家的增多，不少像我們這樣以產品為主線的商家陷入困境。所以我們就轉型做供貨、做阿里 1688 等。

2013 年，我們開始轉型做批發。在廣州沙河商圈的萬佳服裝批發市場和東莞虎門的大瑩服裝批發市場都有自己的檔口，主要是給淘寶供貨。

後來我們又開始在阿里 1688 平台上做了大概 5 年批發，一直排在前幾名，是女裝的領頭羊。阿里 1688 平台以前只提供展示，大約 7 年前才正式開始提供交易。

小貼士

芈姐創業路

2004 年，到廣州打工，後來回成都做線下實體店「哎呀呀」

2010 年，開始做淘寶電商

2012 年，每天有 5 000 筆左右的訂單，在淘寶排名靠前

2013 年，轉型做批發，在廣州的批發市場開檔口，主要給淘寶供貨

2018 年，開始做阿里 1688 直播

2019 年，開始做快手電商

2020 年，全年銷售額超過 10 億元

因為我們有電商的血液，有一定的運營能力，從淘寶過來，操盤起來非常方便。大概一年時間就做到了產值過億。我們在阿里巴巴剛開始是做批發的，後來又做淘貨源。它有幾種橫向市場：一是淘貨源，是給淘寶的小賣家供貨；二是給微商供貨的采源寶；三是做阿里 1688 直播。

我們從 2018 年開始做阿里 1688 直播。1688 直播跟淘寶直播不一樣，平台流量完全是不同的。淘寶針對的是消費者，1688 針對的是商家。我們在 1688 直播的人氣非常高，累計觀看人數就有 2 萬，芈姐直播間同時在線人數可以達到 3 000 以上。每一場直播的訂單都是 1 萬單以上，芈姐是當時阿里 1688 的「一姐」。

那時候快手也開始做電商了，但是我們有點捨不得阿里 1688 的平台，所以一直在觀望。其實在這之前我早就關注快手了，差

不多在 2015 年前後，那時候快手還沒有直播。我覺得快手非常貼近生活，段子很搞笑，不是那種端着的風格。現在大家很少去看明星了，更喜歡看主播。為啥？因為他們更接近我們的生活。

我從 2018 年開始在快手上發視頻，主要是芈姐的視頻。我們做了 1688 直播之後，很多客戶拿貨的時候，都要拍一些視頻，芈姐相當於一個模特，在各大平台都有她的視頻。我們還沒有做快手的時候，很多代理商就已經把芈姐的視頻轉發到快手上，甚至還經常上熱門。於是後來我們乾脆自己來做。

我們覺得在快手上頭部主播一天能賣那麼多貨，我們應該也不會差。如果我們到快手上挑戰一下自己，説不定一年能做 2 個億、5 個億甚至 10 個億。所以在 2019 年 4 月 28 日，就有了前面説的芈姐在快手的直播電商首秀。

因為有近 10 年的電商經驗，所以我們有完備的主播、運營、售後客服團隊、倉儲物流中心、供應鏈等。在我們的電商團隊裏，有一個新媒體公司，負責管理公司所有的主播。除了芈姐，我們還培養了 5 位主播，她們都是從零開始，現在的粉絲量從幾萬、幾十萬到一百萬不等。這些主播現在一天大概能賣 1 萬單左右。

倉庫有貨，還有配套工廠

現在快手上，有的主播有流量，但沒有貨；有的有貨，但沒有賣貨的經驗。運營非常重要，不是説貨好就一定賣得好，運營得好沒有貨也不行，而我們是天時、地利、人和都佔。畢竟自己倉庫裏面有貨，數量多、種類全、質量還好。

現在我們倉庫裏有 150 萬件貨，都是夏季的款。大家清倉的時候我沒清倉，還在選擇上新，因為我覺得 7 月可以上，8 月可以上，在季節交替的時候還是可以上的。我不怕這個風險，因為我們這麼多年一直是做深度庫存的，玩順了，不擔心庫存壓力。我們在廣州的倉庫有 1 萬多平方米，按照我們的倉儲物流能力，一天能發 20 萬單。

更重要的是，我們有配套的服裝工廠。2020 年新冠疫情來襲，珠三角很多服裝工廠倒閉、工人失業，但我們的服裝工廠卻逆勢擴張，工人最多時達到 1 000 多人。

這個工廠完全是我們自己的，不是合伙模式。2019 年底，我們在廣州番禺開了一個專門做時裝的工廠。從選址、建設、裝修到投入生產，一步一步走來，平台見證了我們的成長。

廣州是全國服裝批發市場的源頭，而廣州的服裝生產廠家大部分集中在番禺。番禺這些源頭工廠是做品牌的，一直走的主要是線下銷售渠道。2020 年受疫情影響，倒閉了一大批工廠，工人怎麼辦？其中有一些就流入了我們的服裝廠，所以我們一下子就做起來了，擴張到 1 000 多人，超出了我們的預期。

1 000 多人的工廠，實際上一天也就做 2 萬多件衣服。而我們平均每天的訂單量有八九萬單。以前我們做淘寶商家、做阿里 1688 直播時，量已經挺大了，但快手直播的量更大。

很多服裝主播傾向於與工廠合作代加工的模式，而我們更傾向於自己開工廠。有甚麼不同呢？比如，你找代加工，一個款的單價工廠至少要乘以 2.5，即 10 元的單價，要給 25 元，其中 10 元是給工人的工資，另外給工廠的 15 元中，10 元是工廠開支，5 元是老闆賺的。但對於我們自己開工廠來說，我只需要乘以 1.5

就行了，即 10 元的單價，只需要給 15 元，10 元是給工人的工資，5 元是工廠開支，老闆賺的 5 元不要了。

所以我們在快手直播有價格優勢，能走更多的量，工廠雖然是虧本的，但整個公司賺錢就行了。

為甚麼我寧可虧本也要做自己的工廠？自己做可以把質量做到極致，找人代工質量可能不會這麼穩定，不可控因素多。

目前快手上有一種「市場主播」，他們需要到批發市場拿貨去賣。市場裏面的檔口要賺錢，而且市場主播沒有統一的 IP（知識產權），惡性競爭、互相殺價，你賣 40 元，他賣 35 元；你賣 35 元，他賣 32 元。他們本身就是市場的搬運工，假如有 100 個搬運工，消費者看似有很多選擇，但他們分不清哪家好哪家壞。

我們賣服裝不怎麼看同行價格，只看自己工廠的生產成本，消費者認可的是我們的品牌，自然也認可我們的價格。

做「芊蕊」品牌，練基本功，佈局未來

自己開服裝工廠，這種模式做得很重。這個選擇可能是不明智的，一般來說，做得越大應該越輕，因為賺錢快。為甚麼我們要做這麼重？原因在於我要讓粉絲知道，我們不是賺快錢，不是為了收割他們，我們想做得更好、做到極致，所以佈局比較長遠，我們看重的是未來。

我希望最後能做到，消費者花幾十元就能買到有品質的服裝。現在我們發出的所有衣服，都是「芊蕊」品牌的。

據我了解，目前快手服裝主播真正有自己品牌的還不算多。

之所以有這個優勢，是因為在快手直播之前，我們就是以打造品牌的形式在做，線下有幾十家連鎖店。現在「芈蕊」的質量在一步一步提升，風格、時尚度也在加強。我們希望消費者都知道，快手上有一個芈姐這樣的服裝主播，她賣得很專業，消費者在快手上一樣能買到品質很好的廠家貨。

我們着眼的不僅僅是當前快手上的這些老鐵，我們爭取慢慢地把時尚度提得更高。不僅要讓一、二線城市的用戶在快手上買到時尚的服裝，也要讓三、四線城市的人能穿上跟一、二線城市的人一樣時尚的服裝。

除了服裝，我們也做了一些自有品牌的護膚品，有自己的註冊商標，然後找一線品牌的代工廠生產。

我看重的是粉絲是不是真正喜歡芈姐，是不是百分之百有回頭客，而不是這個月有多少新客戶。我們要讓消費者了解我們，不只是認識芈姐，更主要的是認識「芈蕊」這個品牌。

主播肯定是重要的，有很多厲害的主播，像石家莊蕊姐、徐小米，都是典型的能力非常強的主播。但是在品牌打造、源頭工廠以及一些後端力量方面，我們相信，佈局越好，就會走得越遠。現在做的都是基本功，等一段時間之後，才會看到誰更有後勁。

化妝品企業韓后:
2021 年將全力做直播電商

要點

· 2019 年 9 月韓后做第一場直播,並不順利,快放棄時,被第二場直播改變了認知。之後經歷了萌芽、發展和快速生長三個階段。

· 2021 年,韓后的人、財、物要全力投入直播電商,把直播作為核心渠道來做。

· 韓后品牌積極擁抱線上,抓住直播電商的機遇,總結出六大經驗。

　　韓后成立於 2005 年,是線上線下全渠道發展的化妝品品牌。2015 年在天貓做到美妝類 TOP5(前五名)國貨品牌。

　　直播電商興起之後,韓后很早就進行了直播帶貨的嘗試。現在在快手的出貨量很大。

　　2021 年韓后將 All-in(全力以赴)直播電商,快速擴建團隊,做好佈局,把直播渠道當作一個核心。

本文作者為快手研究院高級研究員李召,研究助理甄旭,特約研究員高龍。

◎ 以下為韓后直播運營負責人的講述。

三場直播改變認知

韓后在 2019 年 9 月啟動直播，最開始是請快手主播帶貨。第一場直播是一個快手主播用她的小號試播的，播了兩三個小時，賣了 20 萬元。當時我們想，直播帶貨也就這樣了，挺麻煩的，以後不想搞了。因為後面還有一場，已經安排好了，就想再試一下，預計能夠賣 50 萬元。

2019 年 10 月 8 日，快手主播大 Mi (帳號名為「MiMi 在廣州開服裝廠」) 來了，這是韓后做的第二場直播，一天就賣了近 130 萬元，一下子改變了我們對直播的認知。

韓后的第三場直播是由快手主播阿磊做的，賣了六七十萬元。這之後我們請到的好多都是服裝主播。他們天天賣衣服，一個月大概安排兩場韓后專場，包括山東臨沂的幾位快手大主播，陶子家、大蒙子，還有超級丹。多數是專場，個別的是混場單連接的合作。快手主播西爺是在 2019 年 10 月播的，經常返場，並且一場比一場數據表現好。

以前我們經常在線下投入百萬元做大型活動，要在商場搭台，請人跳舞唱歌，找十幾個人去發傳單、做推廣、賣貨。但大 Mi 直播，我一個人接待就搞定了，我發現直播很高效，很快就賣出了這麼多貨。

做直播的人員投入和具體做法

一年來，韓后做直播經歷了三個階段。前面幾個月是萌芽期，我們剛剛進入這個渠道，不斷探索。隨後我們明白要去建設渠道，就到了發展期。2020 年疫情之後，是迅猛的生長期。目前我們在團隊配置、平台擴展方面做了很多調整，銷量在成倍增長。

第一場直播時，韓后直播團隊只有兩個人，現在有三四十人了。我們可調度的資源也很多，一天可以同時接納 5 個專場直播，每一個專場配助播、運營，每場都是超長待機，從下午 1 點到晚上 12 點。

直播不是依靠主播一個人，而是一個團隊在運轉。像主要賣服裝的主播，如果她播化妝品，對這個專業領域不熟悉，助播就必須配合好。整體的氛圍場景、專業的助播、場控，對於直播來說非常重要。我們對直播渠道的態度是：重視、穩健、不激進、長期計劃。

韓后在直播方面邊幹邊完善，公司對直播很重視，全力支持直播部門去把它做好。我們把直播當作重要渠道，在一步一步搭建。未來它的體量有多大，天花板在哪，還是走一步看一步。因為直播本身也有很多不確定因素，目前公司主力並不是完全放在直播上，我們是多渠道佈局，而不是把未來全部寄託在單一渠道上。

直播是一個未來的生意，究竟在整個集團中佔比能達到多少，需要公司整體去把控。韓后本來也不是一個很激進的品牌，這與老闆的風格有關係，我們相對穩健。

不管是在目標設定還是在整個執行過程中，我們都是比較穩的。這種穩，會給我們團隊體系的搭建、知識的儲備預留足夠的

時間，讓我們把地基打好。所以在直播體量增大的過程中，韓后在多個平台運作，依然能夠得心應手。

六大經驗總結

在直播板塊，韓后 2021 年會有一個更大的目標，會快速裂變、擴建團隊，對品牌推廣、直播渠道的發展，都會進行佈局。從人力、財力、物力等各方面全力投入，就要 All-in 直播電商，把直播渠道當作一個核心做起來，放大品牌聲量。

經驗一：把直播作為品宣渠道，而不是賣貨清庫存。

很多品牌在直播平台只是帶貨，韓后品牌能做到在直播平台做品宣。韓后品牌是將產品的理念，對技術原料的理解，對用戶的洞察力，通過新媒體傳遞給自己的用戶，並不是找主播帶貨清庫存。

韓后多年來匠心打造天然、安全、高效的護膚形象，先塑造品牌價值、產品價值，再講價格，而不是一上來就是價格便宜，如果這樣根本賣不了。目前韓后產品部已經規劃好 2021 年春季的產品線，包括甚麼時候上甚麼新品，怎麼賣，邀請哪些主播首發，怎麼去做推廣等。吸引「千禧一代」「Z 世代」等更多年輕消費者的注意力。

經驗二：制定「最強」直播合作規則。

在所有聚光燈都聚焦在巨頭和頭部主播之餘。每個公司直播的戰略部署都有不同。韓后品牌剛開始沒有主攻巨頭和頭部主播，原因是他們在合作中往往佔主導，有的會破價，這就影響了價格

機制、合作機制。我們的合作一般是由品牌方來定價，大家按一個規則走，但是頭部主播往往有自己的定價機制，不願意妥協。

所以我們在前期推進時，先把遊戲規則定好。大家按規則來，我們就播，否則就不合作。像這樣，起初就定好標準和調子，就會避免很多坑。現在我們基本確定了做直播的底線。

經驗三：全方位服務主播，做定製化服務。

整個直播現場就像一個市場活動。在線下做大型活動是韓后的長項。我們有專門的活動手冊和一套完整的流程。如何做好一場促銷活動，是所有韓后員工和推廣團隊都必須掌握的技能。

一場活動中 70% 的工作是事先準備好的。做直播也一樣，包括選品、搭配、話術以及上產品的順序、人員的配合都要提前做好準備。因為有線下的經驗，直播時我們的細節做得也很到位。

我們把主播當作代理商在維護，我服務好他，讓他定期返場，比開發一個新主播要好。

經驗四：加強人員投入，培養自己的主播也是一條路。

我們也邀請專業機構給團隊做培訓，公司每年在人員培養的投入上很捨得。快手官方的會議，我們都積極參加。

外請的主播帶貨是一條腿，自己培養主播也是一條腿，兩條腿走路靠譜一點。我們打算把助播培養成主播，因為他們之前就是從我們的線下渠道調上來的培訓老師，懂產品，又懂消費者的心理，只要在賣貨節奏、配合流量投放的節奏上把控好就可以了。能不能成功培養主播，也需要去探索和試錯。不可能一天就有那麼多的粉絲冒出來。

經驗五：兼顧線上線下價格，從消費者出發。

我們和主播合作第一場後，第二、三場的銷量往往都會不斷

攀升。這是為消費者服務的邏輯。品牌方最注重的是長久穩健的發展，包括粉絲的認可。消費者才是真正的上帝，我們用心把產品、服務做好，把每一個環節打通，優化消費者的體驗感。我們的發貨速度還要再次升級調整，爭取把售後做得更好。我們的客服團隊、供應鏈團隊也是如此，爭取把後鏈路做得更好。

經驗六：生產快反要跟上，供應鏈管理要跟上。

直播對生產快反的要求更高，對產品迭代、供貨週期要求都特別高。之前可以按季度規劃，現在每半個月就要進行調整。但相對服裝而言，將化妝品搬到直播間後對產品的調整還沒有那麼快。比如，我們從 2019 年到現在有兩三款爆品一直在賣，價格沒變，產品也沒變，但照樣賣得好，用戶回購率高。

目前公司找雲倉發貨，需要有人去做整個供應鏈的管理。我們的產品有矩陣，哪些是主推款，以及需要備多少庫存心裏都有數，其他款就是有的賣就可以。我們一場直播上 20 個連接，加上化妝品的退貨率沒有服裝那麼高，所以貨一般不會積壓在雲倉。

環亞總裁吳知情：
直播很好，要趕緊去做

> 要點
>
> · 廣州環亞是全國最大的化妝品集團之一，疫情之前沒有在直播業務上重點發力。疫情改變了認知，直播成為公司一個重要的發展戰略。
>
> · 環亞跟快手的頭部主播合作直播，效果都非常不錯，單場直播帶貨的銷售額最高有上千萬元。
>
> · 環亞認為，為了在直播中留住老用戶，降低營銷成本，品牌方需要建立自己的私域流量。

　　2021 年，環亞集團成立剛好 30 年。它是全國最大的化妝品集團之一，擁有美膚寶、法蘭琳卡、FACE IDEAS 等諸多品牌。

　　環亞在全國擁有大量的線下經銷商和數萬個網點，因為兼顧線下經銷商的利益，環亞沒有在電商和直播業務上重點發力。2020 年初的疫情改變了這一切，環亞內部進行了一場巨大變革，直播成為公司的一個重要發展戰略。

　　吳知情是環亞集團的總裁，也是公司的創始人之一。2020 年 9 月，吳知情在廣州環亞介紹了她對直播電商的一些思考。

本文作者為快手研究院高級研究員李召，研究助理甄旭。

◎ 以下為吳知情的講述。

疫情改變了一切，直播成為企業發展戰略

2012 年環亞就開始佈局互聯網電商業務，進軍數字化營銷。但環亞是一家擁有 30 年歷史的老牌化妝品企業，以傳統的 CS 渠道（Cosmetic Store，指由化妝品店、日化店、精品店系統構成的銷售終端網絡系統）起家，在全國擁有大量的線下經銷商和數萬個網點。環亞需要兼顧線下經銷商的利益，所以沒有在電商和直播業務上重點發力。

2020 年初，突如其來的疫情改變了這一切。整個消費領域陷入困境，大部分線下消費瀕臨停滯，多數消費場景幾近消失。一時間，自救、復蘇、回血、轉型，環亞內部進行了一場巨大變革。其中，企業重點往線上方向發展成了公司上下的共識，而直播成為一個重要戰略利器。

疫情期間，環亞將快手、小紅書等新媒體平台作為主要營銷陣地，通過網紅、明星、知名美妝博主等的高頻推薦，給品牌和產品增加熱度，運用互聯網、物聯網、大數據等新技術，實施精準推送和精準營銷，擴大了產品銷售網絡。

在直播這一領域，環亞打造了自己的獨特直播生態，從明星、網紅和品牌 BA（Beauty Adviser，美容顧問）三層架構入勢直播熱潮，形成了一張規模觸達潛在消費者以實現增量的「網」。環亞連續在快手、抖音、淘寶等主流直播平台開啟了多場直播活動，聯合李佳琦、薇婭、小伊伊等頭部大 V（在網絡上十分活躍，有大量粉絲的公眾人物），與黃聖依、王祖藍等藝人合作直播帶貨，將

不同圈層的目標消費者融合起來，促成銷售轉化。

作為成熟的品牌方，之所以去找頭部主播進行帶貨，不僅是因為看中了他們有龐大的粉絲羣體，而且在於很多優秀的主播就是天然的「BA」，他們懂得如何與消費者溝通互動，用通俗易懂的語言將產品的賣點挖掘出來。品牌方可以借助主播的影響力，觸達和影響更多的羣體。而且可以將直播的素材剪輯成不同的視頻，在各大平台分發傳播，擴大品牌的聲量和知名度。

直播是銷售手段，也是售後服務渠道

當然，我認為直播作為一種新的銷售渠道，非常重要，但不是全部。對企業來講，要有自己銷售的主陣地，比如天貓旗艦店和線下的 CS 渠道。直播銷售額在銷售總業績中應該佔到 20% ～ 30%，最好不要超過 30%。

因為直播帶貨的邏輯是建立在主播的人設上的，而不在產品本身。同樣一個頭部主播，可以為不同的美妝品牌帶貨，消費者因為信任主播才去購買產品，但是他們對品牌不一定有忠誠度。另外，直播帶貨往往要求低價，甚至是全網最低價，很多消費者都是衝動型消費，是衝着便宜去的。如果品牌對於直播的依賴度過大，可能對品牌是一種傷害。

相比其他產品，化妝品尤其需要體驗。為了解決這個難題，環亞將以前線下體驗型服務的經驗和優勢嫁接到直播上來。我們不僅將直播看作一種新的銷售渠道，而且將其定位成一項服務。我們通過直播，為顧客提供優質的體驗以及專業的服務，面對面

與顧客進行溝通和感情交流。

我們更多是把直播作為一項服務去運營，主要目的是為用戶提供有價值的服務。經過專業的培訓，我們打造了一支有專業知識的直播隊伍。他們不僅能直播帶貨，還能為不同的用戶提供有針對性的專業知識，例如護膚、頭皮護理等，在直播間與用戶實時溝通和互動，為他們提供專業的解決方案。同時，我們還在直播間開展線上線下的粉絲或會員活動，會有會員的專享福利。

我們把線上直播當成了「BA 網紅化」，我們的直播間成為公司的售後服務渠道，用戶有甚麼問題都可以及時在直播間反饋。我們在與用戶溝通互動的過程中，影響更多的用戶購買產品，形成良性互動。

服裝類的主播容易培訓，成本也相對較低，但要培養一個懂化妝品、懂護膚的主播相對困難，成本也高。培養美妝主播，就像培養一名醫生，有專業性要求。我們要培養一個化妝品的主播，要培養他（她）學化妝，還要求形象好、會說話，懂得相關的專業知識。

快手能協助品牌方打造「專屬私域」

近年來，快手帶貨變現能力越來越強。我們研究發現，在快手的用戶構成中，一、二線城市人羣佔比 45%，三線城市及以下佔比 55%。特別是在三線城市及以下，快手有着其他平台無可比擬的滲透性。

任何生意的邏輯都離不開「人、貨、場」。具體到環亞的客戶

羣體，大多數是三、四、五、六線城市的下沉市場，環亞與快手
在用戶羣體上有很大的重合度。我們與快手的頭部主播合作直播，
效果都非常不錯，單場直播帶貨的銷售額最高達上千萬元。

在我看來，互聯網人口紅利已到盡頭，流量成本越來越高，
往往要投入巨額的營銷成本，才能獲取流量，吸引用戶關注。這
在直播領域也有明顯的表現。

為了在直播中留住老用戶，降低營銷成本，品牌方就需要建
立自己的私域流量。我們發現快手開設了私域和羣聊的功能，品
牌方通過直播和視頻投放，能夠把粉絲沉澱在自己的品牌號裏，
成為品牌方的數據資產。

快手有粉絲羣的功能，在主播的個人主頁展示，在搜索頁面
也有羣聊的入口。這是快手對於社交關係的進一步強化，這種粉
絲與品牌方之間的聯結也是快手高留存率的撒手鐧之一。

此外，通過這些功能，我們能夠深度了解用戶的真實需求、
購買動機、消費場景、價值實現以及價格的匹配度，進一步滿足
其需求，也能洞察行業發展趨勢。這樣不僅能支持新品開發，而
且能為精準營銷打下堅實的數字化基礎，提升公司整體運營效率，
降低品牌方的費用。這就讓企業具備了一定的數字化營銷能力。

在新時代，企業只有擁有了數字化能力，通過直播、知識內
容、導購等方式，連接和深度服務用戶，為用戶提供定製化的個
性服務和產品，才能屹立於時代潮流中，不被淘汰。在這方面，
我看好快手的發展，期待能夠與快手有更加深入的合作。例如，
利用快手的內容和大數據為快手的客戶定製產品，或者聯名推出
美妝產品等。

第三章
臨沂：快手之城

- 臨沂的批發市場走出了全國第一批快手電商主播，目前臨沂也是全國快手電商主播最為集中的城市之一，為甚麼是臨沂？為甚麼會是批發市場？

- 徐小米是臨沂的頭部主播，也是後起之秀，從創造日銷上千萬元的紀錄到日銷破億元只花了半年時間，她的成功秘訣是甚麼？她是如何超越同行的？

　　山東臨沂有 136 個專業批發市場，其中華豐國際服裝城是全國著名的服裝批發市場，也是臨沂第一家專業批發市場。

　　臨沂的服裝批發市場誕生了全國第一批快手電商主播，目前臨沂也是全國快手電商主播最為集中的城市之一，短短幾年間，臨沂湧現出大大小小數萬名主播，其中活躍的主播數千人，陶子家、大蒙子、超級丹、徐小米等主播在全國都有很大影響力。

　　當地人自豪地說，「直播電商看快手，快手電商看臨沂」，臨沂成了名副其實的快手之城。

　　臨沂直播電商經歷了草根崛起、企業化運作和實體巨頭加入三個階段。如今，頭部主播都在升級迭代，探索新的模式，發展自己的品牌。

　　臨沂在直播時代的探索，可供其他城市借鑒。

本文作者為快手研究院高級研究員李召，本文為作者 2020 年 4—11 月多次在臨沂調研的成果之一。

臨沂：
從批發市場到快手之城的歷程和啟示

要點

· 臨沂很多檔口老闆娘搖身一變成為大網紅，一場直播銷售幾百萬、幾千萬甚至上億元，他們是如何從夫妻檔轉型做企業的？

· 一位主播銷售額超過當地幾家企業的總和，臨沂賣場的大佬們從懷疑到恐懼，然後紛紛殺入直播電商，他們能成功嗎？

· 主播直接連接源頭好物和消費者，作為全國最大的市場集群之一，臨沂136個批發市場如何轉型？

「11 點 02 分，徐小米直播帶貨突破 1 000 萬元！」

2020 年 4 月 28 日晚，臨沂順和直播電商科技產業園頂樓天台，山東稻田網絡科技有限公司（以下簡稱稻田網絡）創始人宋健，臨沂服裝賣場大佬劉義林、杜濱，以及一些供貨商，都在低頭刷看稻田網絡主播徐小米在快手的直播，一位員工隨時傳送當晚銷售的後台數據。

當銷售額突破 1 000 萬元時，大家舉杯慶賀這一新紀錄的誕生。當晚，徐小米直播 6 個多小時，賣出 28 萬多單，銷售金額超過 1 200 萬元。而在僅僅半年後的 11 月 2 日，徐小米一天的銷售額突破了 1 億元。

作為快手主播，徐小米是後起之秀。臨沂早期知名的大主播有陶子家、大蒙子、超級丹、貝姐等，被稱為「四朵金花」。

臨沂是全國著名的快手主播聚集地，他們大多是由傳統批發市場商戶轉型而來的。

草根崛起：「二批青年」成第一批主播

臨沂有 136 個專業批發市場，8 萬多個商家，30 多萬名從業人員。在眾多的批發市場中，華豐國際服裝城（以下簡稱華豐服裝城）最為有名，是臨沂市乃至山東省第一個大型專業批發市場。

在 2018 年之前的十來年裏，臨沂的批發市場生意十分火爆，華豐批發市場有過一段輝煌的歷史。

臨沂第一批快手主播陶子家和大蒙子，以前都是華豐服裝城的頭部商家，陶子家主要做女裝，大蒙子主要做男裝，一年營業額都有幾千萬元。儘管那時她們的實體店生意很好，但也面臨兩個問題。

一是服裝批發的銷售半徑有限，區域局限在山東南部和江蘇北部。華豐服裝城是二級批發市場，需要到全國各地的一級批發市場拿貨，比如廣州的萬佳廣場、十三行等，然後通過華豐服裝城銷售到臨沂下面的市縣，以及魯南、蘇北部分地區。

二是服裝批發商和零售大賣場之間的交易機制往往會導致欠賬和庫存。批發商的貨賣給賣場時收不到現錢，要等賣場賣完貨才能結賬，導致批發商現金流周轉困難。另外，賣場賣不掉的貨要退回來，造成大量庫存，這就成了「二批」們的最大痛點。

除此之外，賣場完全可以繞過批發市場，直接從廣州等一級批發市場拿貨，甚至直接從源頭工廠和品牌方拿貨。

多種因素影響下，華豐批發市場的生意越來越難做了。就在這個時候，陶子家、大蒙子等「二批青年」發現了一個新的銷售渠道，那就是快手。

早在 2017 年，陶子家就接觸了快手，發現快手不僅是娛樂的工具，還有大量的買賣信息，可以通過快手賣貨。

2018 年夏天，陶子家開始集中精力做直播帶貨。最初她的主要目的是銷售自己的庫存，發現效果非常好，一天就能賣幾百單，比華豐批發市場的銷量還大。於是她的重心逐漸從批發轉向了直播帶貨，最後徹底放棄批發，走向專業的直播電商之路。2019 年「雙十一」活動期間，陶子家兩天銷售了 40 多萬單，總營業額 2 000 萬元，是當時直播電商的「臨沂一姐」。

「我印象太深了，在快手第一天賣了 100 元，直播間只有 5 個人，播了幾天人氣就上來了。」大蒙子第一次通過快手賣貨是在 2018 年 5 月底，因為她在華豐批發市場幹了十年，在服裝領域很專業，又有貨源，所以銷量很快就在快手爆發了。她說：「那時候太牛了，身後幾千件貨，咔，都賣沒了。最開始是微信接單，後台幾十個客服，非常壯觀，後來改用快手小店，接單能力更強了，2019 年 6 月 18 日，我一天賣了 10 萬單，營業額幾百萬元，震驚了很多同行。」

陶子家、大蒙子等「二批青年」通過快手直播，一方面解決了以往和零售大賣場之間的欠賬以及自己的深度庫存問題，另一方面突破了以前只能銷往魯南、蘇北區域的局限，把產品賣向了全國。

「我當時印象特別深，甘肅和內蒙古的老鐵買了我的衣服，我

感到很新奇，因為以前做批發的時候只能把貨賣到週邊市縣，現在突然間在快手上找到了那種發光、發熱的感覺。」大蒙子說。

通過直播，陶子家、大蒙子等人直接連接源頭好貨和廣大消費者，從「二批青年」變成了快手主播。批發市場裏一個個檔口的狹小空間已經不適應新的商業模式，2018 年，陶子家第一個放棄華豐批發市場的實體店，開設了自己的直播工作室，全身心投入直播電商。

她的做法被很多「二批青年」效仿，例如「四朵金花」中的大蒙子、貝姐等，華豐批發市場成為孕育直播電商的母體、電商主播的發源地。

「我們幾個人在快手上幹得好，臨沂批發市場，尤其是華豐市場，大大小小上千商戶都跟着我們做直播了。」陶子家說。

企業化運作：徐小米後來居上

與「二批青年」出身的陶子家、大蒙子不一樣，徐小米以前是做微商的，她最輝煌時帶過 2 萬人的微商團隊，後來微商衰落，團隊欠下大量債務。2018 年 9 月，她受大蒙子影響，決定做快手電商。圖 3.1 是徐小米在快手上的主頁。

「我是偶然看到大蒙子做快手很厲害，就去找我的老闆宋健，但他不相信，覺得是騙人的。」徐小米說。在她的堅持下，宋健同意讓她去嘗試，第一天就賣了 1 400 元。宋健發現徐小米能賣貨，而快手電商發展持續穩定向上，所以他們決定全力以赴，讓徐小米把直播當成企業來經營，而不是當成一門生意來做。

圖 3.1　徐小米在快手上的主頁

　　臨沂早期的主播，包括「四朵金花」在內，基本上是夫妻檔起家，老婆當主播，老公管經營，所有事情一把抓，一個人管所有流程。而徐小米所在的稻田網絡從做快手的第一天起就是正規的公司化運作，主播只負責選品的最後一關和直播賣貨兩件事情，其他問題均由公司相關部門分工協作。所以，稻田網絡在最初半年時間一直處於虧損狀態，宋健稱之為「戰略性虧損」。

　　徐小米的銷售額一直在穩步增長，到了 2019 年 6 月，業績直接翻番並開始贏利。稻田網絡在 2020 年春節時統計，2019 全年銷售額達到 1.2 億元，已經超過了「四朵金花」。

　　2020 年 4 月 28 日，徐小米直播帶貨 1 200 萬元，在全國服裝

電商直播中業績排名第一,在臨沂電商圈應該也算是一個事件,引起臨沂其他主播的關注和思考。

「宋總把企業框架做得很扎實,徐小米的出現,給了我們這些主播一個新的思路,真的值得我們這些夫妻檔好好思考。」超級丹說。

超級丹在快手有 900 多萬粉絲 (截至 2021 年 1 月初),是臨沂粉絲最多的主播之一,也是全國鞋類的頭部主播,她認為自己在銷售和粉絲積累方面比較成功,但在夫妻檔轉型為企業各方面發展比較滯緩。

「我們做快手這幾年都處在很緊繃的狀態,累到崩潰的邊緣,沒有時間暫停去思考。有人說要站在未來看今天,為明天做打算,但我們已經好久沒有站在未來看今天了。」超級丹說。

「徐小米為甚麼成功?未來甚麼會影響她的發展?我也一直在思考企業可持續發展的問題,我覺得有三點:一是主播,二是產品,三是團隊。」宋健說。

稻田網絡有 300 多人,6 位主播,其中徐小米佔了 80% 的銷售額。截至 2020 年 4 月 29 日,單純服務徐小米的有 178 個人。宋健說:「我們一開始就是把直播電商當作一個事業在做,把稻田網絡當成一個公司去規劃,在制度上比較規範,在分工上更加細緻。」

為了稻田網絡的長遠發展,宋健找了上海一家人力資源公司幫他提煉企業文化,梳理公司內部架構,規劃部門的整體流程,建設公司制度、關鍵流程,以及分析接下來發展當中會遇到哪些障礙,比如主播業績翻番之後怎麼賣?企業架構還能不能支撐得了?想要業績繼續翻番,需要把哪幾點做好?這家公司服務過一

些世界 500 強企業，稻田網絡是全國第一家請他們去做顧問的直播商家。

臨沂的一些頭部主播也在進行企業化轉型，陶子家說：「我們現在已經有完善的財務系統和一個財務團隊，像會計、出納、助理會計都有。我們的人員架構、組織團隊是非常完整的，是真正往公司化發展的。我們的後備力量已經很完善了，足夠支撐我們做 n 多個品牌。」

實體巨頭加入：臨沂直播商會的成立

徐小米的成功，直接影響了臨沂的一批服裝賣場大佬加入快手直播，比較典型的有劉義林、吳軍、杜濱等人。

山東百成匯董事長劉義林是臨沂服裝市場發展歷程的見證人，也是臨沂市服裝零售大賣場模式的開創者，他 18 歲時開始擺地攤賣衣服，在華豐服裝城做了 8 年批發商。2003 年，他在沂南縣開了臨沂市第一個服裝零售商場。

「當時臨沂批發市場輻射魯南和蘇北，到批發市場拿貨的就是一個個小檔口，我是第一個從批發市場出來開大賣場的。」劉義林說。目前百成匯旗下有近 100 家商場，很多是上萬平方米的大商場。員工最多的時候有 2 500 人，年銷售額超過 10 億元。

劉義林是臨沂第一個在縣城裏開賣場的，而貴和商貿董事長吳軍則是臨沂第一個在鄉鎮開賣場的。2004 年，他在臨沂義堂鎮開了第一個佔地幾百平方米的服裝商場。

「我們開店第一天就賺了 2 萬元淨利潤，第二天又賺了五六萬

元，從那一刻開始我就知道，以連鎖的模式，集中採購，連鎖發展，這個生意一定能做。」吳軍說。

「劉義林、吳軍當時是躺着賺錢，以前我要買一件襯衣，你店裏有，但我要買一條褲子，你店裏沒有，我就要去另一家店買，買完褲子還想買鞋，又得去另一家店。突然間，有人開了一個大賣場，裏面襯衣、褲子、鞋都有了，男士的、女士的，連童裝都有，這種一站式購物的大賣場模式一出來，臨沂的實體店一下就火爆了。」大蒙子說。在小攤、小販向大型超市、商場轉型的階段，劉義林、吳軍掌握了銷售終端，而華豐市場的陶子家則是供貨商，「那是劉義林、吳軍大賣場的黃金時代，也是我們批發商的黃金時代，更是華豐市場的黃金時代。」她說。

「劉義林在傳統商業時代也算是一個行業的先鋒。從空間的維度看，劉義林的商場位置好、流量大，所以他就是那個時代的徐小米，那個時代的網紅。」宋健說，「直播時代是去空間化的，實體店的地段優勢大為弱化，大賣場商業模式過了它的黃金期，商業革命進入了下一個階段，陶子家、大蒙子、超級丹就是直播電商時代的行業先鋒。」

陶子家、大蒙子等人的成功不僅帶動了很多批發商轉做快手電商，也引起了劉義林、吳軍等賣場大佬的關注，紛紛開了快手號。不過，與「二批」商家不同的是，他們並不是自己去經營直播，而是讓手下的業務部門嘗試去做。因為「一把手」並沒有特別重視，所以員工往往幹着幹着就放棄了。

山東麗都服飾董事長杜濱旗下有五十多家商場和服裝門店。剛開始他並不看好直播電商，而是花了很多精力走高端定製的道路，創辦了國內一線品牌——我依我家。直到有一天徐小米說她

一個人能賣過他和劉義林等三位服裝大佬時，杜濱才真正意識到
直播電商的威力。

「大約在 2019 年 9 月，徐小米說：『請三位老總小心了，我小
米下一年就超過你們了。』當時我們不相信，感覺有點好笑，劉義
林還說：『小米，你太狂了。』但我們一看到快手上的數據，又感
覺有可能，這時候我們有點恐慌，也在思考，我們下一步應該怎
麼做。果不其然，2020 年徐小米一個人創造的價值，真的超過了
我們幾個股東、四五千名員工所創造的價值。」杜濱說。

劉義林、杜濱、吳軍等發現徐小米越來越厲害，又重新重視
起快手來。

「我們賣場比人家晚了一步，優勢變劣勢，今天只能搭上一趟
末班車。之前我們做賣場的時候，覺得我們是牛的，今天就感覺
自己是『小白』，只好跟着徐小米、大蒙子學習了。」劉義林說，
他決定全身心投入，把直播作為「一把手」工程來抓。

2020 年疫情期間，臨沂的服裝門店都關閉了，杜濱發動旗下
50 多家商場的工作人員做快手，他說：「人家在疫情期間選擇在家
避風險，我選擇了逆流而上拍快手，拍的幾個段子都上了熱門、
漲了粉絲，不但把庫存銷售一空，而且還探索出了直播電商的
模式。」

「2019 年 9 月我做了一個決定，就是把快手帳號停了，現在腸
子都悔青了。」吳軍說。本來他和陶子家、大蒙子、超級丹一樣，
是臨沂最早一批做快手的，但也和劉義林一樣沒有給予高度重視。
因為擔心直播影響線下實體店的銷售，就把快手帳號停了。「這是
我最大的決策失誤，現在我不得不重新規劃，專門成立直播電商
公司，建直播間和倉庫，像宋總和徐小米一樣規範化運營，全力

以赴做快手電商。」

2019 年 11 月，臨沂幾位服裝大佬劉義林、杜濱等聯合成立了賣播集團，杜濱成為這家直播電商企業的董事長兼 CEO。

2020 年 8 月 24 日，臨沂市工商聯短視頻直播商會正式成立，劉義林、杜濱、吳軍等服裝企業代表以及徐小米、大蒙子、超級丹等主播代表均是直播商會的創始人，劉義林當選會長，杜濱當選執行會長。

「我們原來做實體經濟，身邊有好多夥伴，都渴望通過直播讓產品銷售出去，讓未來不再迷茫，我們成立直播商會的願景就是與大家共同進行商業變革。」8 月 24 日，杜濱在臨沂市工商聯短視頻直播商會成立大會上說，「我們都是從零開始，直播領域充滿了危機和商機，這個領域沒有高手，只要用心和堅持，大家都有自己的一片天地」。

直播基地：批發市場尋求轉型

2018 年，陶子家等人最早做快手時，華豐市場是支持的，但是當看到直播電商的價格優勢給實體店帶來的衝擊時，華豐市場改變了態度。

「我們決定在快手上賣貨的時候，從來沒想過有一天會不做實體店了。不讓我們在市場直播，沒有辦法，我們是被逼出來的。」陶子家說。

2018 年，陶子家第一個放棄華豐服裝城實體店，開設了自己的直播工作室，從 100 多平方米的出租屋，到 2 000 平方米的工作

室，一步一步走來，目前她的直播運營中心位於臨谷電商科技創新孵化園，一棟四層的辦公樓，加上位於馬廠湖工業園區的倉庫，總共 2 萬多平方米。

陶子家等人被迫從華豐服裝城「出走」，另一些人卻看到了機會，成立了專門的直播電商基地或者園區，把主播請進來。

陶子家公司所在的臨谷是臨沂一個標誌性的電商直播基地，其前身是蘭華集團旗下的輕紡食品城，也是一個傳統的批發市場，裏面有 20 多棟 20 年前建的舊廠房。2019 年，蘭華集團抓住臨沂大量主播崛起的機遇，將這些獨立的廠房改建為一棟棟直播大樓。

2019 年 10 月 18 日，臨谷一期正式開園，陶子家、超級丹等成為首批入駐的主播。目前加上西邊的二期工程，園區擁有 30 多棟直播大樓，幾十位主播入駐。

「原來輕紡食品城整個園區一年的租金不到 900 萬元，改造成臨谷直播基地以後，每年僅臨谷一期的租金就能拿到 2 400 多萬元。」臨沂市電子商務公共服務中心主任、新谷數科創始人聶文昌說。聶文昌是臨谷電商科技創新孵化園最初的運營者，在臨沂是較早認識到直播電商基地和園區價值的人。

快手直播電商崛起後，臨沂傳統商貿物流企業順和集團決定建立新型直播電商園區，2018 年 12 月順和集團將順和家居城五樓改造成順和直播電商小鎮，這是臨沂第一個直播電商基地。

順和家居城的演變過程也是臨沂批發市場轉型的一個縮影。2014 年，這棟大樓跟紅星美凱龍合作，打算搞家居建材批發市場，2015 年，杭州一家互聯網公司入駐建設淘寶生態城，2016 年，又和青島富爾瑪集團合作改為家居生態城，但都沒做起來。2017 年，順和集團決定自己經營，改成順和家居建材批發市場，

也做得不好。直到 2018 年 12 月，將順和家居城五樓改成順和直播電商小鎮，與此同時，順和集團的另外一棟樓 —— 與順和家居城隔街相望的順和母幼用品城也建立了直播電商基地。

2019 年，順和集團創始人趙玉璽之子趙國強接管順和家居城和順和母幼用品城，決定將兩棟大樓整合為順和電商直播科技產業園，其中 10 萬平方米的順和家居城為產業園第一期，5 萬平方米的順和母幼用品城為產業園第二期。

「臨沂有 136 個專業批發市場，競爭壓力太大，現在傳統市場不好幹了，商戶賺不到錢，一撤櫃商場就空了，所以大家都在尋求轉型。順和家居城是臨沂最早一批轉型做直播電商基地的，轉得比較成功，現在產業園入駐率在臨沂是最高的。」順和電商直播科技產業園董事長趙國強說。

現在臨沂已經有十幾個直播基地或者園區，都是從批發市場、工業園區或者傳統商場轉型而來的，其中順和電商直播科技產業園和臨谷電商科技創新孵化園是比較有代表性的。

臨沂的直播基地為主播提供了直播和運營的場所，也提供倉儲和物流服務，還會為主播提供數據、運營以及供應鏈等服務。趙國強說，順和直播產業園經過兩年的摸索，目前正在升級迭代，主要做了以下三件事：

一是建設 6 萬平方米智慧雲倉項目，配備自動分揀設備和自動倉儲，建成後日配送單量可達到 20 萬單；

二是做一個優選供應鏈，因為順和集團是臨沂六大商貿物流集團之一，有遍佈全國的供應鏈和智慧雲倉，可以為主播提供價廉物美的產品；

三是為主播提供 5G（第 5 代移動通信技術）共享直播服務，

利用 5G 網絡將順和在全國各地的智慧雲倉中的產品情況實時傳送至主播們的直播間，實現「足不出臨沂、選品全中國」。

「運營直播園區不能局限於眼前，也沒有一勞永逸的事情，直播園區或者基地要為商家提供更多的服務，不只是物理空間，還有相關的產業延伸，無論是直播電商，還是延伸行業，要不斷迭代、創新和升級。」聶文昌說。他正在臨沂做一個升級版的直播園區——中國新谷直播總部基地，佔地 56 萬平方米。對於這個新項目，他們打算打造品牌，讓耐克、阿迪達斯等各個品牌進來。

在臨沂批發市場和傳統商場轉型的過程中，杭州、廣州等地的一些機構和企業也參與進來，趙國強介紹說：「臨沂主播多，物流發達，全國各地的機構現在都在往臨沂去，魔筷在臨沂蘭山區建了一個直播基地，遙望在臨沂河東區建了品牌商場，卡美啦也準備在臨沂建供應鏈基地，京東、順豐都在臨沂找地建倉。」

陶子家認為，在直播電商方面，華豐服裝城本來也是有機會的，它的頂樓、四樓、五樓都是空的。如果當時華豐服裝城專門拿出一個空間改為直播工作室，可能會成為臨沂直播電商業態的引領者，但是目前這個機會被順和、臨谷給抓住了。

華豐服裝城也在轉型，市場裏面已經有 30% 搞批發的業主兼顧做直播了。華豐服裝城一位做運營的負責人還曾到臨谷參觀，看陶子家如何直播。陶子家說，直播電商是一種趨勢，作為一種新的業態，堵不如疏，批發市場也需要轉型。

···· 小貼士 ····

臨沂主要的直播基地

- 2018 年 12 月 順和直播電商小鎮（順和直播電商科技產業園一期）、順和母幼電商直播小鎮（順和直播電商科技產業園二期）
- 2019 年 9 月 臨沂惟業直播基地
- 2019 年 10 月 臨谷電商科技創新孵化園
- 2020 年 6 月 雲智谷供應鏈直播小鎮
- 2020 年 11 月 中國新谷直播總部基地
- 2021 年 遙望科技臨沂電商直播產業基地

產品升級：注重品質，孵化品牌

經過一段時間的發展，臨沂商家已經在朝着品牌化方向發展。

宋健說：「孵化自有品牌是稻田網絡 2020 年很重要的戰略，我們有一個自主化妝品商標，叫『江南印象』，徐小米在銷售時，這個產品賣得比一些大牌還好，我們正在對『江南印象』做第三次升級，準備將它打造成快品牌。」

稻田網絡也有兩個服裝類品牌，一個叫「全生」，一個叫「皆秘」。皆秘目前以內衣為主，都是自己找工廠生產的。另外還有其他的品牌正在籌備，涵蓋小家電、洗滌、食品、家居等品類。

「自己的品牌，在品質上好把控，又有定價權。品牌對於公司發展更重要，這是未來主播的核心競爭力，是競爭壁壘。臨沂的

主播要轉型，品牌化是必須要走的路子，越早越好。品牌孵化需要時間，而時間差就是競爭力。」宋健說。

賣播集團也打算孵化一些品牌，例如化妝品有「花冠」，洗滌類有「三隻小魚」，家居類有「好家生活」。劉義林說：「做品牌是我們下一步的發展方向。如果我們跟不上形勢，將來肯定會被淘汰的。」

快手主播西爺認為自己 2018 年從實體店轉向直播電商經歷了幾個階段，第一階段是過渡階段，一邊做實體店，一邊做直播電商；第二階段，看清直播電商是大勢所趨，將所有實體店關掉，全身心投入直播電商；第三階段是品牌化階段，採用超級工廠的模式，聯合一些著名品牌，例如寶娜斯、U.S. POLO、袋鼠，推出西爺聯名品牌款。

「因為我是做設計的，每一種服裝都會根據粉絲的需求進行改造、重新設計。」西爺說。2020 年 4 月她參加廣東時裝週，大大提升了粉絲對品牌的認知度，享受到品牌化帶來的紅利：對其他人來說的銷售淡季，她的銷量反而高了很多，服裝類客單價達到 240 元左右，家紡類超過 400 元。她說：「我們的品牌轉向是將自己提升到時裝的高度。」

在臨沂，陶子家、大蒙子都開始發展自己的品牌。陶子家在廣州有自己的工廠，在杭州有合資的公司，目前正在發展一些全品類商標；大蒙子從 2019 年冬季開始重視品牌規劃，她自己的服裝會掛上「大蒙子」的牌子，未來會有自己的中高端品牌。

「我們一直想做自己的品牌，要做品牌就得先做好品質。品質做好了，老鐵才會認可我們的品牌，認可我們的主播，複購就會更頻繁，更願意購買客單價高的商品。」大蒙子說。

小貼士

臨沂直播電商大事記

· 1987 年 10 月 臨沂第一家專業批發市場——華豐批發市場開業，現在臨沂有 136 個專業批發市場。

· 2018 年 6 月 「二批」商家陶子家離開華豐批發市場，專做快手電商，其他「二批青年」效仿。陶子家、大蒙子、超級丹、貝姐等頭部主播被稱為臨沂「四朵金花」。

· 2018 年 12 月 臨沂第一個直播電商基地——順和直播電商小鎮成立。現在臨沂有幾十個直播基地或者園區。

· 2019 年 11 月 6 日 快手購物狂歡節活動期間，陶子家兩天賣出 40 多萬單，營業額近 2 000 萬元。

· 臨沂快遞行業協會公佈，臨沂快遞單量 2018 年是 85 萬單 / 天，2019 年猛增至 200 萬單 / 天。

· 2020 年春節後 臨沂一批實體經濟企業進入直播電商行業。

· 2020 年 4 月 28 日 徐小米 6 小時銷售 28 萬單，銷售額 1 200 萬元，創造臨沂直播電商新紀錄。

· 2020 年 8 月 24 日 臨沂市工商聯短視頻直播商會成立。

· 2020 年 9 月 19 日 首屆中國（臨沂）919 直播節成功舉辦。

· 2020 年 11 月 2 日 徐小米銷售額破億元。

快手頭部主播徐小米
是如何煉成的

要點

· 臨沂那麼多厲害的主播，徐小米為甚麼能後來居上？

· 徐小米如何打造人設，如何選品，如何搭建團隊？

· 徐小米所在的稻田網絡如何看待下一步的競爭格局？

2018 年 9 月 26 日，徐小米第一次在快手直播，賣出了 1 400 元，這讓她產生了信心 —— 在快手上是可以賣貨的。2020 年 4 月 28 日，徐小米一個晚上賣出 1 200 萬元，創造臨沂直播電商的銷售紀錄；2020 年 11 月 2 日，徐小米直播近 9 小時，銷售額首次破億元，粉絲數量也從 4 月的 150 多萬漲到 650 多萬。徐小米在臨沂並不是最早做直播的，但她後來居上，超過「四朵金花」，成為臨沂直播電商的「一姐」。

「直播改變了一代人的命運，我只是其中一個而已。」徐小米說。對於自己的成功，徐小米認為她是在恰當的時間恰當的地點做了適合自己做的事情，她背後的老闆宋健，對徐小米及其團隊的發展起着至關重要的作用。2020 年 4 月以來，宋健多次分享他從做微商到做直播電商的歷程和打法，以及徐小米如何從一個直播的旁觀者到日銷破億元的頭部主播。

◎ 以下為稻田網絡創始人宋健的講述。

我們做直播電商是如何彎道超車的

我們是從微商轉做快手電商的。微商當時也是新的業態，2016 年，我們看到好多人做得很好，也就跟風做了。

微商和直播電商是兩種完全不同的商業形態。

剛開始做微商還可以，後來越做越不行了。我認為是微商的業態不太健康。微商跟傳統生意一模一樣，是代理制。我賣給你要加錢，你再賣給他要加錢，他再賣給下面的人還要加錢。雖然產品質量沒有問題，但每一層都要賺點錢，最後到使用者手裏價格就高了。

微商是向下賺錢，直播是向上賺錢 —— 就是壓低供應鏈的利潤。供應鏈原來可能要加 30%，但直播就不行了，只能加 5%，因為主播給粉絲加的也只有 5%，所以產品到消費者手裏性價比就高了。

直播是直接面對 C 端，商品直接到消費者手上。微商拿 1 000 件商品，自己是用不了的，要再往下賣，實際上商品都在渠道裏面轉，很不健康。

微商做不下去了，總得找個出路。當時徐小米聽說大蒙子在用快手拍段子，一天就賣幾千單。旁觀者和參與者的感受永遠是不一樣的，當時我是懷疑的，因為朋友圈裏炫富的特別多，怎麼可能一天賣這麼多，我覺得不可思議。

徐小米説，咱也試試吧！2018 年 9 月 26 日，小米只有 400 個粉絲就開始直播，第一天賣了 1 400 元，還不錯。第二天賣了 2 000 元，第三天 5 000 元，第四天 8 000 元，第五天就超過 10 000 元

了。

我一看徐小米能賣貨，就跟她說，先不要管賺不賺錢，只要能有出單量，有轉化率，相信未來一定能賺錢。2019 年 2 月 5 日是春節，那一天我算了一下，總共虧損了 54 萬元，但是我虧得很開心。我們 500 萬元銷售額，才虧了 54 萬元，這種虧損可以叫戰略性虧損。到了 2019 年 6 月，我們的業績直接翻番，做到了單月銷售額 700 萬元，是前幾個月銷售額的總和，從那個時候，我們開始贏利了。2019 年 11 月 6 日的快手購物狂歡節活動，對於我們來說是一個翻天覆地的變化。這一次為期三天的活動，徐小米賣了 600 多萬元，加上公司其他主播一共賣了 800 多萬元。

到 2020 年春節，我們統計，2019 年銷售額做到了 1.2 億元，這是我比較開心的一年。之前的五六年，真是歷經坎坷，幹甚麼都是稍微有點樣了，最終卻是失敗的。那時徐小米銷售額實際上已經超過了臨沂其他主播。我們的合伙人劉義林一直叫徐小米低調，但這之後沒辦法低調了。在臨沂，大家做得怎麼樣，其實數據都是公開的。

在做直播電商之前，徐小米是靠信用卡活着的，每個月有一半的時間都在思考，這六七張信用卡應該怎麼倒一下。2020 年 7 月，十幾家媒體去我們公司採訪，有人問徐小米，你現在生活幸福指數怎麼樣？小米說，我現在是沒時間花錢。她曾經私下跟我說，一直覺得像做夢一樣，生活不太真實。她非常感謝快手，直播真的改變了一代人的命運。

徐小米為甚麼成功？未來甚麼會影響她的發展？我也一直在思考企業可持續發展的問題，我覺得有三點：一是主播，二是產品，三是團隊。

徐小米作為主播的三個特點

臨沂早期的主播，包括徐小米能做起來純屬偶然。我覺得在2019 年之前，這些人賺的其實是運氣錢，實力只佔了一點點。

陶子家、大蒙子等主播是有先天優勢的，她們之前就是做服裝批發的，本來就有進貨渠道，在快手賣一下試試，賣不掉也沒關係，還可以做傳統的批發，沒有太多試錯成本。

最早做快手的人很少，平台有很大的流量。但這麼多人去嘗試，為甚麼只有陶子家、大蒙子、超級丹和徐小米脫穎而出？因為她們人設好，比如說陶子家性格很直爽，有話就說，直播間很多人喜歡她。

我們公司最開始有 6 位主播，中間有幾位主播被淘汰，只留下徐小米和「叮叮穿搭」，後來增加了幾位主播，瑞子是徐小米帶出來的徒弟。小米的銷售量佔了 80%，每天銷售額在 400 萬元以上。叮叮和徐小米是同時起步的，但是差距非常大。徐小米粉絲數現在是 650 多萬，叮叮是 50 多萬（截至 2020 年 11 月），業績一直起不來。講實話，在產品搭配、團隊運營和後勤服務上，我是一視同仁的。所以人才是最重要的，都備一樣的貨，但是結果差距太大了。

好多人問我：你到底是如何把徐小米培養起來的？說實話，我也不知道。但我覺得徐小米能走到今天，一是抓住了直播這個機會，二是她真的是特別適合做主播。

我覺得徐小米就是為主播而生的，她的使命就是做主播。首先她性格外向，有親和力，她的面相很和氣，受人喜歡；更重要的是真誠，沒有太多套路，如果玩套路，粉絲是能感受到的，你

可以裝一兩天，不能裝一年。小米是不裝的，我就是這樣的人，生氣了就是生氣了，這種真性情反而被很多人喜歡；心態也特別重要，小米有耐心和耐力，不像有的人被別人說不好的時候就著急。

2020 年 6 月，小米的心理素質直接上了一個台階。以前她很在乎人氣，有段時間她直播間一直有 3 萬多人，特別是 6 月 16 日參加快手寵粉節活動之後人氣更高，直播間穩定在六七萬人，所以有時人氣一下掉到 2 萬就不想播了。我開導她，跟她講了很多道理，最終她想通了。有一次她播化妝品，直播間只剩下 6 000 人時還不下播。從此她開始改變節奏，直播講產品講得更深了，原來賣 1 000 件的產品現在可以賣 3 000 件。

主播一定要往專業選手上轉換，靠技術來賣貨。有的人賣貨是靠激情，講不透產品，比如賣麵條，有的人可能說：「這麵條可好吃了，大家來買吧！」就結束了。但專業選手要講，小麥是產自山東的還是東北的，經歷了多長時間的日照，從麥子到麵條是怎麼製作出來的，等等。

團隊構成：178 人為徐小米服務

直播電商的核心是銷售，銷售的核心又是主播。徐小米直播間有十幾個人，有助理主管、拍照上架組、跟播助理、後台助理、貨品助理等。外面的人看到更多的可能是徐小米，但在公司內部來看，主播個人能力只佔到了 40%；公司最重要的環節是選品，作用佔到了 50%；其他管理、後勤佔 10%。

　　我們一開始就是把直播電商當作一個事業在做，把稻田網絡當成一家公司去規劃，在制度上比較規範，在分工上更加細緻。供貨商為其他主播供貨，往往不知道找誰對接，但是到我們公司，男裝有男裝的採購，女裝有女裝的採購，職責非常清晰。我們注重團隊建設和企業規劃，這跟我的經歷有一定關係。我以前做過企業營銷策劃。快手主播開始是靠運氣賺錢，接下來要靠實力賺錢，要具備企業家的思維、管理能力和運營能力。

　　快手一直在成長，我們也在跟着平台成長，做到一定規模之後，有些部門做大了，就需要拆分，建立一些不同的部門。

　　第一是選品。我做的第一個比較好的決定就是較早地建立了選品團隊。臨沂很多主播都是夫妻檔，採購可能除了爸爸就是媽媽，或者是老公，或者是弟弟，再往外就不敢擴了。因為選品和採購是比較敏感的工作，主播會擔心產品是不是最低價，是不是被人拿了回扣。在這個問題上，我可能比其他人好一點，我相信採購人員不會拿回扣。

　　最先獨立出來的是採購部。採購部又拆分出四個小部門負責四大品類：服飾、美妝、食品、日用百貨。採購部現在有 20 個人，對選品需求非常嚴格，每類產品都有各自的標準。

　　第二個是倉儲。我們有自建倉庫，也跟雲倉合作。自建倉庫佔地 1 萬平方米，在順和直播科技產業園的負一樓。雲倉在臨沂西邊，那裏給了我 6 000 平方米場地。用雲倉是因為自有倉儲有限，我現在會讓一些標準件、簡單的貨品入雲倉。

　　2019 年「雙十一」之前，我們投了 100 多萬元，上了聚水潭系統。這個系統相對來說比較智能，會指導人幹活。當時我用了近一個月時間，強制實施才把這個系統搞定，要不然未來發展一

定會受限。

倉儲也要拆分，有驗貨組，還有信息組，商品來了之後全部信息要進入聚水潭系統。

還有打單組，快遞都要打單並審核單據。訂單打出來之後就到了揀貨組，按照單子去配貨。然後就到了打包組，打包組人非常多，單為小米打包的就有 36 人。

打完包就到了快遞環節，快遞直接上門來收，現在與我們合作的快遞有申通、中通、百世、郵政 4 家，我們一天平均發貨 5 萬單，2020 年 4 月 28 日徐小米一晚賣了 28 萬單，11 月 2 日賣了 200 萬單。

發完貨之後就到了售後環節。售後部有快手小店後台組，是用文字的形式與客戶溝通的；我們留了電話，所以還有電話組。

我們實行無理由退貨，雖然退貨率很低，但因為量很大，每天的退貨都需要有人整理、拆包、驗貨。殘次品就分到次品倉，要麼退給供貨商，要麼就自己處理。因為大小不合適而退貨、質量沒問題不影響二次銷售貨品的需要二次整理入倉。

倉儲部分還設置了一個崗位叫理貨員，專門整理倉庫。

貨是永遠賣不完的，比如剩下十件八件怎麼辦？如果還佔一個庫位，空間成本就會提升。理貨員對尾貨、單品進行集中整理，調撥到散貨區。散貨區貨品的質量是沒問題的，但也得處理，只好虧本賣，用來做新主播的孵化，因為新主播一上來也賣不了太多。

另外還有退件組，有整理服裝退件組和整理其他品類退件組；還有一個歸位組，將商品放回原來的庫位。

第三是運營。我們 2020 年才建立起運營部，目前臨沂好多

主播團隊還沒有設立這樣的部門。早期沒有老師可以教，就是投錢漲粉，也沒有計算過成本，只是看銷量、看流量。任何平台的流量都一定是越來越貴的，我們在快手的漲粉成本也在提高，2020 年 8 月我們投入了 459 萬，漲粉 89 萬，算下來漲粉成本為 5 元／個，而且複購率、轉化率遠遠大於其他平台。

運營部最重要的職能是數據分析，我們會根據數據分析的結果做一些調整。第一個分析就是每日價格結構分析，我們把價格分為 0～30 元，30～50 元、50～100 元、100～200 元、200 元以上五個等級。我們通過數據分析發現，徐小米業績高的時候，一定有幾款價格在 100～200 元和 200 元以上的商品，佔了業績中很大的一部分。以前主播不敢賣貴的東西，100 多元、200 多元、300 多元及以上的都不敢賣。2020 年 8 月 16 日，一款 688 元的衣服徐小米賣了 2 500 件，單品銷售額 100 多萬元。我們還做了一個價格測試，有一款套裝，本來定價 490 元，以往為了好賣，會把價格壓到 390 元，這次我跟小米說，你就試一下按原價賣，我們上了 1 000 套，最後全部賣完，這說明快手客單價和粉絲購買力發生了變化。

另外，我們通過產品結構分析也找到了一些規律，比如徐小米業績比較高的時候，一定是服裝、美妝、食品和百貨四個品類的產品都有，尤其是百貨必須要有。

過去兩年，我們從十幾個人發展到現在 300 多人的團隊，其中包括 6 位主播，單純服務徐小米的團隊有 178 個人（截至 2020 年 4 月 29 日，見圖 3.2）。小米一直在成長，她的團隊構成也一直在變化，比如選品人員，2020 年 4 月是十幾人，8 月增加到 20 多人。

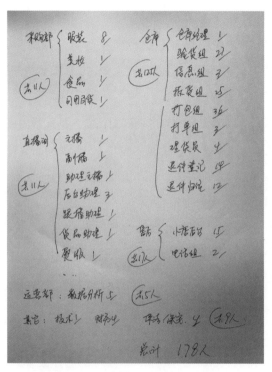

圖 3.2　稻田網絡為徐小米配置的服務團隊（2020 年 4 月 29 日）

選品要經過三關，質檢也要經過三關

市場一直在變化，我覺得從 2020 年開始，直播行業的從業者應該深入思考產品定位問題。

2018 年直播電商還處於萌芽階段的時候，大家抱有一種嘗試的心態。一件衣服 9.9 元、19.9 元，就試一下唄！有的人覺得還不錯，也有人覺得不太好。沒關係，試錯成本比較低。如果花 195 元買衣服，試錯成本比較高，平台也沒有保障，很多人就不想

試了。

從 2020 年開始，很多消費者願意購買性價比更高、品質更好、客單價高的品牌貨。目前，徐小米的客單價並不高，但是一直在提升，兩年裏提升了不少。

快手平台也陸續出台政策，提高對消費者的保護力度。快手官方提倡七項標準，説明直播平台越來越正規，商品的品質會越來越好。

其實快手平台越嚴格對主播和商家越有利，只有跟着正規的平台，直播電商才能夠走得長遠。

其實我心裏也一直有根弦，就是市場在變化，產品要跟着變化。我們在產品定位上沒有被落下，一直跟着快手的節奏往上走。所以稻田網絡才能做到今天，實現彎道超車。

為了保證產品的質量，我們設置了三次質檢流程。

第一次質檢是在服裝到倉庫驗貨的時候，核對數量是其次的，主要是檢查質量。顏色、面料有沒有問題？有沒有髒的？質檢員要把殘次品挑出來，直接放到次品倉。我們的質檢員很厲害，一件衣服兩個袖子顏色稍有差異都能檢出來。打包員也起到質檢的作用，有一次發了 500 件毛衣，因為都是黑色，質檢員沒檢出來，打包員打包時用手一掂，感覺有件包裹輕了一點，一檢查發現領子和別的不太一樣，高領摻了一件低領。

除了質檢以外，我們的每件衣服都是有身份的。廠家會有吊牌，但是我們的倉庫還會將另外一個身份貼，單獨貼到衣服上。

第一次質檢完，把單子交給信息員入庫，比如來 1 000 件衣服，其中 900 件合格的產品信息會被直接錄入系統生成 900 個條碼紙，這就是我們單獨的身份貼，然後還會有 20 多個人在貼條碼紙時再檢查一遍，也就是說在銷售之前，我們的商品都要經過兩

次質檢。

公司 300 名員工，倉庫就有 100 多名，其中 20～25 名專門負責質檢，人力成本是很高的。

經過兩次質檢以後就開始出版。貨到了直播間，主播最後看產品的時候，還會進行一次質量把關，看樣品和大貨是不是一樣的。我們會有一個人專門去抽檢，抽了樣品給主播穿。我們還有一個專門熨版的人，熨完掛好，主播拿去直播。

有的顧客可能會懷疑主播穿的和賣的不一樣，在我們這裏是絕對不可能的。因為主播的樣版都是從大貨裏面隨機抽取的，主播穿的時候感覺衣服和樣版不一樣，立馬就撤掉。我寧願不賣也不會欺騙消費者。主播試穿的環節，其實就是第三次質檢。

直播完就會根據訂單出單配貨，之後打包、發貨，整個過程就完成了。主播穿甚麼我們就發甚麼，不會存在貨不對辦的情況。

我們質檢要經過三關，選品也要經過三關。

首先是對各品類採購進行初步篩選，接下來是採購總負責人篩選，最後到主播那裏還要再過一關。產品到徐小米那裏，基本上只有 20% 能通過。而且產品到了直播間，如果直播助理在順版的時候發現衣服有質量問題，比如線頭雜亂的也會直接聯繫採購部門把產品篩掉；小米在直播時如果感覺上身效果不好，會告訴粉絲不要買。

因為有嚴格的質檢和選品環節，我們的成本相對來說比其他主播會高很多。服裝利潤本來就是很薄的，我們的運營成本就佔到 20%，這就是為甚麼前幾個月一直在虧損。

我們很自豪的一點是，供應商敢把好的產品供給我們。好的產品成本肯定會高，但是我們寧願成本高，也要賣好的產品。

我在選擇產品組合的時候，排在第一的絕對是質量，第二是商家的服務能力，最後才是利潤。如果先看利潤就可能會忽視質量和商家的服務能力。直播電商能持續發展下去的核心一定是商品。顧客買單是喜歡你、相信你，拿到貨發現質量不行，人設和信用就崩塌了。直播電商一定要以產品為導向，粉絲跟主播之間的信任關係是通過好的產品和服務建立的。表 3.1 展示的是稻田網絡的質檢和選品流程。

表 3.1　稻田網絡的質檢和選品流程

質檢流程	第一次質檢	產品到倉庫驗貨時，主要就是檢查質量，質檢員會把殘次品挑出來，放到次品倉
	第二次質檢	稻田網絡每一件產品都會有單獨的身份貼，在貼條碼紙時會進行第二次質檢
	第三次質檢	直播間主播最後看樣品時還會進行質量把關，看樣品和大貨是否一樣，還有專人負責抽檢
選品流程	選品第一關	對各品類產品的採購進行初步篩選
	選品第二關	採購總負責人挑選出可以上直播間的產品
	選品第三關	主播最後決定哪些產品可以直播銷售，通過率一般為20%

直播電商如何改變傳統生產和銷售方式

直播正在改變傳統的生產和銷售方式，例如 2020 年 4 月 28 日，徐小米總共賣了 28 萬單，其中吹風機賣了六七千單。有時候我們的熨燙機都能賣一萬多單。批發商很難有這麼多存貨，甚至連生產廠家都沒有這麼多存貨。

　　我們曾經幫一個品牌商帶貨，他一直做傳統電商生意，說自己做電商很成熟，讓徐小米幫着賣賣試試，結果一試賣出了 2 萬單，品牌商直接崩潰了 —— 他服務不了。傳統電商和直播電商都要發貨，但傳統電商一般發 100 單，直播電商一下子要發 2 萬單，他就搞不定了。

　　在傳統銷售模式下，廠家是通過線下渠道，在各地招經銷商、代理商。經銷商是訂貨制的。做日用百貨、小家電的經銷商都是多品類的，代理了很多品牌，但每一種品牌的貨都不會太多，像小米一下子賣一兩萬件，他們的服務就沒有辦法跟上。而且這還算少的，2020 年 11 月 2 日，小米賣了 200 多萬單，銷售額上億元，更是傳統電商無法想像的。

　　直播電商除了訂單量很大之外，每天上架的貨品種類也非常多，這也是過去無法想像的。在傳統網店一件貨品可以賣一個月，甚至一兩年，但在快手上就不行，每天都要換很多件貨品，隨時在變化。

　　每天都要上新是直播電商的特點。如果不上新，主播的人氣、產品的銷量就會下降，這是我們做了一年多快手總結出來的。

　　第一，多個 SKU，直播電商這種產品結構拉動了更多的源頭工廠的銷量；

　　第二，每天要上新，直播電商也倒逼生產廠家不斷創新，開發更多、更好、更新的產品。

　　原來可能一兩家工廠就能滿足一家網店的需求，但是現在一位主播可以拉動很多家工廠的生產。

　　拿服裝來講，徐小米每場直播差不多有 80 個款。SKU 比直播上的款要多，因為一件衣服 4 個顏色 3 個碼，那就是 12 個

SKU。以前產品的變化週期很長，種類比較少；現在要根據消費者的需求隨時調整產品，種類比以前大大增加，產品更迭的週期大大縮短。

我要保證徐小米產品的上新量，只要是時裝，我不允許它在直播間出現超過三次。一般是兩次，最多三次。這件衣服進來之後，小米賣過兩次，剩下的再好也不能賣了，一般會交給小米帶的徒弟來做降價銷售。

過去賣服裝就是賣服裝，現在賣服裝的同時也要賣美妝、食品、百貨甚至傢具、房屋，一切皆可直播。臨沂貴合商貿的吳軍本來是做直播賣服裝的，但他投資了一個集成房屋項目，利用直播賣房子，生意特別好，都忙不過來。我相信，小米去賣沙發、房子也是可以的，只不過沒嘗試而已。

直播非常重要的特點就是它的及時性和互動性，這是一個很大的變化。傳統經濟時代消費者的需求在某種程度上是被壓抑的，直播電商時代消費者可以直接面對主播，需求得到充分釋放，如果主播將信息傳遞給生產廠家，商品種類將得到極大豐富，產品更新迭代速度會更快。

這應該是 C2M（用戶直連製造）模式，C 端的要求逼着廠家創新產品、提升質量。

直播電商實際上是按需生產。我們是根據消費者的需求選貨。粉絲隨時可以評論自己需要甚麼，主播會跟他們互動，而我們有專門的團隊分析這些信息。

我們發現，一位主播就相當於一個商場，針對粉絲的多種需求，直播電商跟傳統電商採取的是完全不一樣的做法。原來是做一個單品，做深度，而現在我們要做寬度，是 360 度，所有的產品

都可以賣。我覺得未來小米還可以賣汽車。瀋陽二哥不是一次直播賣了 288 輛車嗎？這個數據太厲害了，趕得上一家 4S 店了。我覺得直播有無限的可能，它就是一種工具，要看誰在用它。

直播超出了所有人的想像，一個人可以創造一個公司的價值，在臨沂找不到幾家像小米一樣日銷售額在上千萬甚至過億元的企業。

商業革命已經進入下一個階段

直播電商要健康發展，一定要有競爭。實際上徐小米也不是甚麼奇跡，如果不進步，很快就會被其他人追上。

臨沂市工商聯短視頻直播商會會長劉義林在傳統商業時代也算是一個行業的先鋒。他在 2003 年做了一件大事，那個時候縣城電影院不景氣，但位置挺好的，劉義林就把臨沂市沂南縣電影院租下來，改造成服裝大賣場。他是整個臨沂第一個幹服裝大賣場的。沂南這個服裝商場佔地近 3 000 平方米，年銷售額最高在 4 500 萬元，是非常不錯的。

那個時候位置即流量，大家都到城裏的商場買東西，流量就在商場。從空間的維度上看，劉義林的商場位置好、流量大，所以他就是那個時代的徐小米，那個時代的網紅。直播時代是去空間化的，實體店的地段優勢大為弱化，大賣場商業模式過了它的黃金期，商業革命進入下一個階段，陶子家、大蒙子、超級丹就是直播電商時代的行業先鋒。

劉義林也是擺地攤、做批發出身的，並沒有異於常人的經營才能。他在沂南電影院開服裝店也是偶然的機會，其實誰在那裏

開店都賺錢，但劉義林運氣好，敢幹，善於把握機會，而且將這種模式複製到其他地方，他最多的時候開了 100 多家商場，年營業額達到 10 億元。但是新時代來臨了，他也開始面臨前所未有的挑戰。

直播電商時代也是一樣，我認為，在 2018—2019 年做起來的一批主播，包括徐小米，更多的是靠運氣，那時平台流量大，而競爭相對沒那麼激烈，只要進來，並且具備基本的技能和能力，比如供應鏈的能力、管理的能力，踏踏實實做事，都不會太差。隨着市場變化，大家要做一些調整，C 端也在變，需求變的時候商家也得變。

任何行業在萌芽的時候，變化速度都是非常快的，每個月都會有新的變化，所以每個月甚至每天都要關注變化，並相應做一些微調。2019 年有些人沒有注意到粉絲需求往上走的變化，2020 年這種變化更大了，有些人沒跟上這個變化也就落伍了。當你的體量到達沸點的時候，就要做大的調整，比如團隊的建設。原來一天賣 50 萬元，現在能賣 150 萬元，這就要求團隊作出組織架構、職能部門的調整，比如貨品要上 ERP（企業資源計劃）系統，而不再是用家人就可以搞定了。

徐小米做快手電商是受了大蒙子的影響，但徐小米的成長也推動了大蒙子這些頭部主播的發展。徐小米剛開始做快手電商的時候，直播間才 10 個粉絲，那時陶子家、大蒙子的直播間都已經有四五千甚至上萬粉絲了。現在徐小米的直播間平均同時在線有上萬粉絲，訂單量也超過了她們。2020 年 8 月 16 日，徐小米直播 6 個多小時，賣出 2 175 萬元，人氣一直很穩定，保持在六七萬的粉絲量。

為甚麼僅一年多的時間，徐小米就反超了她們？這種競爭會引起她們的思考，促使她們作出一些轉變，比如更加重視品控、售後、

客服、員工管理、團隊建設等，競爭會讓這個行業越來越好。

我覺得，直播電商已經進入新的階段了，2020 年快手上進來了一些傳統行業的老闆，比如臨沂排名前幾位的服裝賣場大佬都殺入了直播電商，聯合成立了賣播集團。

這些大佬級別的人進來可能會改變直播電商的生態，但也一定會交學費。直播電商和傳統商業玩法是不一樣的，邏輯也是完全不一樣的。所以直播電商行業的教育和培訓還是欠缺的。我覺得未來一兩年內，直播教育板塊會有非常大的市場空間。

未來還會有新的「徐小米」產生

未來會不會有下一個「徐小米」，我的答案是，一定會有的。

舉個例子，臨沂某文化公司簽約了一名服裝搭配的主播，她原來自己幹，一天賣三五萬元，簽約之後首播就突破十萬元，平時每天都可以做到五六十萬元，2020 年 8 月 16 日做活動賣了 140 萬元。

這位主播之前沒甚麼團隊，也沒有資金，更沒有選品，所以財務、後勤、發貨、貨品都搞不定。公司給她在產品上做了區別定位，叫輕奢時尚。有些服裝換一個人穿是不好看的，但這位主播跟這一服裝定位非常搭。

時裝分為很多類，現在小米的定位是大眾時裝，陶子家、大蒙子的定位是大眾休閒。這位主播定位的時裝更精緻一點。她臉型小小的，長相也比較精緻，身材比較瘦，適合她的那種衣服往往不適合身材偏胖的人穿。

根據定位，每一個品類都會出現新型主播，我剛才提到的這

位主播就從公司拿到了足夠多適合她的貨。這部分消費者特別多，所以她的產出超出了一般的主播。

按照徐小米原來的坑位產出（坑產），直播間每 1 000 人只能賣到 10 萬～20 萬元。現在這位主播直播間 1 500 人一晚上的坑產為 40 萬～50 萬。原因在於：第一是客單價高，第二是有深度，有深度的原因是主播的人設，還有她講解產品比較到位，粉絲結構羣體特別垂直。

現在的直播有好多領域沒有被深挖。我覺得未來一定會有其他定位的主播成長起來，甚至比小米更厲害。

現在我也挺擔心一件事，徐小米做到現在這個高度，接下來如何突破。我一直在居安思危，做一些組織建設、企業文化搭建的工作，也找了上海的一家人力資源公司幫我梳理，在接下來的發展當中會遇到哪些障礙。

我覺得這是一個不可逆轉的時代。未來三五年之內，沒有甚麼會在零售層面替代直播。尤其是 5G 普及之後，傳輸速度更快，畫面更清晰、更真實。因為有了 4G 才有了快手，有了草根的加入，才把直播電商這個市場帶動起來。

今天傳統行業的大佬一定會加入直播電商行業。你看，董明珠也直播，各個地區的市長、縣長不都在搞直播嗎？2020 年疫情改變了很多人的習慣，因為疫情的持續時間長。一個人一次直播購物可能改變不了甚麼，但是幾個月下來消費習慣就在不知不覺當中養成了。2003 年非典疫情，人們對網絡購物的接受度提高了，那是電商的一個轉折點，2020 年疫情對於直播電商來說也是一個轉折點。

壞事後邊有好事，危機裏邊有機遇。

小貼士

我如何為徐小米選品

凱麗是稻田網絡選品部兩位負責人之一，她是專門為徐小米服務的，以下為凱麗的講述。

服裝對選品的要求特別高，款式、質量、價格三個方面都要考慮。主播要賣適合粉絲區間、年齡跨度的東西。

徐小米賣的服裝來自廣州、杭州、武漢、鄭州，還有東北、河北，其中以廣州最多，因為廣州的衣服時尚，款式更新換代快，性價比高。

從服裝板塊來說，徐小米選貨和其他主播有兩個重要的不同之處。

第一，我們有針對性地去尋找匹配徐小米風格的東西。徐小米的風格偏時裝。快手剛開始做服裝的時候，很多人賣休閒風格的衣服。徐小米的形象偏女人味一點，走時裝風格，對品質要求較高。一件白T恤，可能面料不一樣，售價有些許不同，其實差別不是太大，但是對於時裝來說，第一款式要好看，第二要有設計感，哪個地方收口，哪個地方腰線高，要求非常嚴格。

第二，核心的還是商品的質量。一些產品的風格、款式都適合徐小米，但是質量一般，我們也不會選它。我們要求細節完美，因為這是決定顧客滿意度的重點。小米真的是在用質量說服顧客。我們的利潤很低，剛開始做快手的時候虧了一些錢，快遞費、人工費等都超出了預算。

從美妝版塊來說，我們只做國內一、二線品牌，或者一些國際品牌。品牌美妝一般品質不會差多少。化妝品幾百個品類，有些適合30歲以下的羣體使用，有些適合25歲以下的羣體使用，要針對我們

粉絲的年齡段進行選品。

百貨家居類我們也會從源頭選擇質量過硬、有品牌、稍微自帶流量的產品。小家電類的選品一般產自浙江寧波慈溪一帶。

我們選品部會去全國各地選貨，主要是跑服裝。因為服裝是非標品，一個設計師就是一個風格，「玩」的是款式。服裝更新換代速度比較快，每天都在上新。而化妝品和百貨類以標品居多。化妝品不可能每天上新，有些名品幾十年都在做。

其實整個直播電商行業都缺好貨，我們也缺，小主播更缺。為甚麼缺好貨？貨沒有天花板，供應鏈沒有標準，品質沒有最好只有更好。

第四章
武漢：崛起的快反工廠集羣

- 一件簡單的棉服 130 秒即可完成，為甚麼武漢工廠的快反能力全國第一？

本章篇目

武漢崛起：
當中國第一的快反能力遇上直播電商

要點

- 一件衣服從設計到交貨，7 天完成；一家工廠 15 天可以生產 10 萬件直充羽絨服；一件簡單的棉服 130 秒即可完成。目前，武漢工廠的快反能力全國第一。

- 大規模快反能力使武漢成為直播電商的主要貨源地，全國直播電商的冬裝，包括棉服、羽絨服和夾克，60% 都是湖北的工廠生產的。

- 武漢人敢備現貨，武漢交通發達、匯集了大量年輕的產業工人，具備快反的基本條件。之所以能夠做到這麼快，與工廠採用 JIT 單件流生產模式有關。

　　很多人不知道，武漢是全國最大的梭織類服裝生產基地，也是直播電商的主要貨源地。全國直播電商的冬裝，包括棉服、羽絨服和夾克，60% 都是湖北的工廠生產的。

　　更多人不知道的是，武漢服裝行業的生產速度非常驚人：一件衣服從設計到交貨，7 天完成；一家工廠 15 天就可以完成 10 萬件直充羽絨服的訂單；一件簡單的棉服、羽絨服的生產，130 秒即可完成。這種大規模生產的快反能力目前是全國第一的。

本文作者為快手研究院高級研究員李召，研究助理甄旭。

　　湖北動感一族服飾織造有限公司的工廠每年生產服裝數百萬件，是武漢典型的快反型企業。動感一族公司總部位於武漢市漢正街龍騰第一大道的藍寶石座，工廠位於距離武漢 80 公里的仙桃市。在距離武漢 40 公里的漢川，還有 20 多家合作的衛星工廠和 1 個集散倉庫。

　　總部、倉庫、工廠形成了動感一族三位一體的格局，這也是漢正街很多大型服裝企業的模式。本文所講述的武漢服裝業快反模式，就是以武漢漢正街商家的公司總部為中心，半徑 100 公里範圍內的各個工廠以及配套的倉庫形成的一種生產模式。

　　◎　以下為該公司創始人柯法良的講述。

武漢是直播電商的主要貨源地

　　我是石獅人，幹了 25 年的服裝行業，2012 年來到武漢市漢正街發展，創辦了湖北動感一族服飾織造有限公司。目前公司發展得還算不錯，有自己的品牌，男裝叫「動感一族」，女裝叫「優勢」。我們是漢正街比較大型的服裝企業，在湖北、江西、福建和廣東都有公司和工廠。

　　我們在廣東的工廠，生產的服裝以千萬件計，以春夏裝為主，包括 T 恤、連衣裙，這些屬於針織類，單件價格低一些；在湖北的工廠，每年生產服裝幾百萬件，以秋冬裝為主，包括棉服、羽絨服、夾克，這些屬於梭織類，單件價格更高。

　　今天我們在湖北漢川的倉庫向全國各地發送了 4 萬多件服

裝，從早到晚都沒有停過。這些貨有發給連鎖店、商超的；有為品牌企業代工的，如快魚、冠軍、森馬、貴人鳥、德爾惠等；也有發給直播帶貨主播的，其中以快手主播居多。

我們給快手某頭部主播供貨。前幾天我們生產的一款羽絨服，他賣了 20 多萬件。最近他看中的兩款羽絨服和一款夾克，是我們開發出來的「藍天白雲」系列，性價比很高。

很多人認為，做羽絨服最厲害的是浙江的平湖。因為平湖做羽絨服的時間比武漢早，尤其是為海瀾之家、波司登、優衣庫等幾個品牌做代工，在國內把品控做了起來，把羽絨服市場做大了。

其實武漢羽絨服對直播電商的供貨量遠遠超過平湖。武漢在走上坡路，產量更高、品質更好、配套設備更全。

武漢因此成為直播電商的主要貨源地之一。現在直播電商的冬裝，包括棉服、羽絨服和夾克，60% 左右都是湖北的工廠生產的。快手上賣 199～299 元價位的羽絨服，絕大多數也是在湖北生產的。

主播可以在杭州、廣州、臨沂直播，但要拿現貨，肯定要來武漢。一是武漢的生產能力非常強，漢正街管委會的數據顯示：漢正街時尚男裝銷量佔據全國市場份額的 40%，梭織類服飾產能、銷量在全國排名第一。二是生產速度特別快，武漢的快反能力，目前在國內是一流的。

為甚麼武漢能形成快反能力？

快反源於「單件流」生產模式

在漢川，工廠可以上午上線生產，下午出成衣，當天運往倉

庫發貨。一件簡單的棉服、羽絨服可以 130 秒完成生產，一家工廠 15 天就可以完成 10 萬件直充羽絨服的訂單。

為甚麼我們能夠做到這麼快？這與工廠採用了「單件流」生產模式有關。

動感一族的仙桃製衣廠車間有 20 多條生產線，每條生產線前面都有一個 JIT（Just in Time 的簡稱，準時生產體制）單件流生產看板，上面記錄了目標產量、人均產量和倒計時等數據。倒計時以秒計數，倒計時結束一件衣服就做完了。然後重新計時，周而復始。

傳統的服裝生產線採用「包流模式」，就是一個工人做了很多件，包成一捆，包了很多捆之後再交給下一個工人接着做。用紙來打比方，假設這條生產線今天要生產 20 件服裝，第一個工人負責 10 道工序，他要在紙上從 1 寫到 10，寫完 20 張紙後再交給下一個工人。

包流模式下，一個工人交給下一個工人的是一疊紙，但是單件流是一張紙。工人 1 完成工序後在紙上寫 1，遞交給工人 2，工人 2 完成工序後寫 2，遞交給工人 3。而且這個任務是重複的，我是工人 1，我在紙上就一直寫 1，遞不出去的話就堵住了路。

包流可能是 3 天後交接，靈活性很大，工人沒有緊迫感。但單件流是 3 秒就有人催你交接，就像背後有人逼着你，不跑也得跑。有人催和自由把握進度，哪一種模式的效率更高呢？

為了適應單件流模式，加快生產速度，我們把一件服裝的生產流程分為幾十到一百多道工序，流水線上的每個工人負責一道或幾道工序，工人需要在規定的時間內完成，然後迅速交給下一個工人。表 4.1 為湖北一家工廠的羽絨服生產工序表。

表 4.1 湖北一家工廠的羽絨服生產工序表

款號：2022-1 薄款　　數量：件　特殊時期上浮 10%　　組號：21/22/23 組

序號	工序	單價	序號	工序	單價
1	分片 / 驗片 / 拿框 / 配片 / 拿片		58	車面帽側棉 *2	
2	燙平面裏門筒 *2		59	車面帽中棉 *1	
3	前袋上貼貼襯 / 燙襯 *2		60	車面帽中縫及放條帶 *2	
4	裏袋舅	袖帶遊貼襯 / 燙襯 *4		61	壓面帽中棉 0.6 線 *2	
5	拉鍊縮水 *1		62	車面帽沿 *1	
6	度位剪彈力繩 *1		63	上面帽沿及留彈力繩位 *2	
7	前下節口袋位掃粉 *2		64	穿彈簧扣一端 *1	
8	袖排掃粉 *2		65	穿彈力繩彈簧扣一端及訂位 *2	
9	車前中於前下及壓 0.1 線 *2		66	車面帽頭中縫 *1	
10	車後中於前中及壓 0.1 線 *2		67	車面帽頭於面帽	
11	模板車車拉鍊及放墊布 *1		68	車帽裏中縫 *2	
12	剪開拉鍊袋膏介 *1		69	車帽沿面裏及打刀口 *6	
13	車拉鍊於拉鍊儂布 *1		70	定相帶條及翻帽 *1	
14	刊拉鍊袋 0.1 線一圈及折放墊布 *1		71	合拼面肩側縫及對位 *2	
15	前面袋拉省 *4		72	拼接下擺內貼及放棉走定 *2	
16	前袋裏拉省 *4		73	比位上下貼內貼及壓 0.1 線 *1	
17	車前袋插色拼挑 *2		74	比位上面帽 *1（有棉）	
18	前袋上貼袋布 *2		75	上拉鍊及對位 *2	
19	落實平版畫前袋 *2		76	車裏門筒面裏及放棉 *1	
20	按實樣線放襯布車前袋面裏及留口 *2		77	修翻裏門閘 *1	
21	翻前袋及挑角 *2		78	裏門筒 0.6 線 *1	
22	壓前袋口 0.1 明線 *2		79	上裏門閘 *1	
23	車前袋於前片及留袋口位 *2		80	上面袖及對位 *2	
24	模板車車前袋遍及放棉 *2		81	訂商標四方 *1	
25	修翻前袋蓋 *2		82	車商標貼面裏 *1	
26	前袋遍壓 0.6 線 *2		83	翻壓商標貼 0.1 線 *1	
27	前袋盜走定寬度實樣線及修剪 *2		84	車裏袋舅 / 袋貼 *2	
28	車前袋箱於前片及壓 0.6 線 *2		85	開裏袋成型及夾商標貼及剪 *1	
29	車後中於後下節及壓 0.1 線 *1		86	車裏掘揾棉 *2	
30	車後上於後中及壓 0.1 線 *1		87	車裏掘扁於裏布及壓 0.1 線 *2	
31	折訂袖袋縫帶 *1		88	寫剪洗水嘜 *1	
32	模板車車袖袋笛及放縫帶 *1		89	合拼裏肩側縫及夾洗水嘜 *2	
33	修翻袖袋蓋 *1		90	車裏袖底縫 *2 及留口	
34	袖袋蓋壓 0.6 線 *1		91	上裏袖及放帶條 *4（有棉）	
35	袖袋蓋走寬度實樣線及修剪 *1		92	拼接拉掛耳及剪 *1	
36	車袖袋蓋及壓 0.6 線 *1		93	套裏糊領及央掛耳 *1	
37	面袖袋拉省 *2		94	套裏下擺 *1	
38	裏袖袋拉省 *2		95	套門襟及修剪 *2	
39	車袖袋插色拼挑 *2		96	走定面裏領 *1	
40	車袖袋遍裏四方及留口 *1		97	肩側縫定位 *4	
41	翻袖袋及挑角 *1		98	裏袖口打折 *2	
42	車袖袋口寬度線 *1		99	套袖口 *2	
43	車袖袋於面袖及定三角線 *1		100	翻衣服 *1	
44	車面袖插色拼挑及打刀口 *4（24 個刀口）		101	壓門襟 0.1 線 *1	
45	面袖拼挑縫壓 0.1 線 *4		102	轉角壓帽沿 0.1 線 *1	
46	車袖底縫 *2		103	轉角壓帽沿寬度線 *1	
47	模板車車袖樣及放棉 *2		104	雙針車收下擺 *1	
48	修翻袖祥 *2		105	車面門筒面裏及放棉 *1	
49	壓祥 0.6 線及箔版清剪 *2		106	修翻面門筒 *1	
50	折車袖排異色拼挑 *2		107	壓面門筒 0.6 線 *1	
51	袖排具色拼塊折壓 0.1 線四方 *2		108	面門閘走定寬度實樣線 *1	
52	合壓袖排 0.1 線及放棉 *2		109	面門閘切一口 *1	
53	訂袖樣 *2		110	上面門閘及壓 0.6 線 *1	
54	車袖排縫及包袖排 *2		111	裏袖封勾及反車一段 *1（有棉）	
55	走定袖排一圈及翻 *2		112	落實樣版畫裏袋 *1	
56	面袖口打折 *2		113	面袖袋位掃粉 *1	
57	上袖排 *2（注意寬穿）		114		

廠長簽名：　　　　　　　　　　　　　　　　　　　　　　　總經理簽名：

一個工廠需要多少條生產線，每條生產線需要多少人，可以根據款式、工序的複雜程度靈活分配。例如款式複雜的羽絨服可能有 120 道工序，那麼每一條生產線配 25 個左右的工人，每人負責 4～5 道工序。

在單件流模式下，仙桃工廠能做到一條生產線生產一條簡單的褲子用時 50 秒，複雜的 60 秒；夾克 80 秒；簡單的棉服、羽絨服 130 秒，複雜的 180 秒。剛上線的工人需要的時間會多一點，大概 200 多秒。

另外，為了不影響生產，有人請假時，會有甚麼工序都能做的「萬能手」代替。單件流是高強度生產，只有年輕人才能受得了，當然產能也高。

流水線上的工人很辛苦，但收入比以前提高了很多，一般月薪 7 000 元左右，高的 10 000 多元。在漢川，很多工廠就是一個院子，院子裏面有廠房、有宿舍。這裏的工人一般是自己開車上下班，車也不是很貴，工人買得起。

快反和武漢人敢備現貨相輔相成

武漢人，第一個特點是快，生產快、速度快、反應快。第二個特點是膽子大，有現貨、敢備貨。

武漢是全國很著名的現貨市場，客戶不用提前訂貨，有錢隨時買得到現貨。而廣州、杭州主要是訂貨模式，訂多少做多少，要賣的時候可能沒貨了，要貨需要提前訂，週期就很長。所以各地的很多現貨訂單都交給了武漢。

2014 年以後，武漢的男裝市場快速增長，廠家敢備現貨，備多少貨就賣多少貨，所以才能形成現貨的快反能力。

做現貨面臨很大的庫存風險。雖然說訂貨也有庫存，但現貨的庫存是難以把控的。庫存多了，要不要賣掉？賣庫存就賣不了新貨，不賣的話，庫存堆在那裏，又不能下新貨訂單，這就形成一個死循環。庫存多了，廠家受不了，就想怎樣把庫存控制在最少，所以現貨訂單就倒逼了武漢工廠的快速反應能力。

客戶要 5 000 件貨，是一下子做 5 000 件放在倉庫裏，還是把 5 000 件放在流水線上，每天生產 1 000 件？肯定是選擇放在流水線上進行快反。你今天報單，我三五天給貨，貨其實是在生產線上的。

武漢的快反能力，和武漢人敢備現貨是相輔相成的，這一點特別適合直播電商。因為電商發貨是有時間限制的，幾天之內必須發完貨，但是又有很大的不確定性：第一，在直播前，主播並不知道能賣多少貨；第二，主播賣完了又不知道會有多少退貨。如果備貨太少，怕不能按時發貨，被消費者投訴；備貨太多，又怕產生庫存壓力，造成資金流轉問題。

但是武漢不一樣。主播直播的當天，工廠就已經在線上生產了，還可以根據退貨率反推，靈活決定批量下單的數量，後續再根據主播的賣貨量隨時補充。所以，快反是一個很好的解決整個直播供應鏈庫存問題的方式，既可以解決工廠的庫存問題，又可以解決主播的庫存問題。

快反也是對生產物料供應的考驗，包括與生產線的匹配。一旦生產線啟動，一天需要幾萬米布料，如果沒備貨，肯定快不了。在有坯布的情況下，生產週期最短也要七天，再短就會出問題；

沒有坯布更慘，後面所有的生產都沒法進行。

　　武漢的優勢在於，漢正街有很多服裝面料、輔料供應商，加工廠可以直接拿到原料。誰家有庫存就先拿一部分，過兩天再拿一部分，先給生產線供應上，這樣就能實現快反。武漢的布行也跟全國的服裝產業鏈有聯繫，今天訂了布料，後天就能從浙江柯橋發貨。

　　我們石獅的服裝業衰落，就與缺乏快反能力有關。石獅人做棉衣，可能自己壓三五萬件，但武漢人不會。再比如說面料，石獅動不動就要訂貨，7 天拿到了，可能顏色不好，需要重新返缸，生產週期就被面料給拖住了。還有福建晉江的運動品牌，以前的生產週期往往是半年，每年 3 月份下後半年的訂單，碰上好賣的貨，沒有快反能力就趕不出來。所以除了安踏以外，晉江的品牌都在走下坡路，倒閉了很多企業。

快反與武漢優越的地理位置有關

　　武漢敢做現貨、發展快反生產，又與武漢優越的地理位置有關。

　　武漢位於全國的中心，是高速鐵路網的樞紐，交通方便，物流發達，水陸空運輸都十分便捷。

　　2020 年 11 月 1 日，從漢口火車站發出了全國首條高鐵貨運專列。這趟列車專門服務於電商運輸，到達北京僅需要 4 個多小時（見圖 4.1）。

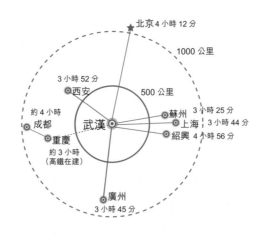

圖 4.1　武漢與全國主要城市的高速鐵路網，形成「半天生活圈」

　　湖北省內的交通也很便利，從漢正街到週邊工廠、倉庫，只有兩三個小時的車程。很多漢正街商家的配套工廠，就在武漢週邊 100 公里以內的衛星城市，主要是武漢以西，像漢川、潛江、仙桃、天門、監利，其中漢川新河鎮就有 4 400 家工廠（見圖 4.2）。配套倉庫主要集中在武漢以西 40 公里的漢川，像我們動感一族這樣的倉庫，還有 80 多家。

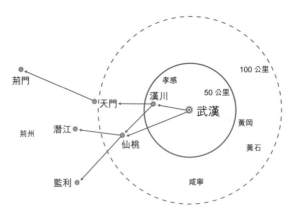

圖 4.2　快反工廠分佈在武漢週邊 100 公里左右

快反離不開原材料，湖北不產布料，但這裏距離原料產地或者集散地很近，蘇州盛澤、紹興柯橋、廣州的布料，很快就可以運到。王俊霖是漢正街的布料大王，也是我們石獅人，2003 年就到武漢來發展了，他們家的梭織材料從盛澤運過來，晚上 10 點裝車，第二天早上 9 點到，其他的材料運過來也只需要一天左右。

現在中國的交通很發達，做生意都是全國性的，只要貨品能夠流動起來，主播在廣州還是杭州，其實都無所謂，武漢都可以供貨。我們公司在杭州九堡有一個直播基地，裏面的服裝很多都是在武漢生產和發貨的。

上百萬工人為快反提供充足勞動力

快反需要大量的年輕勞動力，湖北剛好具備這個條件。

全湖北有 100 多萬名服裝產業工人，其中漢川有近 40 萬人，仙桃有 15 萬人，潛江有 12 萬人，天門、荊門一帶也比較集中。我們漢川倉庫所在的新河鎮就有 30 多萬名工人，發工資那一天場面很壯觀，幾乎整個新河鎮都在堵車。

從工人的工作效率看，相對來說，湖北比其他地方要高。湖北這邊服裝加工廠的工人，年齡大部分在 20～35 歲，而且現在還有很多年輕人在學習做服裝。其他地區的工人，做同樣的款式，產能可能只有這裏的 60%，甚至 30%。

湖北有服裝產業帶，有產業工人的基礎。潛江的工廠規模大，產業也比較完善，上千人的工廠就有好幾家。在仙桃，幾十人、上百人的工廠也很多。

潛江張金鎮的幸福集團是湖北服裝業的發源地，以前幸福集團在全國就很有名，現在湖北服裝工廠的老闆，很多都是從這家公司出來的。幸福集團規模大，體系完善，品控做得好，給森馬做過代工。就是在潛江，森馬的生意才開始突飛猛進的。以前幫幸福集團做代加工的工廠、工人，慢慢在仙桃做大了。

沿海勞動密集型產業在向內陸轉移，很多在外地工作的湖北人也回到了老家。服裝產業的遷移，最開始是工廠從福建、廣東和江浙一帶搬到武漢，後來從武漢礄口區的古田路一帶遷移到黃陂區的盤龍城，現在又從武漢週邊搬到衛星城市，如距離市區約40公里的漢川、80公里的仙桃，以及天門、潛江、荊門等武漢以西的城市，基本上搬到工人家門口了。

現在，湖北加工廠的工人，都是週邊過來的。逢週末休息，他們開着車就可以回家。

此外，武漢還有一個很大的漢正街商圈。有載體、有市場，產業就能做起來。

湖北單件流模式的起源

> **要點**
>
> · 武漢快反工廠的形成不是一蹴而就的，從傳統包流生產模式到單件流生產模式，浪力奇是武漢快反工廠轉型的典型代表。
>
> · 從大型服裝批發市場到全國著名的男裝一級批發市場，武漢直播電商還有很大的發展空間。

浪力奇：採用單件流生產模式的先行者

湖北浪力奇服飾有限公司是漢正街比較大型的服裝企業，公司總部位於漢正街龍騰第一大道紅寶石座，倉庫位於湖北漢川，工廠則分佈在武漢東西湖區、漢川、潛江等地，工人有千餘人。浪力奇是湖北較早成功地把傳統包流生產模式改為單件流生產模式的服裝工廠。

◎ 以下為湖北浪力奇服飾有限公司總經理鄭保平的講述。

原來我們工廠也是採取包流模式，幾天才做一件衣服，天天虧錢。大概六七年前，我去另一家加工廠參觀，看了工廠的流水

線生產，非常震撼，這家加工廠是湖北最早採用倒計時單件流生產模式的企業之一，幾十秒就能生產一件衣服，現在這家工廠已經不在了。

我回去後立馬把自己的服裝工廠的生產模式改了，最先改的是位於武漢東西湖區的浪力奇工廠，改革後效率提升了接近一倍。以前做磨毛的風衣，一條生產線最多只能做八九件，現在人均能做十七八件。

第一家工廠改造成功後，我們開始在所有工廠推廣單件流模式。2014年一整年，我跟諮詢公司合作，把浪力奇的六七十條生產線都改了。現在我們每年生產冬裝500多萬件、褲子200多萬條。

因為效率提升很快，湖北其他工廠也跟着改。現在超過60%的湖北工廠都採用單件流生產模式。

武漢要抓住直播契機突破發展瓶頸

龍騰第一大道是武漢市龍騰置業有限公司開發的大型服裝批發商城，目前是全國著名的男裝一級批發市場。龍騰第一大道的男裝批發以中高端為主，大約有1 100家入駐商家，分佈在金座、銀座、紅寶石座、藍寶石座等大廈。

◎ 以下為龍騰第一大道商家管理負責人黃曉宇的講述。

我以前做市場招商運營，2010年從錢江集團接手龍騰第一大

道。當時靚仔裝、時尚男裝最多，佔市場 1/6 的份額，其他全是內衣、童裝、體育用品。

有生存空間的地方就有生意。武漢做內衣是「二批」市場，「二批」生存能力差，做不出成績。我們就專做男裝，把其他品類都淘汰掉，花了三年時間改造升級了整個市場。

現在，武漢做時尚男裝的企業有 1 500 家左右，高、中、低品質都有。其中龍騰第一大道有 1 100 家左右，以中高端為主，佔到市場的 4/5，成了全國著名的男裝一級批發市場。入駐的上千商家，每一家都有源頭生產工廠，大多數是自己開設的，也有一些是合作的。

快手電商主要是首先抓住了漢正街做時尚男裝的這批人，他們在生產、成本、價格、款式上都是不可代替的。

每個平台都是靠大的供應鏈做起來的。武漢以生產為主，有強大的供應鏈。但是武漢缺少電商人才，貨的出口難找。武漢的服裝市場遇到了瓶頸期，唯一能突破這個瓶頸的就是直播電商。這從另一個角度也說明武漢直播電商的發展空間是很大的。

02 直播時代

第二部分
各行業樣本調研

第五章
直播 + 農產品

- 陝西武功憑借其物流、電商人才等優勢，正在探索「買西北、播全國」
  模式，利用直播將西北各地的新鮮瓜果銷往全國，屢造爆款。
- 農產品直播，正在倒逼武功的供應鏈、倉儲、物流等，朝着更適應直
  播電商的方向發展。

本章篇目

陝西武功樣本：
「買西北、播全國」的探索

要點

· 鮮果直播對基礎設施投入要求高，要有專業的生鮮倉庫和設備，可進行自動化分揀，能有效實現鮮果的標準化，降低售後率。

· 直播電商比傳統電商的鏈路更短，供應鏈集中了從地頭採購、入庫、分揀、包裝、快遞等流程。

· 西北地區好的主播匱乏，挖掘主播要多條腿走路：培養自己的客服團隊成為店播，做培訓業務以孵化主播，簽約當地農民、返鄉大學生等做主播，全公司對接外部主播。

　　2020 年 8 月下旬，正是獼猴桃快要成熟的季節，兩個來自新疆的快手主播，跑到位於陝西省武功縣電子商務園區內的西北網紅直播基地尋找貨源。

　　其中一位主播原來在新疆吐魯番做乾果批發生意，看別人在快手上直播賣貨能賺錢，也加入其中。他們在快手上把新疆的乾果銷往其他省份，但因為疫情，新疆的快遞暫時發不出去，不得不出疆找貨。

本文作者為快手研究院研究員楊睿，研究助理陳亦琪、甄旭。

像這樣找貨的主播還有不少,他們都不約而同地選擇了武功。

陝西省咸陽市武功縣接近中國版圖的幾何中心,曾是古絲綢之路上一個重要的商貿中心。自漢代起,絲綢之路在咸陽境內兩條主幹道之一的「南道」,就是從長安出發,經咸陽、興平、武功,過鳳翔、隴縣,一路西行,至蘭州再接河西走廊,通達西域各國。

2013 年之後,武功縣因發展「買西北、賣全國」的電商模式而逐漸出名,成為新疆等西北各地農產品,尤其是乾果,銷往中原、東部沿海地區的跳板。這裏也不斷聚集了分揀線、倉儲、物流、電商人才等要素,一個本來幾乎沒有規模工業發展的農業大縣,如今已成為「電商大縣」。

如今,當電商進入直播時代,武功也再次走在西北前列,發力直播電商、社交電商。除乾貨外,不少西北地區的生鮮產品也成為直播平台上的爆品。民勤蜜瓜、武功獼猴桃、大荔冬棗等都爆過單,創造了生鮮水果行業的銷售奇跡。

武功在電商直播領域的快速發展,有其傳統的電商基因,更有當地切中時代脈搏、快速迭代升級的努力。

這裏有西北地區相對密集的電商人才,有背靠新疆、甘肅等地的優質貨品,和很有吸引力的物流、倉儲優勢。但與傳統電商相比,直播還有一套自己的邏輯 —— 對主播的要求高、單品爆發快、對後端供應鏈的考驗更為苛刻。

為此,當地政府積極建設培育直播電商的支持體系。2020 年 6 月 21 日,由陝西省果業中心、武功縣政府主辦的西北網紅直播基地啟動。農產品電商領域的龍頭企業西域美農專門成立了一家子公司 —— 陝西惠農電子科技商務有限公司,投資 1 000 萬元,承擔基地的運營工作。這是西北首個直播基地。

基地啟動當天，由武功縣政府、快手科技、陝西惠農等共同主辦的為期三天的「快手上的鄉味——西北篇」系列活動也同步啟動。「陝西老喬小喬父子檔」、「榴蓮大叔」、「水果大叔」、「愛做飯的瑩瑩姐」等粉絲過百萬的快手主播在現場分享了自己的直播帶貨心得。

從「啥都沒有」起步

在成為「西北電商第一縣」之前，陝西省武功縣還「啥都沒有」。用當地人的話說，「一沒產品、二沒技術、三沒氛圍」。

情況的轉變發生在 2013 年，新上任的武功縣領導提出，要利用武功的幾個基礎條件，打造西北電子商務第一縣。一是接近國家版圖幾何中心和「一帶一路」重要節點的區位優勢，具有強大的境內和週邊的鐵路、公路、航空立體交通保障能力；二是農業產業尤其是部分西部時令水果的產業基礎；三是各種具有歷史文化特色的手工藝品產業；四是當地作為勞務輸出大縣，有大量返鄉創業人才。

當時武功本地很多人對於電商是甚麼都講不明白，更不用說怎麼做。那一年，原本在新疆開過網店的李春望，看到武功的新規劃，背着雙肩包，隻身一人前來考察。

此番武功之行，李春望是想為自己的公司西域美農找一個能容納從採購、倉儲、生產到銷售一條龍的地方。此前，他已從新疆輾轉來到西安落腳。新疆冬季漫長，一旦下雪封路，貨常常一個星期都運不出來。而關中腹地差不多是整個中國版圖的幾何中心，把新疆的乾果運到這裏存儲，再發往全國，有得天獨厚的地

理優勢。但李春望在西安始終沒找到合適的倉庫，於是他把目光
投向了正在招商的武功。

當時武功縣的工業園區，大部分還沒有企業入駐，長着荒草。
武功縣政府為了積極招商，也給出了非常優惠的政策。2014 年 4
月，西域美農的生產及倉配物流中心正式落戶武功。

在李春望的帶動下，一批原本在新疆做乾果生意的企業紛紛
選擇落戶武功。然而就像如今很多人不理解直播一樣，當時武功
縣發展西北電子商務第一大縣的規劃，也遭遇了不小的阻力。很
多人覺得，「新縣長來了，不搞一些大事情，成天找一些賣棗、賣
核桃的電商企業開會，不務正業」。

反對聲很快就偃旗息鼓了。據阿里銷售平台統計，2014 年武
功縣農產品交易增速在全國縣域電商中排名第十一位，農產品銷
售額超過 2 億元，在全國大棗、核桃、杏乾、椰棗類目銷售排名
第一，全國乾貨類目銷售排名第五，一躍成為陝西縣域農產品銷
售第一名。

就這樣，在新疆的貨品銷往全國時，武功成了必經的一站。

「買西北、賣全國」

「買西北、賣全國」的定位，與李春望的個人經歷有關。

學生時代，這個安徽人曾在青海支教，對青海物產有很深的
感情。大學畢業後被分配到新疆克拉瑪依油田做項目經理，長期
生活在新疆。2008 年他開了一家淘寶店，專營新疆特產，希望讓
更多人知道新疆的好東西。但苦於新疆的物流等不可控因素過多，

這才有了前面輾轉西安、落戶武功的故事。

扎根武功後，李春望依然帶着採購團隊在西北地區一直走、一直看。結果發現，不僅是新疆，在甘肅、陝西、青海這些西北省份，還有很多不為人知的好貨，像洋縣的黑米、米脂的小米等。

就這樣，像陝西渭北蘋果、石榴、核桃，陝北紅棗、雜糧，以及新疆瓜果、乾果，西藏犛牛肉等特色農產品貨源集聚武功。武功帶動了陝西省乃至整個西北地區 400 多種特色農產品的電商交易，電商也成為武功縣域經濟發展的新動能。

「買」西北的關鍵在於懂貨，「賣」全國則不得不注重物流體系的搭建。武功同樣利用優惠政策吸引快遞企業入駐，逐漸壯大物流優勢。

由於電商企業能夠保證穩定的發貨量，因此也就有了與快遞企業議價的能力。物流方給西域美農的價格目前已經降到 1.2 公斤以內 1.6 元、3 公斤以內 2.2 元。這個價格甚至讓浙江一帶的客商感到驚訝——西北的物流費用竟然如此低廉。圖 5.1 展示了武功縣的「買西北、賣全國」模式。

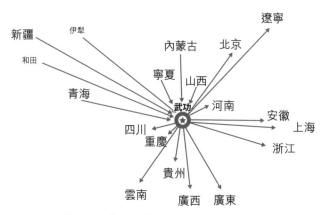

圖 5.1 武功縣「買西北、賣全國」模式

新疆的庫爾勒香梨要想運到其他省份，僅物流就需要五六天。但是，從新疆拉一車貨到武功只需要一天左右。由於貨量大，單位運輸成本也會降低，到武功後直接送到冷庫冷藏。由於這裏接近全國版圖的幾何中心，公路運輸、鐵路運輸和航空運輸也比較發達，到其他地方基本僅需兩三天。

截至 2020 年 7 月，武功有電商企業 328 家、物流快遞企業 40 餘家，發展村淘 105 家，培育個體網店 1 200 餘家、微商 3 000 餘人，帶動就業 4 萬餘人。2019 年，全縣電商銷售額達 41.22 億元，對 GDP（國內生產總值）貢獻率達到 10% 以上，助力全縣農民人均增收 862 元。

西北網紅直播基地

近年來，武功縣又在「買西北、賣全國」的基礎上探索「買西北、播全國」模式。

早在 2015 年淘寶做直播內測時，西域美農便開始接觸直播。但因為帶貨成果不顯著，以及直播氛圍還不濃厚，中間便停滯了一段時間。直到 2019 年 8—9 月，西域美農開始做淘寶店舖直播，才和一些直播達人有了對接。到 2020 年初，他們發現這些達人也開始在快手等短視頻平台上做直播。

2020 年 5 月初，李春望帶着武功縣領導去杭州、義烏等地參觀了一圈。回來之後，他們把原來已經落灰的西北農產品體驗城重新裝修，打造了 18 個直播間。短短二十來天時間，西北網紅直播基地建設就已基本完工。6 月 21 日，西北網紅直播基地正式啟動。

　　傳統電商平台的流量獲取越來越難、獲客成本越來越高，做直播讓傳統電商嘗到了甜頭。「我們是一家農產品電商公司，肯定要找各種渠道對接產品。快手等平台本身的流量很大，加上現在成本低，不說找達人帶貨，單我們自己做短視頻和直播帶貨，觀看量和免費的曝光量就很大。」西北網紅直播基地負責人李秀娟說。圖 5.2 展示的是直播給水果買賣帶來的流通模式的轉變。

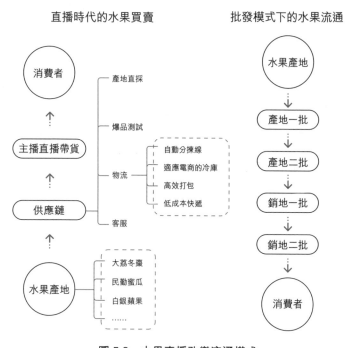

圖 5.2　水果直播改變流通模式

　　現在的西北網紅直播基地，原來只是陳列西北農產品的展覽館，坐落在武功縣工業園內。

　　如今，直播基地的門口豎立着「零成本商家入駐」的易拉寶。直播基地的大廳，被做成了一個賣場的形式，聚集了陝西、新疆、

青海等地的產品。西北地區比較有名的企業和品牌方，都可以免費入駐，以農產品為主，例如陝西的網紅產品「三秦套餐」（擀麵皮、肉夾饃、冰峰汽水），還有原產地的水果等。大廳四周有 18 個直播間，還有培訓中心、供應鏈中心等多個功能板塊，是西北地區首個專業化的農產品網紅培育和直播電商運營服務平台。

西域美農在對接主播時有三種形式：作為網店的西域美農有自己的店鋪直播，主要是從自己的客服團隊中培養出來的全職主播；作為供應鏈的西域美農可以和全網主播對接，與包括頭、腰、尾部的主播都有合作，尤其是在生鮮產品帶貨上，擅長產地直採、全網打造爆款的玩法；作為孵化基地的西域美農，現在也和週邊村民簽約，想要孵化武功本地的農民主播。

西域美農的全職主播，包括淘寶店播、京東店播、拼多多店播等，加上運營，共有 50 個人；店鋪主播相當於線上銷售員，平均一天要播 8 小時以上。由於客服對公司整體業務比較熟悉，從 2019 年開始，西域美農就從客服團隊中抽出一些人培訓做店鋪直播。

貨架電商平台上都是精準的消費者，由於直播比圖文介紹直觀，所以店播是必須有的。但淘寶店播的問題在於每天從直播間走的銷量增長比較平緩，不會出現幾萬單的爆單。除非跟淘系頭部主播合作，例如薇婭曾為西域美農的肉夾饃帶貨，李佳琦賣過擀麵皮，一下子幾十萬單，工廠要忙好幾天。

除了全職主播，西北網紅直播基地還會和週邊村民簽約，帶着他們去田間地頭拍段子、做直播。這時候，基地就像一個 MCN 機構，會幫農民主播做定位、策劃、剪輯，為他們尋找供應鏈，並和地頭代辦（即代理人）協商好價格。比如主播摘了多少果子，相應地要給代辦多少費用。

　　直播基地有一個村播排期的溝通羣，例如河南開封的黃河蜜薯要成熟了，就在羣裏吼一聲。公司安排好車，想去田裏拍段子、做直播的主播就在羣裏報名。一般是五個人、十個人一起去地裏拍，相互探討思路。這些主播的帳號都跟西域美農有關。雖然他們是自己拍，但西域美農也會幫助他們剪輯、投流量，最後分佣金。

　　這樣的協議主播目前有三十多個，大部分是本地村民，也有十多個是從西安過來的。在直播基地孵化的本地農民主播裏，做得比較好的基本上一個月能賺幾萬元佣金。這也幫助村民提高了收入水平，起到了扶貧助農的作用。

　　比如主播阿遠在某短視頻平台上有 4 000 多個粉絲，卻曾賣出過 8 000 單農產品。她本身就是武功縣普集鎮人，爆單後收入明顯提高。主播小陽是個在讀大學生，在快手上有帳號，已擁有 6 萬多個粉絲。西域美農會和他們簽約，發給他們基礎工資。

　　西域美農也跟快手的頭部主播有合作，例如食品帶貨主播「貓妹妹」。大主播看到爆單產品，如板栗、紅薯等也會主動找過來，西域美農與「MiMi 在廣州開服裝廠」、小沈龍等都合作過。大主播帶貨的方式，就是掛西域美農旗艦店的連接。

　　快手主播「大璇時尚搭配」也為西域美農帶過貨，紅棗出了 1 萬多單，蘋果出了 2 000 多單。垂類的主播「榴蓮大叔」在快手上一個人就帶了幾萬單大蒜。

　　目前西北網紅直播基地還做了兩個千人規模的孵化計劃。一個是聯合縣政府做武功縣本地的「千人孵化工程」。縣政府動員各個鄉鎮，由副鎮長帶頭組織報名，學習如何做直播電商。培訓採用「2+1」模式，2 天理論加 1 天實操，每週一期。

　　另一個是和陝西省果業中心合作的「百千萬工程」，目前在全

省範圍內招募了 1 300 多人。「百」是指全省 100 個果業幹部進直播間,「千」是指培訓 1 000 個果業從業者,「萬」是指在 2020 年協助開 1 萬場直播。

從 2015 年開始,西域美農設立了專門的美農電商學院,在各縣做培訓,講怎麼做淘寶店舖、微商和社羣電商。現在有了直播基地,有很多人慕名而來,想聽直播課程,於是直播基地專門研發了短視頻運營、主播孵化等系列課程。

此外,西北各地在培訓方面的需求也很大。目前,西北網絡直播基地已經在給陝西藍田縣、鎮巴縣、青海平安縣,以及內蒙古的太僕寺旗做直播電商培訓項目。在培訓的同時,西域美農也在篩選人,遇到合適的人選會直接簽約,培養素人主播,給予後台和優質供應鏈的支持。在直播平台上,也會幫素人主播推廣流量,通過直播、短視頻漲粉。圖 5.3 顯示了西域美農尋找好主播的途徑。

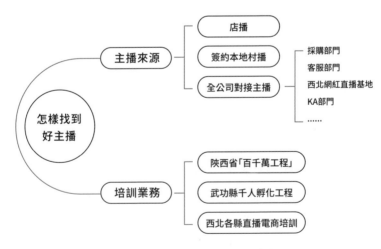

圖 5.3　西域美農如何找到好主播

直播帶貨正規軍的經驗總結：
供應鏈是核心能力

> **要點**
>
> ・ 直播間銷量可能迅速衝到峰值，對企業的供應鏈、快速反應能力、團隊調配能力、物流、資金流都是極大考驗。
>
> ・ 從傳統電商發展起來的物流、倉儲、人才，依然能為直播電商所用，但直播電商要求的速度更快、爆發力更強。
>
> ・ 生鮮產品季節性很強，上架時間可能僅有兩三週。新品上架前，可以給老客戶發一兩千單做測試。得到的反饋好，就繼續投入，反饋不好則再優化調整。

　　劉新娟是西域美農的第一代員工，2013 年加入公司，目前負責整個公司的貨品調動和存儲。她對直播電商的特點及其對後端供應鏈的考驗等有深入的認識和研究。

本文作者為快手研究院研究員楊睿，研究助理陳亦琪、甄旭。

◎ 以下為西域美農供應鏈總監劉新娟的講述。

直播帶貨比傳統電商更需要完整的供應鏈

做生鮮直播對供應鏈的要求極高，因為直播爆單特別快。

我們做傳統電商時，打造一款爆品需要經歷一個過程，比如網店要積累銷量、好評，慢慢才能做起來，它是一條逐漸上揚的曲線。但在直播平台上打造爆款不是這個邏輯。直播一上來就到峰值了，然後再迅速下來。所以當它一下子到最高點時，就是在考驗你的供應鏈能力、反應能力和團隊的調配能力。假如我一天賣 50 單、100 單，都是穩穩的，但一天的時間從 50 單一下子蹦到 1 萬單，這時候就極度考驗供應鏈能力了。

就拿紅薯來說，我賣一單 5 斤的紅薯，需要膠帶、紙箱、泡沫，包括打包的員工、快遞車，這些都是最基本的後端需求。在這些都具備的情況下，還需要產地的貨。

如果在產地直發，這些線上需要的資源產地可能都沒有。一天發 50 單，我還可以湊合，但一天發 1 萬單，怎麼辦？我們之所以提出「買西北、賣全國」模式，就是因為在西北任何一個地方，人不夠了，我們可以從工廠拉一車人過去；快遞不夠了，可以從總部直接派過去。但出了西北，我們目前可能就做不到這種資源調配了。

舉個更直觀的例子。去年我們第一次賣民勤蜜瓜，那個時候真的特別困難，遇到了很多情況。民勤那邊都是砂土地，風沙很大，環境特別乾燥。過去民勤人每天嘴巴裏都是土。第一年去的時候，條件特別差，我們很難適應。但是民勤的哈密瓜特別好吃，

是特別有爆款潛力的好產品。

當時在民勤我們沒有打包工，產地的農民也不懂打包，他們缺乏電商意識。當地甚至連像樣的紙箱、膠帶都沒有。快遞發一整車也發不出去，要先去蘭州中轉，再到西安。為了解決這個問題，我們當時就直接聯繫快遞車從西安把輔料全部運過去，再從民勤拉一車貨直接到西安中轉站，這樣一下子就能節省好幾天時間。直播一下子爆單，如果供應鏈沒有足夠的能力，是發不出去貨的。

在短視頻平台上，有一些人是「野蠻生長」起來的，利用前期的流量紅利把帳號做起來，然後開始賣貨。從賣貨的商業行為來看，他們並不專業。而我們的定位是做直播帶貨的正規軍，因為我們有完整、優質的供應鏈。

再比如大荔的紅薯，也是一下子在直播平台上爆起來的。大荔離武功很近，我們的採購人員就直接去產地收貨，收完貨後直接運到武功。我們在武功有現成的員工、流水線，而且有自己的紙箱廠。頭天連夜加班把紙箱生產出來，第二天就能包貨。沒有幾個供應鏈能達到這樣的標準。

所謂的供應鏈，除了很強的物流外，產品跟穩定的人員是必備的。另外還要有充足的財力準備，不是所有的直播電商都能像西域美農那樣能在短期內收 3 000 噸蘋果。從人力、物力、財力方面來講，西域美農已經足夠到位，所以要爆發也很快。

很多人覺得西域美農過去是賣堅果的，怎麼能在一年內把生鮮做得這麼好？現在西域美農的生鮮跟堅果的銷售額比例是 1：1。

夏季屬於堅果的淡季。往年，西域美農可能會在淡季虧損，比如 6—8 月會虧損。但 2020 年我們在淡季也贏利了，生鮮其實

是一個彌補。

跟傳統電商打爆款不一樣的是，直播的產品需要品質更好。這樣主播這次幫你帶貨，下次還願意給你帶。主播的粉絲黏性比較高，其實他們也面臨缺品問題，我們有優質的貨品，他們會很喜歡。

我們的 KA（重點客戶）部門做得特別好，有一次把一位主播帶到大列巴的製作車間，一次賣了 1 萬多條。他賣完之後還想賣，主動問我們還有甚麼貨品能賣。所以一開始可能是我們找主播，到後面是主播找我們。如果客戶反饋好，他自然也信任我們。

我們常說「無售後，不生鮮」，但是強大的供應鏈是可以把售後控制在一定比例的。我們的客服團隊有 80 多人，即使需要很多售後，也可以跟得上。所以直播達人跟我們合作，沒有甚麼後顧之憂。

製造爆款的邏輯：前期測試 + 前後端配合

我們一直在嘗試做生鮮，但大力發展是從 2019 年開始的。如果公司認定這件事今年一定要做，那我們整個運營體系的前後端就會全力以赴去做。

李春望說，甘肅黃河邊上的蘋果，還有內蒙古的蘋果，口感並不比新疆阿克蘇的蘋果差，也是冰糖心，價格又很便宜。他自己去產地跑了一週多，去看，去試吃。他在新疆待了那麼久，對阿克蘇也特別了解。

當時我們想把這個產品做好，是因為它的口感很好，價格也

可以。當時我們在甘肅白銀產區一下子收了 3 000 噸蘋果，對於線上銷售渠道來說，這絕對是很大的收貨量。而且收貨價格在一兩元一斤，需要投入一筆不小的資金。

這個產品也被我們做成了爆款。「雙十一」期間，我們一天要發十幾萬單貨。我們的物流倉，從門口一直到路口都是裝蘋果的車，滿滿十幾輛車等着卸貨。

我們所有的貨品都是這樣「玩」的。做農產品不做「二道販子」，所有的都是下產地自己收、自己發。農產品一年收一季，等到你想要的時候再去收，基本就被別人收完了。不是在我家的倉，就是在他家的倉。之後我再去買別人倉裏的貨，有可能價格就高出很多。

所以我們一般從源頭就把整個供應鏈控制住。蘋果收回來之後，我們在發貨的過程中也特別挑剔，質量把控得很嚴。我們的機器會把大小果、克重先過一遍，再人工挨個選一遍，最後再發出去。有些人覺得這種蘋果口感挺好的，跟新疆的幾乎沒有差別，想當作新疆蘋果賣。但我們不願意做這樣的事情。

只要想做，沒有甚麼坎兒能難倒我們。我們做富平吊餅的時候甚麼都不懂，就派人下產地跟當地人學習，在那裏住了幾個月。我們沒有人是科班出身的，想做就去學、去問。

所以我們的爆品可以說是把公司所有的資源都集中到上面去，就等着它爆發。蘋果到倉庫以後，我們會輪番在京東、快手以及淘寶等幾大平台做活動，我們的倉庫也就一直停不下來。

也有很多產品是我們開發出來後測試沒有成功的，那我們就不會大批量收。但水果是不會給你試錯機會的，節奏特別快。像我們的嘎啦蘋果 2020 年其實就賣得不太好。因為雨水特別多，一

開始我們也是集中採嘎啦蘋果。但是下雨後蘋果表面有各種水傷，收回來時是好的，肉眼分辨不出來，但是發出去就有爛的了。

第一批發出去的貨，就決定了這個產品能不能長期做。第一批貨發出後，售後指標如果不好，就不敢再鋪，再鋪可能就「死」掉了。

我們公司內部有個新媒體部門，是一羣精兵，掌握着所有老客戶的資料。每一個新品上架之前，我們都會讓新媒體部門推一波，訂單量基本就是一兩千。都是老客戶，再加上我們給的價格特別合適，質量又好，所以他們的反饋給得特別快。新媒體部門是上架最快、銷售最快的一個部門，他們會把這批貨的反饋及時給我們。如果不好我們就再優化調整，優化完再測試，如果反饋好我們就繼續。

生鮮的保存時間很短，季節性很強，上架可能只有兩三週的時間。不像堅果可能一年四季都有。生鮮的要求特別高，不管是對產品質量，還是對整個團隊都是這樣。

部門獨立核算，全公司對接主播

2020 年已經是我們搞部門獨立核算的第四年了，全公司幾乎都在對接網紅、主播。我們的大蒜在快手上賣了 10 多萬單；紅薯、南瓜在快手等平台上賣了幾萬單；洋蔥、水蜜桃、民勤蜜瓜也都爆過單。

民勤蜜瓜就是由供應鏈部門的一個小姑娘對接的。如果她找的主播賣的貨多，她的提成就高。但我們內部有個要求，別人已經對

接的主播、平台，不能搶。

他們手裏有一張主播名單，就一個個去找，給主播推的都是拿得出手的產品。像我們這兩天推的紅香酥梨，閉着眼睛就能出貨，因為往年已經做得非常成熟了，原本計劃賣 200 噸，一不小心賣了 600 噸，最後賣斷貨。這種梨的售後率很低，有 98%～99% 的好評率。它是新疆梨跟一種陝西梨的雜交品種，口感比庫爾勒香梨稍微差一些，但甜度不錯，脆度也還可以，價格不貴，所以大家覺得性價比高。

供應鏈部門的人，像我剛才説的小姑娘，他們幾乎都在外面，帶着主播到處跑產地。他們做直播做得比較早，出貨也最多。其實他們最早的想法是利用直播做採銷一體、做供應鏈，一方面供貨給西域美農，另一方面供貨給達人。

西北網紅直播基地是專門負責直播的，客服部門那邊有人對接主播，供應鏈部門也有人對接主播。我們不同部門之間都是相互 PK（對決）的。

以獼猴桃為例，
生鮮直播背後需要哪些基礎設施

> 要點
>
> · 生鮮水果帶貨最關鍵的是品質把控和售後服務。
>
> · 分揀和包裝的自動化會提升消費者的購買體驗。
>
> · 冷庫和物流設計的電商化可以提高供應鏈效率。

除了「買西北、賣全國」的電商交易，近些年，來自武功的獼猴桃也逐漸在全國打開了市場。

目前，全球的獼猴桃種植面積約有 400 萬畝（約 2 670 平方千米），中國、新西蘭、澳大利亞、智利是全球獼猴桃四大主產區。中國種植面積佔總面積的一半以上，其中：四川約 70 萬畝（約 467 平方千米），主要生產紅心獼猴桃、黃心獼猴桃；陝西眉縣、周至縣、武功縣一帶加起來有 90 萬畝（約 600 平方千米），主要生產綠心獼猴桃。

秦嶺北麓的眉縣、周至縣一帶，地理風貌很適合種植獼猴桃，是世界最大的獼猴桃集中連片種植區。其中，周至縣最早種植獼猴桃，面積最大，眉縣則產量最大。武功是陝西省人口密度第一

本文作者為快手研究院研究員楊睿，研究助理陳亦琪、甄旭。

大縣，人多地少，也是三縣之中最晚種植獼猴桃的。

獼猴桃有十幾個品種，一般要三至五年才會掛果。武功縣雖然種植歷史最短，但幾乎全是最新品種，例如翠香、徐香，直接摘下來口感和甜度都特別好，反而有了後發優勢。截至 2019 年底，全縣獼猴桃種植面積已達 12.6 萬畝（約 84 平方千米），有關中最大規模的冷庫集羣。

綠心獼猴桃又分多個品種，最新的有海沃德、徐香、翠香等。每年 8 月底開始採摘，11 月之前樹上就基本沒果了。因為獼猴桃熟了不下樹就會壞掉，下樹之後都會存儲到冷庫。獼猴桃的發貨分現貨期和存儲期，現貨期只有 50 天左右，存儲期可以從 10 月底一直到來年 3 月。

以獼猴桃為首的農產品種植，又吸引了一批生鮮行業的「弄潮兒」加入。

羅向鋒是陝西供銷菜鳥西北生鮮產地倉的總經理。他在咸陽做了 10 年的獼猴桃生意。按他的話說，「武功縣電商產業以乾果、食品為主，我們來了之後，帶着大家開始做生鮮水果」。建倉的目的是把新疆、甘肅、寧夏等地的貨集中到武功發向全國，目標是把非標品的水果通過分級、分類、包裝，做成像快消品一樣的標品，將原料果變成商品果。

陝西供銷菜鳥西北生鮮產地倉於 2017 年底試營業，2018 年 4 月正式開倉，建有 1.17 萬平方米的實體倉庫，存儲量達 3 000 噸，業務涵蓋生鮮供應鏈各個環節，可提供「常溫、冰鮮、凍鮮」三種形式的「跨溫控」倉配服務，服務於陝西、甘肅、寧夏、青海、內蒙古、新疆等地的水果、快消品銷售。2019 年發貨量超 650 萬件，銷售額達 1.6 億元。項目二期總佔地 25 畝（約 1.67 萬平方米），

2021 年 11 月前後建成,將為西北農產品走向全國提供更好的支撐。

公司現有「秦品源」、「果員外」兩家天貓店舖,水果類電商自營年銷售額達 2 億元以上。同時還負責網紅酸辣粉「嗨吃家」的線上運營,目前孵化了四個快手直播帳號,包括水果號「水果產地直發 - 蓓蓓」、「嗨吃家小白」等。2020 年這四個直播帳號定下的銷售目標是 6 000 萬元。

◎ 以下為羅向鋒的講述。

品控是基礎,基礎設施投資大

我們是從當地的獼猴桃生意起家的,通過電商進行銷售已經有 10 年了。公司和菜鳥一起,在武功建了目前整個西北地區最專業的生鮮倉庫,2021 年打算再建一個專門存儲水果的倉庫,總建築面積 3 萬多平方米。

其實銷售獼猴桃在現場播的效果更好,在田間地頭,一邊摘、一邊包、一邊發。快手主播「水果產地直發 - 蓓蓓」擁有 6 萬多粉絲,在倉庫一天就賣了 4 600 多單,直播間同時在線人數最多時有 1 000 人,最少時也有兩三百人。

生鮮水果帶貨的關鍵是品質把控和售後服務。像一些買手型的水果主播,不了解售賣的貨品,包括何時上架、下架,品質把控,售後問題等,在任何平台上做,都遲早會遭遇「滑鐵盧」。

生鮮類不是做一個直播基地就可以的。生鮮的「玩法」跟其他品類的直播不一樣,基礎設施投資大,包括買地和硬件設備投資

等。你要有專業的生鮮倉庫，既能保證品質，又能分級、分類進行果型、果面檢測。工業品、快消品基地的「玩法」在一些產業聚集地，比如美妝、服飾可以，但對於生鮮水果類是遠遠不夠的。

在快手上賣貨，單量不好控制。比如天貓店每天賣多少單基本上是很穩定的，但在快手上有時沒設單量，爆單的時候又會突然賣數萬單，沒準備好就發不了貨。

我們供應鏈的好處在於既能保證基礎又有騰挪空間，比如可以提前準備好 5 萬單，即使主播只賣了 3 萬單，剩下的也可以走天貓的常規渠道。否則主播訂了 5 萬單，突然賣的量少了，對那些體量小的供應鏈來說，搞來那麼多貨發不出去就賠大了。要麼大主播一下賣出幾十萬單，發不出來貨或者物流出現問題，也會造成很大的損失。我們有 3 萬多平方米的倉庫和冷庫，柔性化操作，大小單量都沒壓力。

生鮮類的主播賣貨最大的問題就在這兒，基礎設施能不能跟上，供應鏈有沒有能力發這麼多貨，以及把貨發出去後，品控能不能跟上，售後能不能服務好。

我們不敢砸自己的牌子，畢竟投了幾千萬元基礎設施費進去了。像我們的貨量這麼大，天天都要看天氣預報，要及時囤貨。農民賣自己家的果，今天沒有熟果或者下雨，就不摘了。我們不一樣，就算天上「下刀子」我們也得發貨，承諾客戶 48 小時發貨就得發出去。

分揀和包裝的自動化

現在我們倉庫的設備非常齊全，分揀、包裝都是全自動化的。

比如我們的分揀設備，最前面是刷毛的。獼猴桃表面有絨毛，如果是農民直接摘下來的，客戶拆開包裹，手上黏的全都是毛。我們在前面設置了一台自動刷毛機，保證消費者拿到手上的獼猴桃是乾乾淨淨的。

另外，我們還有專門的機器為每一顆果子360度拍108張照片，不符合果型要求的會在分選環節從「報廢」流水線上自動淘汰掉；果子上有斑點、有磕碰，或是異形果，機器都能檢測出來。果型檢測是為了排除人工挑選的盲點，有的時候肉眼看不出來。這樣消費者收到的果子一定是漂漂亮亮的，購買的體驗會很好。

蘋果、獼猴桃有不同的分類標準。蘋果是按照直徑算的，比如60就是指直徑60毫米，80就是指直徑80毫米。獼猴桃是按克重來算的，如果說獼猴桃90～100，那就是90～100克。

比如每一顆直徑大小不同的蘋果會從傳送帶的不同出口流出，同時紙箱從上面的傳送帶被傳送下來，兩邊站着的人把紙箱拿下來，包好之後就放在這裏，一箱6斤，自動打包。

冷庫和物流設計的電商化

我們的倉庫都是按照電商銷售對存儲、發貨的需求設計的，專門為水果電商打造。有一些傳統的萬噸冷庫，建得很大，但只有兩個出貨口。

我們現有11個冷庫，每個庫兩邊對開共22扇門，可以根據出貨量的需要進行調整。電商的出貨量有時特別大，這時22扇

冷庫門同時打開，貨出來就開始包裝，那就是 22 個包貨口，效率高、損耗少。我們的冷庫佔地 1.1 萬平方米，如果是普通的冷庫，一天最多能出 2 萬單，但我們的倉庫遇到高峰期時，加班加點一天最多能出 10 萬單。直播爆單，對我們來說完全不是問題。圖 5.4 展示的是針對電商銷售特點設計的冷庫和分揀線。

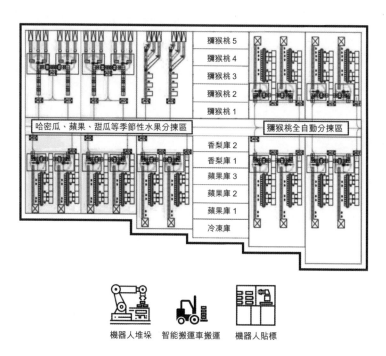

圖 5.4　針對電商銷售特點設計的冷庫和分揀線

註：倉庫中間為 11 個冷庫，共 22 扇對開門；左右兩邊分別為獼猴桃、蘋果等鮮果的自動分揀線。這種設計能大大提高分揀、包裝、發貨的效率。

武功縣的物流在整個西北地區也是最便宜、單量最大的。四通一達、順豐等快遞公司都跟我們有合作。我們一年發貨 1 400 萬單，因為規模效應，所以也可以有效降低快遞公司的成本。

　　在分級、分類、做好包裝的情況下，獼猴桃的售後率能控制在 0.5% 之內，非常低。一是因為獼猴桃全硬，是後熟水果，需要放一段時間才能熟；二是包裝做得好。像杧果就不好做，但獼猴桃、蘋果都是沒有問題的。現在我們獼猴桃的供應鏈基礎很好，問題是很難找到特別好的主播來直播賣水果。

農產品直播：
大象起舞與螞蟻雄兵應同在

魏延安　商務部農村電商特邀專家

要點

· 直播電商進一步減少了產地與消費者之間的環節，使鏈路更短。

· 做直播電商，有基礎的專業電商企業和供應鏈企業擁有先發優勢，但產品標準化和供應鏈一體化仍是挑戰。

· 水果直播也非常適合家庭農場、合作社小量多批出貨。

　　人們習慣上將農產品主要分為乾貨和生鮮。乾貨除了乾製的農產品如茶葉、食用菌、堅果等外，很多是批量化生產的，雖然名字是農產品，但實際上是工業品中的食品。而生鮮的標準化程度還很低，受供應鏈的制約很明顯。乾貨容易上網賣，但賣家也多，競爭激烈；生鮮需求旺盛，產出量很大，但上網賣卻很不好做，而且成本比線下還高。傳統電商的農產品銷售特點，到了直播時代又有了新的變化。

從傳統的「三三制」變成了「四四分」

直播帶貨正處在風口，農產品直播銷售也日趨火爆。一旦農民學會做電商，將手機變為新農具、將直播變為新農活，就能打通農民和消費者之間的聯繫，縮短流通環節，降低中間成本，對產銷雙方都有利。

我們拿蘋果舉例。陝西最好的蘋果是洛川蘋果。其種植地塊是上過羊糞等有機肥的，產出的蘋果會像白酒一樣有回甘，吃完後很長時間喉嚨都是甜絲絲的。

原先，城裏人吃的 10 元一斤的洛川蘋果，地頭價是 3.5 元。在傳統的水果流通環節，定價按照「三三制」分成——1/3 地頭價，1/3 流通環節，1/3 終端零售環節。中間流通環節又分為產地一級批發、二級批發和銷地一級批發、二級批發。

產地的「一批」是地頭經紀人。他們會給水果評級，然後到農戶家的果園裏目測總量。比如 3.5 元 / 斤，估計有 6 000 斤，總共 2.1 萬元，現場結錢，第二天經紀人就叫人將果子全部都摘走。

產地的「二批」就是產地交易市場，有大型冷庫。經紀人所收的分散農戶的貨就放在那裏。

「二批」的量大，常常一車幾十噸發往銷地。這麼大的體量，到了銷地，又分「一批」「二批」。比如北京的新發地市場，就是銷地的「一批」，「二批」再到「一批」市場來進貨。

水果在終端門店售賣時還得加價，大概佔售價的 1/3，因為門店要租場地、雇人，要繳稅費、電費，有各項開支。這就是傳統的水果銷售模式。

現在的直播電商銷售，從傳統的「三三制」變成了「四四分」。

農民自己搞電商，原來最多賣 3.5 元 / 斤，現在可以賣到 4 元 / 斤。另外 4 元花在包裝、物流這些環節上，消費者按 8 元 / 斤的價格買回去，發現比超市賣的既便宜又新鮮。結果等於農民賣了 4 元，比原來多；消費者只花了 8 元，比原來少。這是從流通的角度看直播電商的優勢。

為甚麼水果直播常「翻車」？

但農產品做直播電商也有一定難度。2020 年疫情期間，粉絲量大的主播但凡直播賣水果的，有不少都翻過車，尤其是賣貧困地區農產品的，根本原因是供應鏈不過關。

水果、蔬菜的保鮮期短，快遞又慢。消費者等了一個星期才收到貨，結果發現東西爛了。網上有文章調侃説：「閨女，你愛心助農買的菜沒爛在地裏，都爛在咱家廚房了。」這就是這種情況的生動寫照。

目前水果直播的問題在於，產品標準化和供應鏈一體化對這個品類而言是非常艱巨的挑戰。

水果的標準化有這樣幾層含義：首先是外觀的標準化。第一是品種要一致，不能一箱子裝幾個品種，但着急了也有人這麼幹，因為水果混在一起再分揀是有成本的；第二是大小要一致，但事實上你買的可能大小不一致；第三是顏色要一致；第四是成熟度要一致。

其次是內在品質的標準化。現在的消費者嘴都很「刁」，他們對水果品質的要求是甜中帶酸，果肉不能太生也不能太熟。但是，

農產品的「散戶」要達到品質標準化是非常難的。

不能實現標準化,帶來的直接後果就是差評多、消費者的體驗感差。主播在直播間挑的往往是又大又好的水果,擺放整齊,試吃時很誘人。但到貨後消費者發現差距很大。此外,農產品是無法退貨的,壞了只能扔掉,選擇全額退款或補發。於是,水果的售後問題也比一般貨品多。

現在一些頭部主播不敢碰生鮮,本質上是因為生鮮的供應鏈不成熟。水果的時效性強,生鮮直播對供應鏈提出了更高的要求。農產品從庫裏拉出來後要馬上分揀,裝到門口的快遞車上趕緊運走,實現分揀、倉儲、運輸的一體化,越少暴露越好。這才是一個完整的供應鏈。

另外,我們常說發貨要快,才能將新鮮的農產品在第一時間送達消費者。但實際上,貧困地區的基礎設施現狀一定程度上限制了水果直播。直播平台上有些用戶反映,買了貧困地區的水果,收到時往往已經壞了。

而且,農村地區的用戶買了其他地區的水果,可能也會遇到類似的問題。這是因為現在的物流是梯次轉運,到農村是三級物流。所有的貨先在縣城進行分撥,然後再分撥成郵路,這樣才能最大限度節省成本。比如全縣分 5 個區域,在郵路公路邊的村莊和鎮子快遞員就直接把快遞放下,住在比較遠的村子的農民就得自己到鎮上二次拎回去。所以快遞到縣城以下地區還有 1～2 天的周轉期,如果要去村裏收水果,快遞的正常週期要 5 天甚至更長。

這是直播平台目前左右不了的現實情況,有待於基礎設施的完善。根據國家規劃,到 2022 年,行政村一級的快遞會基本普及快遞直達,做到快遞服務「鄉鄉有網點、村村通快遞」,實現建制

村電商寄遞配送全覆蓋。

對於目前直播平台遇到的這種情況，一種暫時的做法就是限區域購買，這也是傳統電商總結出來的經驗。比如蘋果，冬天就不能賣到東北地區，否則零下幾十度的氣溫直接就把蘋果凍成冰了。

大象起舞：有電商基礎的優質供應鏈

做直播電商，有一定直播基礎的專業的電商企業和供應鏈企業，有自己的先發優勢。

在備貨方面，由於這些企業做過若干場直播，會測算峰值。比如今晚播 2 小時、16 個品，一個品大概 10 分鐘，企業可以測算出出貨量最高多少單。即使貨備多了，水果最終沒賣掉也有處理辦法，在電商平台上照常銷售就可以。

此外，如果沒有非常穩定的供應鏈，農產品爆單會是個致命的問題。假設一個頭部主播一晚上直播賣了 8 萬單桃子，現場就要裝 8 萬只快遞箱。按照一個勞動力一天裝 200 箱的速度，8 萬箱桃子需要找 400 個人來裝。但就算能找來人，桃子也不一定能供得上。這時候熟的、沒熟的、大的、小的就可能被混在一起。

在社交平台上，主播和粉絲之間看似產銷直達，但其背後的供應鏈環節依然存在。如果買手型主播自己去產地直採蘋果，就會知道這裏面水的深淺，也會知道有多耗費精力。僅僅是在當地嚐一天果子，牙齒就要「酸倒了」。

而擁有強大供應鏈的企業本身有專業的採購團隊，是專業買

手出身。他們能做到與產地農民同吃、同住、同勞動，有識別好
貨的眼光，還能拿到更低的價格。而且由於他們的採購量很大，能
夠根據明確的貨品標準進行嚴格挑選，可以儘量減少供應鏈問題。

供應鏈必須做到買手和倉庫分揀線的兩層篩選。例如蘋果，
買的時候在地裏鑒別一次，是初級鑒別；採下來以後分級入庫，
用先進的光電一體分揀線進行嚴格的分級，這是二次分揀。

例如蘋果、獼猴桃，現在一些企業可以用一套四五百萬元的
高度智能化進口設備來篩選其色度、大小、顏色、蟲病、糖度等，
最後從流水線上出來的水果會非常均勻。最高速的企業一天兩條
線，可以選出 80 噸貨水果。但這樣的企業目前在陝西還不算太
多，並且只適用於蘋果、獼猴桃、冬棗等能長期存放、量大的產品。

供應鏈的分揀線環節，其實就是水果的標準化過程。再舉一
個更極端的案例，比如某地的消費者偏好小而紅、甜一些的蘋果，
那麼就給分揀線的機器依次輸入各項參數：大小 70～75 毫米、
85% 以上全紅、含糖量 16% 以上。這樣分揀出來的蘋果就可以達
到外觀和內在品質的基本一致。

我一直強調，電商的中間環節可以省，但不能完全去除。迄
今為止，水果流通還無法實現大面積的產銷直接對接。中間環節
可以壓縮，但無法直達。因為以目前的供應鏈水平，直達反而意
味着更高昂的交易成本，走中間商的渠道往往成本更低。

供應鏈作為電商中連接產銷的核心環節，集中了從地頭採購、
入庫、分揀、包裝、快遞等流程。傳統電商和微商還有從阿里
1688 平台直接批發大都屬於分銷模式，而直播電商則進一步縮減
了中間環節。

「一件代發」的供應鏈服務能夠更好地衝接主播和粉絲。主播

只負責「打仗」，後方供應鏈給他提供「糧草彈藥」，「受傷」了給他「救治」，大大減少了主播的銷售環節，實現了生產的集約和分工的細化。

直播普惠與螞蟻雄兵

除了上面說的大象起舞，還有另一種模式 —— 螞蟻雄兵。我們發現，其實水果非常適合家庭農場、合作社小量多批出貨。做助農活動，要大象起舞和螞蟻雄兵同在。

相比大主播帶水果「翻車」，個體戶自產自銷，利用直播這種新渠道賣水果，雖然量小，但反而不太容易出問題。他們隔三岔五地賣，一天最高賣 200～300 單，完全可以做得很精細。

首先，農民自產自銷。因為這是一家生產的，要麼都好吃、要麼都難吃，品質能夠天然地保持一致，這就相當於完成了品質的標準化。另外我們常說，在電商界，「父子兵」是最可靠的模式。父母在家裏種植、發貨，孩子們在外面的城市裏直播，或者偶爾回地頭直播一下賣貨。爸媽給你裝的貨一定是品控過關的，因為爸媽不會坑你。

其次，草根主播從產地直發，勝在價格實惠。農民自己搞直播電商，去掉了中間環節。一旦農民學會用電商賦能，就可以打通農民和消費者的聯繫，縮短流通環節，降低中間成本，對產銷雙方都有利。

但目前的困境在於：首先，很多農民還沒有用直播賣過貨，他們不會拍視頻、做直播；其次，粉絲量小，初期很難有明顯效

益；最後，就是水果時效性很強。假如他 5 月開播，帳號粉絲才
50 多個，播放量最多時才幾百，要獲得收益需要一個漫長的等待
時間。但水果的成熟時間卻等不及，9 月蘋果就成熟了，肯定賣
不了多少貨。

真正利用直播助農，讓直播成為新農具、新農活，勢必要強
調直播普惠的理念，把快手的草根屬性堅持下去。

直播電商的平台，要能夠給予農戶更低的進入成本、更便捷
的通道。傳統電商雖然只需要一根網線、1 000 元、一個帳號就可
以開張了，但是對一般的農民來講依然太複雜，開網店要裝修店
舖，農民不會，而且傳統電商在攝影美工、文案撰寫、專業客服
等方面都有不低的門檻。而直播把這些工作都省掉了。

直播只需要一部手機，農民就可以很憨厚地對着鏡頭說：這
是我家的地，你看這獼猴桃都快能吃了。現場拿刀給粉絲切開一
看就夠了。然後底下放連接，包郵多少錢，把傳統電商這些複雜
的工序和較高的成本都省掉了。這個時候，就可以強烈地感受到
甚麼叫互聯網賦能農民！

第六章
直播 + 教育

- 有了直播，非一、二線城市的學生也有機會得到個性化的、精準的教育服務，而且更加便宜。

園丁匯：
用快手直播做教育閉環

要點

· 大型教育機構往往利用中心化教研，意味着很多學生得不到個性化服務。這給本地化網校提供了機會。

· 一個學習成績不怎麼好的學生，下了晚自習還會衝進直播間，興致勃勃地聽課。這裏包含着快手教育的真諦。

· 園丁匯計劃 2021 年利用技術中台服務 1 萬名老師。

園丁匯的創辦是被疫情「逼」出來的。園丁匯的母公司叫「園釘」，主業是給中小學老師提供班級管理平台工具。2020 年新冠疫情期間，「園釘」在武漢的團隊成員隔離在家中，結果陰差陽錯做出了一家教育 MCN 機構，取名「園丁匯」，All-in 快手平台，目前看還挺成功。

園丁匯簽約的達人都是有教學經驗的素人老師，而非明星老師。這些老師很多來自四、五線城市和縣城，粉絲量只有幾萬，但直播間裏卻能夠穩定匯聚幾百名學生。他們不僅教學經驗豐富，而且非常敬業，有的老師為了適應學生們開學後的時間安排，選

本文作者為快手研究院研究員楊睿。

擇在早晨 5 點 40 分開直播講課。

園丁匯創始人王旭雄心勃勃，他想做本地化網校，利用直播間上課，2021 年的目標是要培養一萬個 KOC，形成一個直播矩陣。

◎ 以下是園丁匯創始人王旭的講述。

「園釘」是從開發 K12（學前教育至高中教育）班級管理工具起家的，產品主要分為三個板塊：學習、體育鍛煉和班級管理。例如，老師手寫了全班的成績表，只要拍一張照片便能實現信息可視化，還能對學生的成績進行動態數據分析。這類照片我們一天要處理兩萬張左右。

全國五線以上城市大約有 338 個，「園釘」覆蓋了 329 個。我們在公眾號和小程序端，沉澱出 300 萬～400 萬的用戶羣體，日活躍用戶接近 200 萬，其中有 30 萬是中小學老師。

新物種：MCN+ 本地網校

2020 年新冠疫情期間，快手教育生態團隊和北塔資本拉了一個在線教育的微信羣，幫助教育創業者發現在快手上創業的機會。我們進羣學習後，發現 MCN 機構這種生產關係挺有意思，內部也討論了很多次。

也是陰差陽錯，「園釘」在武漢的團隊原本負責產品進校的事務，趕上疫情，相關人員被封閉在家，索性就做起了快手 MCN。

2020 年 4 月，我們正式把攤子鋪起來。

與傳統的 MCN 相比，我們做的不是網紅經濟，而是「MCN+本地網校」。我拆開來解釋這個概念。

第一，對我們來說，MCN 解決的是生產關係問題，這是內核。

之前有不少教育機構為了銷售課程，在「園釘」的公眾號或小程序上買流量做廣告投放。我就一直在考慮，除了這種商業化變現，我們能否銷售自己的課。

之所以沒這麼做，是因為我覺得招聘老師做中心化教研，投入產出比低，風險較大。早期有一些和我們一樣靠 IT（信息技術）起家的項目，招聘了很多老師來備課，人力成本高，轉化率卻不高。這是前車之鑒。

但按照 MCN 的方式，我們與老師是合作關係，不會產生固定成本，例如老師的底薪等。我們需要承擔的是自己中台運營的成本，這本身就包含在「園釘」的業務範圍內。因此，這種新興的生產關係，是我們可以着手去做的很重要的原因。

第二，是本地化網校的邏輯。

大型教育機構，採取的往往是中心化教研模式。就是招募人才，集中力量研究一套最佳的教研體系，有統一的標準。這是很好的事，但缺點是缺少差異化，基本上是不同的老師講同一套內容。

而隨着中國教育市場的開拓，逐漸觸達不同圈層的用戶後，我們發現中心化教研無法適配所有人。

舉個簡單的例子，一個經常考四五十分的學生可能很難理解一道奧數題的解法，他真的聽不懂。但同樣的教學思路，對於北京重點中學的優秀學生來說，可能又太簡單了。所以說，適配性是個大問題。

另外我們也看到，從 2019 年開始，教育行業中有一些做本地網校的創業項目「跑」了出來。比如福建的「鹽課堂」，已經擴展到了全國六個省。

而且，中國的高考、中考是以地域切割的，市場也有很強的地域性。比如廣東省最好的學校、老師，去做一個中心化的教研項目，能夠覆蓋廣州、深圳等地，家長與學生是願意買單的。因為廣東省內各市用的是同一版本的教材。這類本地網校，相比全國性的教育機構，適配性更好。對家長來說，最接地氣的也還是本地化的老師，本地老牌名校的認可度很高。

這就是我們選擇做「MCN+ 本地網校」的原因。我們的老師不是明星，就是一個平台上的老師。我們培養的是 KOC，不是 KOL。他們更多是教育行業的普通工作者，而非網紅、明星老師。我們希望在「園釘」已經覆蓋的 300 多個城市以及快手覆蓋到的更廣大的市場中，為本地學生提供本地化的教研網校。

這種網校被定義為本地化，而不是全國化的。比如說成都市金堂縣的一位老師，他 / 她不會去給上海的學生講課，只服務本地的學生。相應地，我們在快手上也比較側重「同城」板塊。有些地方的教學圈層是一樣的，比如金堂縣旁邊的雙流區，教學水平與金堂縣差不多，直線距離也就幾十公里。那麼金堂縣的老師也是可以覆蓋這些地區的。

做 KOC 的直播矩陣

現在園丁匯簽約的老師主要有三個來源：第一個是原先就是

「園釘」用戶的老師；第二個是在快手上成長起來的原生知識主播，比如「甘露奶奶講奧數」、「阿柴哥」這類，他們知道怎麼直播教學，但可能不善於推廣、漲粉，所以由我們來助力；第三是其他渠道拓展來的老師。

甘露奶奶 58 歲了，研究小學奧數 13 年，她的粉絲才 4 萬多，但直播間同時在線人數現在能穩定在 300 左右；「初高中數學桂老師」，粉絲 17 萬多，是一位 80 後女教師，人在廣西柳州，現在的直播間有 700 多人同時在線；還有「清華高圓圓陪你學英語」，她叫沙沙，是清華大學的學霸，也是北京一所重點中學的英語老師。截至 2020 年 11 月，她的直播間每天進出人數已破 2 萬，同時在線人數峰值已超過 2 000。

KOC 的粉絲規模，不會像頭部主播、明星老師那樣龐大。以一個五線城市為例，它的人口規模在 80 萬～120 萬，K12 學生羣體所佔的比例是 10%～12%。這也就意味着五線城市裏的 K12 人羣在 10 萬左右。這部分學生羣體就是我們 KOC 的服務目標。當園丁匯老師的粉絲運營積累到 10 萬時，我們就讓它自然增長了。

我們在快手上完成了所有的閉環。以「清華高圓圓」沙沙為例，她只在快手上開課，而且是付費直播。快手現在有付費直播功能了，我們就把它變成在線大班課。現在一場付費直播課會有 200～300 人購買。

一場付費直播的客單價在 3～9 元。2020 年暑假，沙沙上了 40 天課，每天一節。這 40 節課不是打包賣的，而是每天都賣。我們每天發的短視頻，掛的就是當天晚上或者第二天的付費直播課連接，每天的課程都不一樣。

40 天下來，現在沙沙直播間的人數已經穩定了。利潤五五分

成，對老師來說挺好的。沙沙這一個帳號，2020 年 8 月賺了六七萬元。現在「園丁匯」很多老師的期待，就是一個月能靠直播賺五千到一萬元。

我們選擇 KOC 的邏輯也很簡單。比如在一個縣城裏，找到原本就被「園釘」覆蓋的學校的老師，或者在快手上招募老師。舉個例子，我們找到縣一中的一位不錯的老師，縣一中通常在當地是比較不錯的學校，這位老師的水平足夠覆蓋他 / 她那個圈層的學生。我們和他 / 她聯合做快手直播課，讓他 / 她在快手上打造個人 IP，並產生一定的收益。

無論是從粉絲量還是從直播間在線人數來看，單個 KOC 肯定比拼不過 KOL，但我們要做到規模化。「園丁匯」2021 年的目標是要做 1 萬個帳號，每個帳號擁有 10 萬粉絲量，直播間同時在線人數達到 100 以上，每個人做到單月 1 萬元的 GMV。

鐵粉生意：「人造貨」而非「貨找人」

現在教育行業的人做快手號，不少還停留在認知的 1.0 版本 —— 如何漲粉。我認為我們的認知是 2.0 版本，主要看直播數據。2021 年寒假期間，我們的直播矩陣實時在線人數接近 2 萬。

這與快手教育生態團隊對我們的輔導有關，也與我們對整體效率的理解以及沉下心來做事的心態有關。我從來不覺得粉絲多就行，很多 100 萬粉絲的老師，直播間裏只有幾十個人。直播間沒人，就沒法變現。

這裏有一個核心的底層邏輯 —— 你到底要做甚麼生意？是經

營鐵粉還是吸引新粉？

教育和電商最大的區別在於，電商賣的很多東西是快消品，每天都可以賣。但教育產品 SKU 更新的頻率沒有那麼快，可能在很長一段時間裏賣的都是同一個產品。

我們觀察到，有的主播的直播間，賣一次課能實現幾萬、十幾萬元的 GMV。但後勁不足，在之後的很長一段時間賣不動。因為他一次性消費了所有的羣體。這是做新粉的生意，要靠短視頻吸粉。

而我們做鐵粉生意是甚麼方式呢？比如一位老師開直播課，每天有 100 個人真正願意花 3 元上課，每天就有 300 元的收入，一個月就有近 1 萬元收入。這 100 個人是每天願意花時間在直播間聽課的人，即鐵粉。

對於一個 KOC 老師來説，我們並不在乎他 / 她有 1 萬粉絲還是 5 萬粉絲，只要直播間能夠保持每天在線 100 人，我們就覺得非常好。看短視頻和看直播的是兩部分人，真正願意在直播間花時間沉下心來聽課的才是真正的粉絲。

僅僅做爆款短視頻是沒辦法把粉絲拉進直播間的。快手的一個真諦，就是粉絲的黏性和信任感強。他們找到了一位自己特別喜歡的老師，願意天天來直播間聽課。

甘露奶奶的粉絲中近 40% 是留守兒童。這些學生每天到直播間裏來，不僅是學習，還有情感的需求。經常有學生在直播間裏説，在學校裏老師不關心他，父母也不在身邊。現在竟然真有一位老師願意叫他寶貝、關心他。所以我們認為，次發達地區的學生是有情感需求的，這恰恰折射出粉絲的黏性。

暑假期間沙沙都是早上七點或八點開直播，開學以後直播間裏的粉絲掉得很快。有一些粉絲反饋説：「老師，我們六點半就要到

校，您能不能 5 點 40 分開始上課。」沙沙就為了這些粉絲早起開播。

為甚麼這麼早開直播，這背後蘊藏着快手不同於其他平台的另外一個真諦。行業內大多數人都在做標準化教育，通過一批人研究出一個中心化的課程，就和電商一樣，是先有了貨再去找買家，到各種平台找用戶，這是投放的邏輯。

但是真正的快手邏輯，就像快手一些大主播那樣，他們是「造貨」：我的粉絲想要甚麼，我要用自己的能力去「造」。我們的邏輯是甚麼？老師講的內容是根據粉絲（學生）的需求來定的。這很顛覆我們的認知。

而且我們統計發現，沙沙暑假裏開的 40 節課，從第一天開課到最後一天結課，一天不落來上課的粉絲佔到 46%。這大大超出我們的預期。很多人認為粉絲是來快手玩的，而不是來學習的。但這個數據恰恰驗證了，快手用戶一旦在平台上發現了一位好老師，是願意持續在快手上學習的。

比如快手上的阿柴哥每天晚上 10 點左右直播。為甚麼選擇這個時間？因為很多廣東省的初中生要上晚自習。他每天晚上 9 點 50 分左右開直播，到 10 點多的時候，直播間就會有三四百人，那個時候大家都下了晚自習，可以來直播間聽課了。

阿柴哥直播間裏的學生，大部分平均分在六七十分，屬於中等偏下的水平。人們很難想像，一個學習成績不怎麼好的學生，下晚自習還會去上網課。這說明甚麼？說明他們喜歡這位老師，不認為上網課是件辛苦的事情。

所以在快手，你首先要有趣，要讓粉絲喜歡你。我覺得快手的真諦是「人造貨」。面對那些真心喜歡你的學生，他們需要甚麼，你就為他們提供甚麼。這就是做鐵粉生意。

用直播重構教育行業鏈條

通常，一家教育機構的銷售轉化過程是怎樣的呢？首先是投放，這是為了實現曝光。不管是各大 App、微信公眾號還是我們在電視上看到的廣告，都是由投放部門來執行的。

投放部門會把用戶拉到 CPA（Cost Per Action，每行動成本）的池子裏去。所謂的 CPA 池子會有幾種形態：有的完全免費，也有先付幾元入羣上課的。只要花很少的錢，就能買幾節課，其實就是試聽。

還有一種方式是表單。比如你看到的刷屏廣告，這就是一個 CPM（Cost Per Mille，每千人成本）廣告。用戶點開以後，系統會讓其輸入手機號。之後會有營銷人員致電，進行約課。這都是精準營銷。

在這個過程中，真正買單的是 CPS（Cost Per Sales，單位銷售成本），就是我們説的花 2 000～3 000 元買正價課程的用戶。這裏面的邏輯在於它需要做銷售轉換。

我們做「園釘」起家，所以不管各種在線教育項目對外怎麼宣傳自己，我們都能看到它們很內核的真實數據。從線索到正價課，轉化率最高只有 20%。有些渠道甚至只有這個數字的 1/4～1/3，即 5%～7%。

像微信羣營銷，原來的模式是以週為單位的，一般週三或者週四開始投放，投放以後會有三到四天的試聽課。銷售團隊、運營團隊就在羣裏等待用戶。累積 5 000 人，開始上四天課，邊上課邊催單。催單即用戶隨便報了一個 9 元的理財課，老師一邊上課一邊勸學生購買正價課程的行為。每家都有自己的銷售話術。圖

6.1 展示的是在線教育項目的投放轉換。

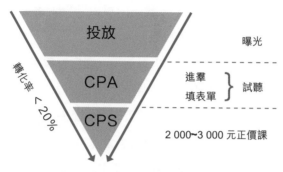

圖 6.1　在線教育項目的投放轉化

　　實際上就是通過試聽課集中了 5 000 人，然後靠三四天的時間轉化出 20% 的正價課程購買者，大概一千五六百單，這是非常漂亮的業績了。這種操作的實現週期都是以週為單位，人力、時間成本都很高，不可能每天都這麼做。

　　但我們的付費直播課實際上是改成賣門票的形式，重構銷售邏輯。60 節的暑假課，一個選擇是將 60 節課打包賣幾百元，這和之前的銷售轉換流程沒有本質區別，還是需要老師有一定的帶貨能力。但教育行業的主播跟服飾、彩妝等主播不一樣，他們是老師，常常拉不下臉去勸學生買課。

　　另一個選擇就是把 60 節課一節、一節地售賣。課程會有一個大綱，但明天講的內容，可能會因為今天的進度而有所調整。相當於賣一間自習室，一節課 3 元就是一張門票。

　　但這種方式有很大的挑戰，要求每天都有高效的銷售轉化（即銷轉）。而傳統的銷轉集中力量一次性賣出去就可以了，它的銷轉邏輯支撐不了 3 元錢一節課的價格。由上課老師、製作團隊、銷售團隊、運營團隊、投放團隊構成的這條供應鏈很長，根本支撐

不了這些團隊的成本。

我們的老師很少拍段子，我們的短視頻看上去都以教學內容為主，有點枯燥，漲粉也比較慢。前兩天我們做了一個爆粉的雞湯段子，但是爆粉的數量對我們來說就是一個虛擬數字，解決的只是曝光的問題，想要有實際的轉化還是要利用直播。我認為直播實際上重構了銷轉過程，所以能實現每天賣，並把價格維持在 3 元。

部分大型教育機構，只是把快手當作流量工具，把用戶往微信群裏引。這和把快手帳號當作微信公眾號，在本質上沒有區別。如果只是把在微信上做的事情在快手上重新做一遍，那有甚麼意義？既然要直播上課，為甚麼要把人拉出去呢？為甚麼不能在快手上課呢？我們要在快手上做閉環。

快手產品邏輯的核心是社區、社羣，我們現在有接近 20 個快手羣，每天在快手做社羣運營。

我們不想只是按照 MCN 機構的路子，簽很多老師，然後在各個地方上課。網紅經濟的核心是帶貨，比如其他教育機構的正價課程、教材讀本。我們只上課不帶貨，不管是試聽課，還是付費直播課、錄播課，都是這樣。不過我們的核心產品是付費直播課，現在園丁匯 80% 的老師都會做付費直播課。

第一，我認為錄播課達不到教學的要求，老師跟粉絲的黏性沒那麼高。你可以去觀察，買錄播課的人數和真正上完課的人數相差很多。沒上完課，意味着他並沒有享受到老師的服務。一定是他買了課、上了課、學到了知識，才會複購。這一點通過付費直播課更容易實現。

第二，錄播課不容易實現粉絲之間的連接，而在直播間裏，粉絲們的互動非常重要。有學習的氛圍，更容易達到課程的效果。

靠甚麼去服務 1 萬個 KOC

我們目前孵化了兩三百個快手帳號，2021 年的目標是 1 萬個。所以現在就要把整個流程做出來，一批批招老師，整個操作像流水線一樣。

如何實現規模化？靠的是我們的中台。以前 MCN 機構服務老師，往往是簽下一個大 V，然後有一個團隊幫他寫腳本、拍視頻、做剪輯。這個團隊少則兩三個人，多則五六個人。平均一個團隊最多能服務 3～5 位老師。如果是明星級別的老師，可能需要幾十人服務他一個。

而我們簽約的是 KOC，我們要去做技術中台。這個中台，要給老師賦能。主要是兩條線，一是粉絲的增長，我們重點關注的是直播間的粉絲數量；二是通過教學實現收入。

我們的孵化流程基本是，用八週時間幫老師將粉絲量漲到 1 萬以上，1 萬到 10 萬的粉絲量則在另外的三到四週內完成。前期的訓練營加上後八週時間，我們會將每週的工作任務拆解出來，便於操作執行。

在快手教育生態團隊的建議下，我們把園丁匯團隊分為六個組，服務於全流程。目前已經組建了五個組。

A 組負責在前端招募老師。

B 組是老師運營組，這是核心，他們每天要跟老師保持溝通，不管是在羣裏還是電話溝通，要告訴老師每天需要做甚麼，有點類似於明星助理。一個人可以服務 40 位老師。

B 組的運營人員，主要是做心理輔導。比如今天哪位老師漲粉情況比較好，就幫他覆盤經驗，探討還有哪些進步空間。或者

有的老師幾天沒漲粉，既需要給他安慰、支持，還要幫他找問題、想對策。但 B 組的輸出，是需要其他組做支撐的。

所以我們就獨立出來一個 B1 組，專門負責腳本庫，不面對老師。這個拍攝腳本庫對老師來說非常實用。我們會幫助老師準備好豐富的拍攝素材。老師可以根據粉絲的數量、帳號所處的階段到腳本庫裏尋找素材。每個腳本都是一個樣本，比如分鏡頭有幾個，今天是甚麼主題，分鏡頭的前 3 秒拍甚麼，4 ~ 7 秒拍甚麼，有甚麼表情要點等，腳本裏全部都有。

老師是真人口播（對着屏幕乾講），還是對着黑板講題，是對着 PPT（演示文稿）講，還是表演式授課，在腳本庫裏都能找到合適的腳本。我們把這些腳本分門別類，老師需要哪一類就到裏面去挑。

腳本庫裏的素材來源有全網的爆款，也有我們自己研究生成的。有些老師不太理解，其實平台的屬性是由算法驅動的。如果沒有那些玩法和互動率的指標，作品是沒有足夠曝光度的，所以要調整視頻的結構，用算法做匹配。

我們也會使用自己的以及別人的作品做數據分析，測算一條作品發佈後，在幾分鐘之內快手的算法就會把它往下一個池子推。我們的視頻指標非常漂亮，一條視頻封面的打開率在 30% 以上、互動率為 10%、漲粉率為 1%。

C 組是直播運營組，負責所有老師的直播。老師不是一開始就能做直播的，而是要達到一定的標準。我們老師的粉絲是比較垂直的，粉絲量超過 6 000，或者是快手羣有 180 人，就可以開直播了。有直播基礎以後，我們對老師進行專門的培訓，再去做首次直播、覆盤，然後正式直播講課。老師加入園丁匯以後，每一

個成長階段都會有相應的團隊配合，按規範流程教他操作。

直播運營要有場控、社群運營、活動策劃，這些都由 C 組負責。直播帶貨需要場控在現場，改價格、造氣氛。在直播講課時，如果場控和老師能同時在現場當然是最好的，但問題是這麼多老師分散在全國各地，導致這一點很難實現。

老師的直播相對來說單純一點，就是上課。所以我們會把一些銷售環節放在公屏上，場控主要就是管理員、助教。

E 組是數據組。我們一個人服務 40 位老師是怎麼做到的呢？這就要依靠中台系統以及數據面板，通過它們可以看到老師的直播數據、粉絲成長情況等。這些實時數據能有力支撐直播運營。

我們還有個負責標準化供應鏈的 D 組，尚在搭建中。現在有些直播間的學員想買老師的講義，這就需要我們去對接印刷廠、物流。圖 6.2 展示了園丁匯針對素人老師打造的運營團隊。

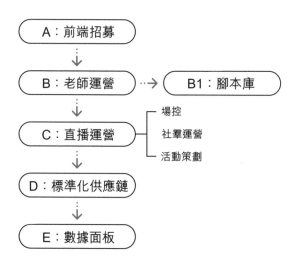

圖 6.2　園丁匯打造素人老師的運營團隊

　　這些就是我們完整的 SOP（Standard Operating Procedure，標準作業程序），是一個完全規範的流水線。快手教育生態團隊成員給我們提供了很多支持，現在的 SOP 也是由我們反覆討論、迭代出來的。圖 6.3 展示了園丁匯招募老師的全流程。

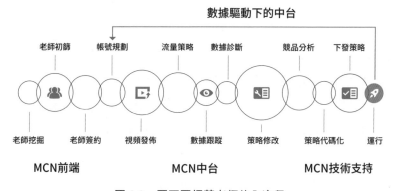

圖 6.3　園丁匯招募老師的全流程

與平台和老師共贏

　　再說到我們和傳統在線教育機構、快手平台以及快手上的原生老師的關係，我認為可以從以下幾個維度去看。

　　第一，從教育的屬性來看，我們做的是在線教育。廣泛意義上，我們與一些老牌的在線教育機構是同一個賽道的競品。但我們走的是不同的路線。在線教育是一個大的品類，我們的模式是不同的，目標人羣是差異化的。

　　前面提到過，我們採取的是「MCN ＋本地網校」模式，不做中心化的教研，不是一個勞動密集型企業，我們通過強大的技術

中台，給廣大老師賦能，與他們形成合作關係，還重構了在線教育的銷售轉化鏈條，降低了獲客成本。

第二，從和快手原生老師關係的角度來說，快手本質上是生態、是土壤，它扮演的角色是比較底層的，它的作用是將用戶在線化。在快手的生態中，我覺得我們和原生老師的邏輯是一致的。

記得第一次給阿柴哥打電話聊天的時候，我發現快手的原生知識主播是很感謝快手平台的，也希望在快手上完成閉環。從平台角度來說，為了用戶的留存，我們都希望在快手平台上完成教學閉環。

第三，從方法論、增長曲線以及整個教學內容上說，我們對原生老師有一定的「侵蝕」。因為他們不具備我們這樣流水線的、規模化的作戰能力。但是很多老師願意同我們合作共贏。

之前我們一直在推廣做單個帳號，現在我們正在籌備做同一個圈層的「拼播」。英語老師、數學老師可以有一樣的粉絲，這樣就變成真正的網校了。接下來我們要做到使每個老師都有兩三百人的付費羣體，疊加去重之後就會有五六百人的付費羣體。

在我們的設想中，一個特別理想的場景是，我們在一個縣裏有一些合作老師，每位老師可能有幾萬粉絲，語文、數學、英語、物理、化學等科目都能覆蓋到。

讓每個學生找到適合自己的教育產品

王旭　園丁匯創始人

要點

- 讓每個學生找到適合自己的教育產品，享受教育的魅力，才是真正的普惠。

- 快手的普惠算法以及雙列邏輯，能幫助草根老師建立自己的小型私域流量。

- 越來越多的低線地區用戶參與到在線教育中來。

編者按：短視頻與直播，無論是作為傳播工具還是生產工具，在創新與效率上都提供了非凡的價值。在教育領域效率提升的基礎上，更加考驗團隊對內容專業度與教學服務專業度的理解。而這個理解的背後，需要「普惠價值觀」做支撐。

因此，快手教育生態團隊與園丁匯的夥伴們聊了聊「普惠價值觀」，並由王旭記錄成文。文章談到了園丁匯對此的理解：是甚麼在支撐並推動着他們，去行動、創新與實踐。

創業後重新理解普惠

前幾年，我們在全國推廣「園釘」時，就已經接觸到很多欠發

達地區的學校和師生，包括鎮上的中心小學，以及更偏遠的村小。有的學校甚至只有一位任課老師、一位生活老師，所有年級的學生混編成一個班。這是的的確確存在的教育現狀。從那時起，我們接觸到了更廣闊的中國教育，打破了很多固有的認知。

我們原本以為，只要給這些地區的學生們提供更好的學習用具、更現代化的信息系統就能夠幫到他們。但在落地過程中，我們發現這些孩子真正需要的，其實是能夠針對他們的不足給予指導的老師。

這是我理解的普惠教育的第一個層面，我們希望有更多的人能照顧到更多的學生，特別是欠發達地區的學生。讓他們享受到和城裏孩子一樣的教育。換句話說，我們想把優質的教育資源推廣到更遠處。

我們剛開始做快手時，是希望能邀請到一羣優秀的老師，利用快手「短視頻＋直播」的形式，把優質的內容分發給更多用戶。但在實際的直播過程中，我們發現了一個超出預期的現象：當我們的老師用頂級名校所謂優秀的教學方法進行教學時，直播間裏的很多學生聽不懂，且不能快速掌握。

我們的老師在備課時，是希望更多的學生考到 90 分，但我們發現直播間裏的孩子只是想從 40 分考到 60 分。

這時就出現了一個問題，我們所謂的「優秀」課程是否匹配所有的學生？

這是我理解的普惠教育的第二層面：並非高大上的教育產品才是最好的，讓每一個學生找到適合自己的教育產品，享受教育的魅力，才是真正的普惠。

快手上的知識主播阿柴哥，因為學生們要上晚自習，每天晚

上 10 點才開始直播。當我看到他的學生粉絲在下晚自習後第一時間進入直播間繼續學習的時候，快手再一次打破了我原有的認知。這些傳統意義上成績不好、學習能力差的「邊緣學生」，會放棄晚上的休息時間進行學習，這是我們完全想不到的。

於是我們發現，好的教育應該是有趣加有用的，讓更多的人對學習本身產生興趣繼而產生持續學習的內驅力，這才是真正的普惠教育。普惠的意義在於，對於普羅大眾，用他們更能接受的方式傳遞知識。有趣加有用，才能夠讓更多的人參與到學習中來。

從供需兩端理解快手的普惠教育

教育分兩端，一端是誰來提供好的內容，另一端是誰來學習。園丁匯在快手教育上的嘗試主要是想從這兩端來體現普惠價值。

第一個方面，教育內容的提供方，在快手達到了前所未有的豐富度。

當我們在快手上尋找原生老師合作時，驚訝地發現快手上已經有大量的老師主播帳號，且能找到任何學段、學科以及使用任何版本教材的老師。這些老師來自不同的圈層，他們利用大量的時間，專心經營自己的快手帳號。

快手的普惠算法以及雙列邏輯，也能夠有效地幫助這些草根老師建立自己的私域流量。快手教育讓這些 KOC 老師享受均等的機會，不再只是明星老師的陪襯，而是給更多的普通教育創作者更多的實惠。

大量草根老師的入駐，也開拓了教育服務的廣度。遵循這一

原則，園丁匯從一開始就將招募對象鎖定在快手原生的草根老師和「園釘」原有的次發達地區的相關老師身上。

來自廣東的老師「於公講語文」，出身農村，從小就喜歡古典文學。以前在學校任教時，出於各種原因一直沒有機會教他最喜歡的傳統詩詞和大語文內容。於是於公在快手開始了自己的教育創作。原本他只是希望利用業餘時間做一回「大語文老師」，圓自己的一個夢，沒想到他的大語文課程一經推出迅速走紅，短短一個月他就已經成為擁有 5 萬粉絲的「大語文名師」了。如今於公已經全職做快手，不僅圓了自己的夢，也讓更多人了解到了古詩詞之美。

另外一端，也就是從真正上課的學生或家長端來看，我們會發現有更多的次發達地區用戶參與到學習的過程中來。

這些用戶在之前可能壓根沒有接觸過在線教育產品，或者接觸過但最終沒有購買正價課程。現在他們通過快手短視頻和直播，接觸到了以直播為交付形式的在線大班課。

我們有一位快手帳號為「飄落無痕」的學生家長，在刷快手時無意間發現了沙沙老師的英語短視頻。沙沙不僅人長得漂亮，講授的內容也都是很難在課堂上聽到的地道英語，於是這位學生家長就變成了忠實的「沙琪瑪」（沙沙粉絲團名稱）。

他還在自己的快手羣、微信羣、QQ 羣裏分享沙沙老師的作品。他曾經說過，希望更多的老鐵看到快手上有這樣的好老師。如今，「飄落無痕」已經成為「清華高圓圓」快手粉絲羣的管理員，成為當之無愧的幾十萬粉絲的意見領袖。他說他還會繼續分享，讓更多的老百姓在快手上找到真正的好老師。

對快手的老鐵們來說，普惠教育的優勢體現在兩個方面：一

方面，他們可以用更低的價格甚至是免費獲取在線教育內容。另一方面，他們可以找到自己喜歡的老師以及他們聽得懂的課程，在快手平台上完成最終的教育交付。

目前，園丁匯老師帳號矩陣的粉絲來源已經覆蓋了全國 300 多個城市。

從園丁匯的粉絲分佈也可以看到，越來越多的低線地區用戶參與到在線教育中來。越來越多「飄落無痕」口中的老鐵，由單純在快手上娛樂轉變為專心、持續地學習。

沙沙應粉絲的要求，將直播時間調整到了早上 5 點 40 分，每天進出直播間的人數已突破 2 萬，同時在線人數峰值已經超出 2 000。

粉絲們每天早上雷打不動的堅持，讓我們發現這批用戶將是未來在線教育市場中的新興力量。快手的算法實現了生態內人與人更好的連接，人、貨、場得到重新定義。

關於普惠教育，園丁匯的一個小目標

我們創建園丁匯，是希望能夠更好地發掘全國各地的老師，幫助他們實現價值最大化。園丁匯的價值觀就是解放天下老師。

在我們看來，解放有三個層面：

第一，給老師提供更好的工具，將他們從煩瑣的日程中解放出來；

第二，我們用更高效的方式，幫助老師分享自己的教學經驗，打造老師自己的獨立 IP；

第三，通過我們的扶持，幫助老師獲得與努力相匹配的收入。

很多草根老師不懂如何製作短視頻以及直播的技巧，花了很多時間拍攝短視頻，卻沒有達到應有的效果。但他們是更懂孩子的一線老師，我們願意為他們的帳號成長、未來變現提供更多的幫助。讓願意付出的人得到相應的價值認可及回報。

未來，我們希望在快手、在我們已經覆蓋的 300 多個城市中，尋找一萬名草根老師，幫助他們成為擁有數十萬甚至數百萬粉絲的教育主播，保證他們的直播間人數可以穩定在 100 人以上，實現穩定收入，影響上億人羣。

讓這些草根老師帶給大家更接地氣的教學方式，更匹配的教學內容以及更親民的產品價格，進一步讓更多的消費者參與到這樣的快手生態中來。讓我們一起努力，讓更多的老師、內容與學生、家長建立起更多的連接，實現更多的夢想。實現真正的普惠價值。

第七章
直播 + 珠寶

- 在實體店銷售模式下，翡翠加價率比較高，誇張的甚至高達 10 倍。而直播正在讓翡翠的價格越來越透明。本章以廣東四會為案例，看直播如何給傳統翡翠行業帶來新機會。

本章篇目

廣東四會：
玉石珠寶的不夜城

要點

· 直播改變銷售鏈條，讓價格變得透明。消費者可以在直播間買到真正的源頭好貨。

· 四會從走播、坐播，逐漸發展成以店播為主，並且出現了企業化運作的商家。

· 翡翠直播帶動了四會的就業，也促進了消費。

初入南粵小城四會調研，新鮮又陌生的詞彙總是從訪談者的嘴巴裏蹦出來 ——「米櫃」、「貨主」、「約號」、「玻璃種」、「綠貨」、「毛貨」……它們或是翡翠行業約定俗成的術語，或是翡翠直播催生出來的新職業、新現象。

四會位於廣東省肇慶市，有「玉器之城」的稱號。這個離廣州白雲機場只有一個半小時車程的縣級市，是全國最大的玉石翡翠加工集散地，年消耗緬甸翡翠玉石原料的 70%，翡翠玉器產量佔全國總產量的 80%。

隨着直播時代的到來，四會又被稱為「玉器直播之城」。早在

本文作者為快手研究院研究員楊睿，研究助理甄旭。

2016 年，就有一些年輕人拿着手機在四會各大翡翠批發市場的檔口穿梭，幫粉絲向攤主砍價，迅速實現購買。隨着直播生態逐漸演化，四會萬興隆翡翠城的創始人方國營看到了商機，在萬興隆北區打造了一座直播城，使四會翡翠產業帶接上了直播快車道。

對於玉器和直播，人們會有很多疑問。比如，世上沒有一模一樣的翡翠，每一件翡翠都是孤品，所以人們常說「黃金有價玉無價」。而很多人理解的直播電商，常常是與批量、爆款畫等號的。那麼，與爆款思維幾乎不沾邊的翡翠行業，是如何站在了直播風口之上的？

此外，翡翠被大眾貼上了「昂貴」的標籤。到底是甚麼樣的人會在直播間裏買這種高客單價的商品？為甚麼直播間裏翡翠的複購率那麼高？粉絲與主播之間為何能夠形成高信任度？為甚麼是四會？翡翠直播對生產、銷售鏈條又產生了甚麼樣的影響？

讀完以下的一組訪談，或許能夠解惑。這裏先做個提煉總結。

一塊翡翠所攜帶的信息量極大。光是看種、水、色，就非常考驗眼力和經驗。進入玉器批發市場，人手一支像筆一樣的手電筒，可以射出強光。行家要靠打燈來看翡翠的完美度，如「種水」怎麼樣、透不透亮、裏面的棉多不多、帶甚麼顏色、有沒有紋裂等。在傳統圖文時代，一張照片甚至是一段視頻都無法承載如此大的信息量，但是直播可以實現。

直播降低了翡翠交易中的溝通成本。四會的翡翠行業曾經歷過微商時代，到現在還有很多人在做微商。但微商在與檔口攤主砍價、買家買貨之後的打款、退貨的過程中，很難做到與買家實時溝通。在直播間，主播就是粉絲的代言人，幫粉絲與貨主砍價。粉絲對某一款產品心動，可以直接讓主播拿起來對着攝像頭「打

燈」，想要就扣「1」。

　　直播降低了進入翡翠行業的門檻。一個人、一部手機就可以做直播。從銷售到發貨再到售後，一個人就可以完成全部流程。這對很多翡翠行業的傳統人士來說是無法想像的事情。原先要想進入翡翠行業，要麼是先當學徒三五年後再一步步拼事業，要麼是手握資金入局。但現在，無數兩手空空的年輕人憑着一腔熱血就能入行。

　　直播改變了銷售鏈條，讓價格變得透明。也許不少讀者有過在實體店買翡翠的經歷，發現品質好一些的翡翠往往價格不菲。實際上，翡翠從原石到成品，要經過工廠、四會「一批」市場、廣州華林「二批」市場、實體店，才能最終觸達消費者。這中間每增加一個環節，價格往往就要翻倍。現在，直播幾乎砍掉了全部中間環節，鏈條變為原石→工廠→貨主→直播間→消費者。直播讓翡翠的價格變得透明（見圖 7.1）。

　　這就可以解釋為甚麼四會的直播生態會如此火熱。四會作為全國翡翠加工的源頭，有着絕對的性價比優勢。快手主播麗大拿的個人經歷充分說明了這一點，她最早在義烏拿貨，後來發現廣州貨源多、質量好。之後偶然登上了一輛開往四會的班車，發現了一片更廣闊的天地。

　　直播讓翡翠行業的可見度更高了。目前在直播間，毛貨可以播，拋光的過程可以播，甚至是更上游的原石交易都可以播。翡翠行業鏈條更上游環節的可見度大大提升了，翡翠也漸漸被更多人看見。我們在調研中發現，很多做直播的人都是翡翠行業的新人。他們也是看了直播之後覺得這個行業利潤高，才投身其中的。可見度還體現在打破商家既有的社交圈層上。就像一位四會主播

所説的，「微商只能接觸到他的微信好友，這是一個私域的閉合空間。而直播可從公域獲取客流，天南地北的人都能進入直播間」。

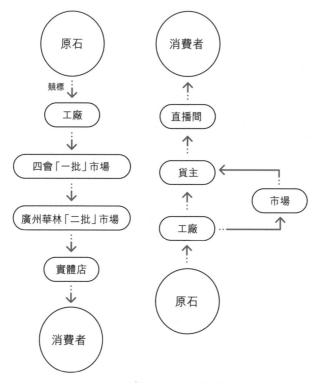

圖 7.1　直播改變翡翠銷售鏈條

而且，直播提高了翡翠的滲透率。以前翡翠都是在大城市的實體店、專櫃賣。現在直播面向全國用戶，讓很多原本接觸不到、買不到翡翠的地區的人也能買到翡翠。即使是在實體店，能看到的貨品也是有限的，但直播的 SKU 相比實體店的款式成倍增加。

走播、坐播、店播三浪疊加

　　四會有 13 個玉石交易中心，直播最火熱的在天光墟、玉博城以及萬興隆一帶。不管是在不起眼的小巷子裏，還是在時尚的高樓中，都藏着直播間，還有密密麻麻分佈着的鑲嵌店、做加工的小作坊。這一帶的直播業態，可謂是走播、坐播、店播的三浪疊加。

　　天光墟，是四會地區最著名的玉器批發市場之一，目前白天賣翡翠成品，晚上賣未拋光的毛貨。天光墟市場裏分佈着一個個檔口，翡翠就擺在米櫃上。所謂米櫃，就是一個一米長的櫃台。攤主坐在櫃台裏，客商可以在不同的檔口間遊走。

　　在天光墟市場裏，還能看到走播，即主播手裏拿着手機，向粉絲們展示自己在檔口間找貨的過程。遇到心儀的玉器，就停下來把玩一會兒。主播用鏡頭對着翡翠，利用燈光照翡翠看它的通透性。有粉絲心動，再跟檔口老闆講價。

　　走播是翡翠直播最早的形式之一。一些主播回憶，最開始走播時，很多檔口老闆並不歡迎。當主播拿手機拍人家貨的時候，檔口老闆會說：「你來這裏拍啥啊？」漸漸地，老闆們發現主播真的能出貨，便從一開始的冷眼相看，轉變成後來的被主播牽着走了。

　　經過時間的淘洗，這樣的散兵游勇現在已經不多了。

　　還有一種形式是坐播。我們在天光墟旁邊的金翠寶翡翠玉器城，看到了至今還保留着的坐播模式。坐在米櫃裏的人是主播，貨主坐在主播的對面。從走播到坐播，其實就是從「主播找貨」變成了「貨主供貨」。

　　走播轉坐播也與粉絲的體驗感有關。走播時，主播的鏡頭晃

來晃去。而且主播在檔口播，可能能賣出貨，也可能被檔口老闆趕走。這樣消費者的體驗就不好，他們會抱有「我買回來的東西會不會有質量問題」的想法。坐播則是一件一件地「過」，消費者可以慢慢看。相對走播來說，坐播會讓消費者更有信任感，也能更直觀地看到貨，時間上也更充裕一點。

另外一種就是逐漸從坐播演化而來的「直播間＋貨主供貨」模式，現在四會 90% 的直播都已經演化成了這種模式。快手在四會的服務商之一 —— 萬興隆直播基地裏密集分佈着固定的直播間和主播，貨主通過「約號」的形式給直播間供貨。如果說杭州的供應鏈基地、直播間和貨是固定的，等待主播來做專場直播，那麼在四會則是主播和直播間是固定的，貨主和貨是移動的。

這種類似店播的直播間，流量相對穩定，淡化了主播的人設，更多是靠產品取勝。

主播一般是拿着貨主的一盤貨，一件件地賣。貨主就坐在主播對面，主播會跟貨主砍價。直播間裏如果有粉絲喜歡這一款，可以根據主播給的「暗號」輸入。例如主播說「喜歡的扣 1」，粉絲就在公屏上輸入「1」。接着，主播就會在一張小卡片上寫出最先「扣 1」的粉絲姓名、寶貝價格。並用游標卡尺當場測量尺寸，把厚度、長、寬、高等詳情寫在卡片上。如果是戒指或手鐲，還要注明圈口。等粉絲付款後，再發快遞寄貨。

四會有大大小小成千上萬的貨主給各大直播間供貨，直播間負責銷售，所有的貨品、退貨都由供貨方來解決。貨主往往白天在工廠、市場拿貨，晚上就到直播間去播。

哪個直播間主要賣掛件、哪個賣鑲嵌、商品主要銷往哪些城市，大多數的貨主心裏都清楚。不清楚的貨主也可以通過掃描直

播間門口豎着的二維碼，加微信進行了解。有些貨主是發產品圖片，有些是直接拿貨到直播間諮詢。如果直播間看上了貨主的貨，就會給他安排檔期。

翡翠一般被製成掛件、吊墜、鑲嵌、手鐲、戒指等。通常某個直播間賣的貨都是有它自己的風格和標籤的。還有用低、中、高貨去定性的，每個直播間都會根據自己的粉絲固化產品線。例如，賣「高貨」的直播間如果突然賣「低貨」，粉絲往往會看不上；賣「中低貨」的直播間如果進了一些「高貨」，也會賣不動。

一些企業化運作的公司，現在已經設立了主播培訓、售前、售後、物流部門，還有專門負責拍段子的新媒體部，負責對接貨主的市場部等。這樣的公司日發貨量往往很大，會跟物流公司統一談價格，因此有價格優勢。

從粉絲在直播間拍下寶貝的那一刻起，直到它在物流部門被快遞小哥打包發走，公司全程都有攝像頭監控。這是因為翡翠比較貴重，需要確保一旦出現失誤可以釐清責任。

直播催生翡翠行當新職業

「四會這裏的年輕人，現在站在歷史前所未有的風口上。」萬興隆直播基地負責運營的沈立帶我們在直播城參觀時，突然說出這樣一句話。在基地裏，時不時傳來直播間裏主播與貨主砍價的聲音。直播間門口最常看到兩類易拉寶，一是招聘廣告，一是約號二維碼。

四會因為翡翠直播，產生了很多新職業 —— 主播、貨主、助

播、客服、運營⋯⋯

稍微具備一些翡翠行業的知識，就可以去應聘做主播。貨主懂貨，會告訴主播如何鑒賞他的貨，包括賣點。也有些直播間會對主播進行培訓。沈立說，主播一個月的薪水是一萬元起步，根據銷售業績還有提成，播得好的主播每個月至少有兩三萬元收入。

四會聚集了五湖四海的人。快手主播「海豐珠寶」（截至 2021 年 1 月初，粉絲量超 140 萬）是吉林人，原先是開挖掘機的。2017 年，他到雲南瑞麗做翡翠直播，在快手上發了自己和緬甸人砍價的段子，上了熱門，粉絲量也漲了上去，從此進入翡翠行業，現在他來到四會掘金。快手帳號「旺旺翡翠」的老闆王志是湖南人。2016 年他聽說老家人賣翡翠賺了錢，就跑去了雲南，2018 年 4 月到四會，開了自己的快手帳號，慢慢有了自己的團隊。像這樣的年輕人還有很多。

貨主也是一種新職業。他們就像翡翠獵人，在工廠、各大市場間穿梭淘貨，用犀利的眼光評判翡翠的價值、殺價，拿下自己心儀的貨品，然後再供給直播間。一個優秀的貨主，要做到「懂貨、懂價、懂行情」。

貨主手裏的貨撐起了四會的大小直播間。某種程度上，貨主也在幫助直播間承擔壓力與風險。貨主要有資金實力，如果直播間賣不出去，貨就會壓在手裏。所以除了要有專業眼光、會砍價，貨主還要能敏銳判斷消費者的喜好。

四會的直播行業工資比一般行業要高出很多。舉個例子，餐廳的服務員收入大約 2 500 元 / 月，主播底薪大概在 10 000 元 / 月，客服也有 4 000 元 / 月以上的工資。

沈立介紹，萬興隆直播基地現在有 300 個直播間，直接、間

接帶動了數萬人的就業。以快手主播「旺旺翡翠」為例，2017 年他們剛來四會時只有夫妻兩人，現在已擴至 50 人的團隊，其中有十幾人是主播、十幾人是客服。一些已經完全企業化運作的直播間，其團隊規模已經達到數百甚至上千人。

快手服務商在拉動新人入駐快手（拉新）的過程中發現，相比之下，也有一些上了年紀的大檔口攤主，不大容易接受新的業態，不知道該怎麼做直播，意願也不大強烈，疫情期間生意冷冷清清的。

翡翠「出圈」促進新消費

四會的直播經歷過不同平台的迭代。2020 年，四會直播更是進入「羣雄割據」的局面，各大平台紛紛看好翡翠直播的潛力，選擇進駐四會。除了綜合性平台，還有更加垂直的翡翠直播平台。

沈立介紹，2017 年之前，四會直播主要銷的是「庫存貨」。雖然幾十元很便宜的東西也是翡翠，但在行內人看來品質不夠好。因此剛開始時的客單價只有幾十元。

隨着直播賣貨的火熱，短短幾個月，翡翠的品質提升了，客單價提高到幾百元。現在平均已經過千元了，有的快手商家的平均客單價已經過了 4 萬元。

隨着消費者品位的提升，翡翠的款式變得越來越多樣，更新的速度也在加快。直播加速了翡翠的流通和款式的更新，商家會根據市場需求做出反應。貨主這一角色也在加速這種更新，因為他們最頭痛的是壓貨，所以需要敏捷地捕捉趨勢，挑選最符合直

播間粉絲口味的貨品。

為了滿足消費者新增的需求，更高性價比的翡翠被開發出來。以前流行賣體現山水意境的翡翠，現在越來越多的粉絲願意買幾百元的翡翠做小飾品，翡翠正在融入老百姓的生活。

在實體店銷售時代，只有有限的人了解翡翠，但直播正在讓翡翠「破圈」，連接起了翡翠和潛在的消費者。快手主播麗大拿以前在杭州開實體店，那時她的客人基本都是本地人。但現在她的粉絲遍布全國，甚至還有國外的客戶。

以前大家通過實體店購買翡翠時，一個店舖同一時段頂多容納二十幾個人，但直播間可以有上千人。原來在實體店買不起價值幾十萬、幾百萬元翡翠的人，一旦接觸直播的新渠道，發現有適合自己支付能力的翡翠，可能就會下單。因為直播間有實體店拼不過的性價比。

而且，實體店的價格、款式、SKU 都跟不上直播間的節奏。流行趨勢還會隨着季節發生變化，比如對北方客戶來說，秋天已經比較冷了，鑲金的翡翠貼着皮膚比較涼，所以鑲嵌翡翠就不好賣。

四會翡翠直播現在也出現了一些新趨勢。原先扎根在雲南的達人型主播也開始往四會跑。

一方面是因為 2020 年 9 月 13 日，瑞麗市發現兩名輸入性新冠肺炎患者後，雲南玉城市場暫時關閉。此外，因為緬甸疫情嚴重，公盤（玉石原料集中公開展示，買家自行估價、出價、競投的投標過程）延期，新料進不了中國，原先在瑞麗的主播極度缺貨，所以跑到四會來找貨。

另一方面，也有主播發現四會翡翠的性價比要比瑞麗高。物

流也是一個因素。有從瑞麗遷往四會的快手主播介紹，四會的物流比瑞麗有優勢，物流價格只要 2.7～3 元／單。

　　或許是因為到四會來的達人越來越多，有了信息的交流與碰撞。現在，四會的直播基地、翡翠商家也開始考慮做標品。

　　快手在四會的另一家服務商——國際玉器城直播基地，也打算建一個選品中心，不單是翡翠，還包括玉髓、瑪瑙、和田玉以及寶石、莫桑鑽、金鑲玉、銀鑲玉等種類。以標品為主，配有直播間或場景化空間，達人來了之後只需要直播，後續的工作完全由選品中心負責。

萬興隆直播基地：
線上與線下的融合

要點

· 作為翡翠產業帶的服務商，萬興隆直播基地肩負着服務產業帶、孵化商家、規範線下商家行為等責任。

· 萬興隆翡翠城在傳統市場時代就開始嚴打假貨，為之後規範直播電商的經營打下了基礎。

· 萬興隆翡翠城開闢了一座直播城，為商家直播搭建物理空間。

· 2019 年 8 月，「快手翡翠產業帶基地」在萬興隆掛牌成立。

　　萬興隆直播城屬於從線下批發市場成長起來的一個物種。這種位於產業帶的直播基地，需要將線上開直播的商家在線下管理起來。

　　針對翡翠這樣「賭性」大的行業，需要專業的眼光進行鑒定，監管存在一定的難度，因此好的市場可以起到規範商家、打擊假貨的作用。傳統的批發市場時代已經具備了這樣的功能，現在是將服務「從線下延續到線上」。

　　四會的直播生態不是一天建造起來的。萬興隆作為翡翠行業

本文作者為快手研究院研究員楊睿，研究助理甄旭。

最早的直播基地之一，「產業帶＋直播基地」的成長是一步一步的，先是以開放的心態容納直播這種新生事物，然後為直播創造了更好的物理空間，實現線上與線下的融合（見圖 7.2）。

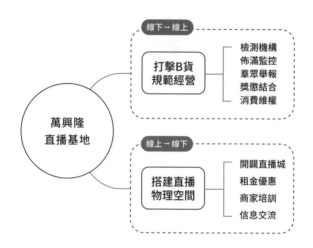

圖 7.2　萬興隆直播基地作為產業帶服務商所具備的功能

◎　以下為萬興隆直播基地創始人方國營的講述。

萬興隆市場的起源

　　我是福建莆田人。莆田是全國工藝之鄉，我的祖輩都是做木雕的。20 世紀 90 年代，我父親那一代人便結伴來到四會建立玉雕加工廠。從那個時候起，我們福建人就在四會生根發芽了。

　　我是 2001 年來到四會從事翡翠雕刻工作的。當時四會在全國的玉器加工產業裏是比較活躍的。這裏的翡翠加工廠比較多，很多雲南人買了原石後都帶到四會來加工。廣州人也會到四會來買毛貨（成品未拋光之前被稱為毛貨），再從廣州賣出去。

翡翠之所以令人着迷，是源於它的每個環節都充滿了「賭性」。做工廠的就賭切料，工廠加工完的毛貨，要賭拋光之後成色在甚麼位置、屬於甚麼樣的級別。有的毛貨拋光完「水」沒起來，就輸了。這些都要靠專業眼光去判斷。

2003—2008 年，翡翠行業逐漸進入發展階段。就跟今天做直播電商一樣，市場需求旺盛，利潤也高。不過那時要比現在輕鬆許多，我們將翡翠原石買回來只做簡單的設計，就等着客戶下重金訂走。所以我們很年輕時便積累了第一桶金。

中國市場上的翡翠絕大多數產自緬甸，緬甸每年有三次公盤。原石從緬甸被拍賣後在中國做二次公盤，二手轉賣後價格會變高。好的料子先到揭陽、平洲，剩下的才會到四會做加工。所以沒去緬甸之前，我們投標拍賣的翡翠原石大多來自佛山平洲。

我應該算是第一批帶着福建老鄉去緬甸買原石的人。2004 年，我自己先去緬甸踩點。覺得不能一個人悶聲發大財，就喊老家的人一起去。當時通信特別不靈通，「全球通」都用不了，只能在緬甸當地打座機，我記得一分鐘就要 8 美元。最多一次我帶了 21 個家鄉人去緬甸買翡翠原石，當時還是在緬甸租了輛中巴車領着他們去石場的。

大夥兒到緬甸的翡翠市場後，那種開心真是沒法形容，因為那時候緬甸的翡翠非常便宜，那些冰種（翡翠分豆、糯、冰、玻璃種，品質依次遞增）一公斤才 1 500～1 600 元，隨便買回來都能大賺啊！現在的價格飆得厲害了，每公斤冰種起碼得好幾萬元。

國內的翡翠市場真正進入高速發展階段是在 2008 年之後，當時翡翠行業基本上沒有賣不動的情況。只要你切石頭，買家就會主動到你家門口排隊。到 2012 年，行業已經基本發展成熟，光

是在四會的福建人就有 3 萬多，福建商會是四會從業人員最多的
商會。

當時在四會，天光墟是最大的批發市場。儘管它的市場硬件
有待加強，但由於其歷史久、地段好、客源大，所以大夥兒都拼
命往裏鑽。因此經常會引發攤位和租金的矛盾。

我們福建商會就醞釀要開個新賣場來緩解矛盾。經過緊張的
謀劃和選址，2012 年底，萬興隆的市場項目地址敲定了，而且在
商會同仁都到齊的情況下，僅管理過幾十人、沒有任何專業市場
運營經驗的我被推上了萬興隆翡翠城創始人的位置。我從一個雕
刻師被「逼」成了二房東，硬着頭皮去專心經營這前途未卜的大
市場。

打擊 B 貨、規範經營

當時萬興隆附近只有一個毛坯樓，除此之外甚麼都沒有。以
前這個地段很偏，都沒甚麼人，大家都往天光墟、玉博城的方向
走。圖 7.3 展示了四會市翡翠批發市場、直播業態分佈情況。

當時翡翠的行情特別好，奸商暗地裏兜售翡翠 B 貨（假貨）的
現象也比較猖獗。四會出現的翡翠 B 貨問題還曾被主流媒體曝光
過。打假治假成了四會翡翠行業的首要任務。當時我主動向四會
市政府提出，由萬興隆做主體背書，公開做出「全場 A 貨，假一
賠十」的誠信經營承諾，只要在萬興隆翡翠城內買到 B 貨，就由
市場作為第一責任人，給受害人十倍的賠償。

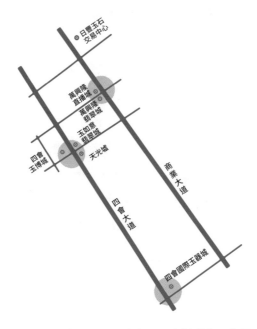

圖7.3　四會市翡翠批發市場、直播業態分佈圖

　　很快，四會市政府就給了我們正面的回應和支持。為謹慎起見，當時有關部門給我們批了一張為期半年的臨時個體營業許可證，規定如果我們在半年內有違承諾，就關閉萬興隆。

　　我們福建商會在四會發展這麼多年，有很高的社會地位和行業口碑。2012年10月8日我們開始招商，10月10日就招滿了。商戶大多是福建籍的，一共有1 000多商戶交付定金，我們收了1 000多萬元現金。

　　2012年12月1日，萬興隆開始裝修。從那天起我就一直駐紮在工地，忙到市場裝修完工。那年春節，我人生中第一次沒有回老家過年，大年三十的早上我還在工地上忙。2013年3月3日市場正式開業，從頭到尾只用了三個月。

商家招來了，客流從哪裏來呢？那個時候還不流行「流量」這個詞，我們想的就是攬客。

我當時想，四會是一級批發市場，主要做成品、半成品的批發。我們 80% 的貨是賣給廣州華林國際的商家。所以我們應該從源頭引流。於是我們斥重資開通了一趟從廣州華林直接到四會萬興隆的班車。每天凌晨 1 點 10 分開始發車，一天 27 班。從 3 月到 6 月，只要是從華林拉到萬興隆下車的乘客，全部免車票。

但有的人乘車到四會，就是為了到天光墟拿貨。為了省 25 元的車票錢才坐我們的免費班車，下了車還是會走到天光墟去。我就想了個辦法，在萬興隆大門口派送早點，饅頭、豆漿、油條、肉包子，免費供應。

商家招來了，客流也有了，下一步我們要信守承諾打擊 B 貨。

一開始我們就碰到很多麻煩。由於當時管理經驗不足，被個別奸商鑽了空子，有客戶在我們市場裏買到 B 貨，為此我們也真的賠了人家一百多萬元。

後來我們成立了市場管理黨支部，給商家開會。因為市場裏五湖四海的攤主都有，我們就按地域劃分，讓他們自己挑選黨員到黨支部來做調解委員，告訴他們絕對不能在市場裏魚目混珠。做得好的商戶，在萬興隆開檔口可以免租金，開多久就免費多久。

我們整個市場都佈滿了監控，有 600 多個攝像頭。除了洗手間，幾乎所有地方都可以拍攝到。我們做出了一條規定，如果客戶在萬興隆買到 B 貨，不僅要對商家進行違約處理，還要將其售假行為公開曝光，這對商家來說是很沒面子的事情。

我們還發動檔口商家互相監督。因為我們市場中的一些檔口

上下午分別由兩個不同的攤主經營。他們中午 11 點換班，就有人瞅準換班的空隙來賣假貨。由於流動性大，不容易被發現。我們就發動羣眾監督、鼓勵檢舉，經檢舉查實，賣場就獎勵 3 萬元給舉報人。

一邊有高額獎金，一邊有嚴厲的措施。實行這種管理模式之後，整個市場開始變得誠信經營了。經過這麼多年的沉澱，萬興隆成了公認的無假貨市場，現在四會市面上也基本沒有 B 貨。

2014 年底，翡翠行業達到發展頂峰。我又擴招商家到 5 600 多家，4 萬平方米的市場全部爆滿。

直播基地的成長

2015 年，翡翠行業的實體店經營開始走下坡路。當時我看到很多人在做微商，就建議我們市場裏的攤主也要抓住機遇。但翡翠這個行業很奇怪，哪怕顧客在攤主這裏買了一年的貨，攤主都不知道客戶的名字和電話號碼。不管你買不買，總之不能賒賬。

我們每年 4 月開商家大會，有 1 000 多人參會。我給他們建議說：「微信不是用來刷朋友圈、看段子的，你們一定要在微信上做生意。」但大部分的攤主還是在用手機看電視劇、聊天。不過也有人聽取了我的建議，把微商做得非常好。

2016 年翡翠行業繼續下滑，我們翡翠城分南、北兩個區，南區市場還比較穩定，北區市場商戶敗走離去的情況非常嚴重，就剩下幾家商戶。無奈之下我只好把北區一部分區域分割出來做農

貿市場、超市。

當時萬興隆附近開了一家洗腳城,生意挺火的,每個月都能賺兩三百萬元。有朋友勸我將北區也改造成洗腳城。說實在的,當時我有點心動,但糾結幾天後還是放棄了這個想法。因為我是個雕刻工藝師,是個珠寶商,去開個洗腳城,人設有點崩塌。所以北區市場的很多區域就繼續空着。

2016年下半年,我在市場裏看到有人拿手機直播。當時真有一種耳目一新的感覺。因為作為傳統的奢侈品,歷來進入翡翠行業一般只有兩種途徑,一種是做學徒,然後從小工廠小老闆慢慢做起自己的事業;另一種就是自己家很有錢,直接拿幾百萬過來投資。但這些年輕人拿着手機在市場裏走來走去不斷砍價就能賣翡翠,真的顛覆了傳統觀念。

經過一段時間的觀察,我發現這些拿着手機做直播的人流動性很強,沒有固定的經營場所。這種「打一槍換一個地方」的做法,很容易引發經營方面的風險。試想一下,一個不相識的人拿着一部手機賣貨,賣出去的貨品質量怎麼保證?售後服務怎麼辦?貨主的貨款安全如何保障?這當中存在着信任背書等一連串亟待解決的問題。

但我感覺直播可以做,而且是下一個風口。因為直播比微商更直觀。微商展示的只是圖片,還有一些文字詳情和價格,其他內容展示不了。即使發了貨,也會有貨不對辦的情況,或是退了貨不還錢的情況,狀況百出。微商的溝通成本特別高,但是直播是可以直接溝通的。

2016年下半年,各大直播平台開始火熱。但貨品供應的信任通道還沒打開,很多商家對直播心存戒備。我就出面對商家說:

你大膽把貨拿給主播賣。如果他跑了，你找我，我擔保。

接着我們跟主播談，你們沒有固定的地方開播，很難取得供貨商的信任，我們萬興隆劃出 1 千平方米區域免費提供給你們。你們就在攤位前坐着播。但你們要把身份證、營業執照都發給我，要交押金，還要持證上崗。就這樣，那些曾經的走播轉變成了坐播，這也是直播間的雛形。

2017 年，做直播的人越來越多。我們就把原來做農貿市場、超市的那棟樓開發成了直播城。很多人剛過來時租金都交不起，我們也是半租半送。結果一年下來我們非但沒賺到錢，還貼進去 100 萬元租金。當然，全國各地很多直播商家聽説我們的支持力度很大，就選擇搬遷過來。

現在萬興隆直播城被隔成了一個個直播間，因為大家聚在一起播會很吵，而且這樣看起來會規範一些。直播城商家集中，貨主就集中了，貨主在一家直播間播完了就去下一家播，很方便。萬興隆翡翠直播的生態一下子就變好了，也完整了。

「產業帶＋直播基地」新模式

我們萬興隆可以算是全國首家翡翠玉石「產業帶＋直播基地」。

淘寶直播剛做起來時，我們就給淘寶官方寫了封意見書，希望他們能到四會來掛一塊基地的牌子，完善線下服務。當時我們還沒有基地、服務商的概念。

當他們收到意見書後，把後台數據調出來一看，發現這裏的成交量、客單價、轉化率、播出時長等數據竟然都這麼高。

2018 年淘寶派人來四會，看到這裏竟然有這麼多人在做直播。賣翡翠就像賣白菜一樣，一部手機、一個人就可以做直播。他們覺得不可思議，認為這種生態應該推廣。這種新零售模式，就是他們一直在尋找的「產業帶＋直播基地」的案例。

2019 年 8 月，「快手翡翠產業帶基地」在萬興隆掛牌成立了。截至 2020 年 10 月，萬興隆入駐快手基地的商家有 700 多戶。

我對「產業帶＋直播基地」的理解，就是如何將產業帶中的產品更直觀地展現在消費者面前。

由誰來做產業帶的直播基地？可以由市場、平台、政府三方主導，成立一個地方產業帶機構，來服務產業帶、孵化商家、規範線下商家的行為，包括售後、信任背書、規則制定等一系列功能。

我們的身份變成了線上平台在線下的管理者。比如快手直播很難直接面對千萬商家，那麼我們直播基地就按照以前線下管理的方式全部在線上走一遍，幫助快手更好地管理商家。

現在我們基地的大多數商家都是四會的，完成 90% 以上的 GMV，只有少數是外圍商家。商家只有待在基地，我們才能管控得住。如果有的在雲南、有的在湖北，那樣不現實。我們只招大家認可的商家。

此外，我們還要努力把流量和服務做好。比如我們會幫助直播間對接一些供應鏈。

我們在 2017 年還成立了電商協會，並制定了直播經營中必須嚴格遵守的各項規則。

目前，我們把萬興隆定位為孵化新商家的搖籃。這裏聚集的是一些中腰部、尾部商家，以及小的、成長型的直播間。萬興隆

的生態可以很好地滿足這些小型直播間的生存發展需求。例如，
貨主早上可以在萬興隆市場拿貨，然後去各個直播間約號，晚上
就能直播賣貨。一個小型直播間，一晚上可以約到好多位貨主，
輪流賣貨。萬興隆的貨品資源集中，對新商家的成長很有優勢。
這也是我建立直播城的一個初衷。

翡翠這種非標品在直播的時候只能一件一件過，我也在思考
能否將翡翠做成低客單價的標品，能否和老鳳祥、週六福這樣的
大品牌合作做品牌直播。

總而言之，以後市場會更加細分。在珠寶品類中，做低客單
價的標品，走達人路線比較好；像莊家翡翠這種高端產品，流量
也不需要太大，只需要與需求方精準結合。

未來平台的規則會越來越完善，我個人認為在現有的直播模
式中做得比較好的還是店播模式。但商業模式還會不斷變化。在
我看來，翡翠直播還處於一個「種草」的階段，將來客單價會越
來越高，當主播和粉絲產生巨大黏性的時候，未來還是會走向私
域的。

快手十年

◆ **2021**
2 月 5 日，快手在港交所掛牌上市，股票代碼為 1024。

◆ **2020**
截至 2020 年 9 月 30 日的九個月，快手中國應用程序及小程序平均日活躍用戶數達 3.05 億。

◆ **2019**
8 月推出快手極速版。
以商品交易總額計，快手成為世界第二大直播電商平台。

◆ **2018**
平均日活躍用戶數在 1 月份突破 1 億。
開始發展電商業務。

◆ **2017**
以打賞所得收入計，成為全球最大直播平台。

◆ **2016**
推出直播功能。

◆ **2013**
轉型為短視頻社區。

◆ **2011**
推出 GIF 快手，供用戶製作並分享 GIF 動圖。

2017-2020年
在快手上獲得收入的人數

2020年上半年

2 000
萬人

2019年

2 300
萬人

2018年

1 800
萬人

2017年

600
萬人

○● 2014 年快手的辦公室：清華大學南門附近華清嘉園的一套三居室。

○● 2015 年，快手搬入清華科技園的新家後，大家一起吃火鍋。

○● 2021 年 2 月 5 日上午，快手在位於北京的總部舉行上市雲敲鑼儀式，
6 位快手用戶敲響開市鑼。

○● 2021 年 2 月 5 日上午，在雲敲鑼儀式現場，快手創始團隊切蛋糕慶祝。

○● 2020 年 7 月，臨沂主播陶子在杭州愛潮尚基地做直播，當晚賣了 6 萬多單、500 多萬元。

○● 2020 年 9 月，快手研究院在杭州舉辦快手公開課。

○●杭州九堡的新禾聯創園區聚集了大量直播基地、供應鏈機構。薇婭從這裏發跡。

○●杭州四季青服裝批發市場被稱為「中國服裝第一街」。

○● 2020 年 9 月，武漢一家快速反應工廠的製衣車間。

○● 2020 年 6 月，位於陝西省武功縣的西北網紅直播基地正式啟動。

○●四會翡翠直播經歷了走播、坐播、店播三個階段，一些玉器城仍保留著坐播的形式。

○●主播實時展示翡翠的通透度，測量玉器尺寸。直播做到了圖文時代做不到的事。

○● 2020 年 8 月，主播「MIMI 童裝源頭工廠」在上海的森馬集團總部做專場直播。

○● 扶貧書記張飛通過直播讓雲端美景被看見。攝影：呂甲

03 直播
時代

第三部分
快手生態（上）：
基礎設施快速更新

第八章
搭好平台基礎設施

- 快手電商與其他電商平台有何區別？
- 粉絲少的商家如何漲粉賣貨？
- 品牌如何在快手建立私域陣地？

本章篇目

快手電商是甚麼

笑古　快手科技高級副總裁、快手電商負責人

要點

- 電商是從快手用戶的社區生態中自然生長出來的，快手順應用戶需求，對交易進行規範，提供了快手小店、小店通、分銷庫、用戶評分、店舖評級以及快手服務商等一系列交易工具和電商基礎設施。2019 年，以商品交易總額計，我們已成為全球第二大直播電商平台。

- 快手電商的特點是 —— 有趣地逛、信任地選和放心地買，目前主要滿足的是用戶的非確定性需求。而半確定性需求市場是一塊非常大的蛋糕，如果電商直播能把這種需求解決好，是可以追趕貨架電商的。

- 快手是「體驗型電商」，對平台的要求比傳統電商更高。所謂電商平台治理是從傳統電商角度來說的，直播電商更看重體驗。「治理」是看有沒有達到基本要求，「體驗」是看能否滿足用戶的更高需求。

　　快手電商的發展可分為兩個階段。2018 年 5 月到 2020 年春節之前，主要是做基本功，打磨自己的產品，這是一個穩健發展的時期；2020 年春節後，由於疫情原因，電商直播被推上風口，快手電商進入快速成長期。2019 年，以商品交易總額計，我們成為全球第二大直播電商平台。

　　2018 年 5 月，快手成立電商部門時，只有一個產品經理，一個運營。在此之前，很多人已經在快手上買過東西了。2018 年我們

公佈過一個數據，快手上每天與交易需求相關的評論超過 190 萬條。

平台上有這樣的需求，有買家，有賣家，無論快手做不做電商，市場都已經在這裏了。初期買賣雙方通過第三方支付軟件交易，但這對我們來說是非正規渠道。好比發現有很多路邊攤販，執法者可以有兩種態度：一是清理，二是規範。規範就是規定地點、規定時間、制定規則。

我們選擇了後者，因為這樣大的交易需求是打不絕的，而且也不該打，這是一個巨大的機會。所以快手順應潮流，提供一系列交易工具和電商基礎設施，讓大家交易得更放心，這就是快手電商的由來。

順應需求推出小黃車

快手電商的第一步是往合規方向走，第一個動作是在 2018 年 6 月推出了小黃車這個交易工具。

路邊無證經營的小攤販容易出現一個問題，就是交易不安全。在小黃車推出之前快手也存在類似的問題，有一些人用第三方支付軟件付款之後被騙了，或者貨不對辦，或者不發貨，找商家說理被拉黑，沒辦法了，只能找平台，說是平台的責任。

我們一是發現在快手上有交易的需求，二是發現在交易中出現了各種問題，所以推出了小黃車，進行合規化交易，增加商家和消費者對交易的信任度。當快手只是提供信息撮合，買賣雙方通過其他渠道交易的時候，我們根本無法追蹤到交易信息，無法判別真偽，也無法管控買賣雙方的「不法」行為。

　　小黃車最開始接入的是淘寶，後來還有魔筷和有贊等。當時快手對交易、履約、客服全都不用管，只做引流，但是自己幾乎甚麼能力都沒有。所以我們就把快手小店做了出來。當時快手小店只有 1% 的 GMV 佔比，但是我們投入了 90% 以上的團隊去做。

　　2019 年 7—8 月，快手做了一系列調整，從單純依靠外部，變成既有快手小店，又有魔筷、有贊這種 SaaS (Software as a Service，軟件即服務) 工具。魔筷、有贊所提供的工具在快手小店建立的初期完善了交易閉環。

　　我們跟第三方平台制定的政策都是平等的，用戶、商家選擇甚麼交易平台都可以。但目前快手小店是佔主流的。第一，站內成交轉化率肯定要高於跳轉成交率，賣家會主動選擇這種方式；第二，在淘寶購買商品要用支付寶付款，老鐵沒有支付寶怎麼辦？所以我們要求快手小店支持多方式付款。

　　快手小店從零開始，包括交易系統、機制建立、和第三方平台的對接，都是在第一階段完成的。

「116 購物狂歡節」和「源頭好物」

　　第一階段完成之後，快手舉辦了「116 購物狂歡節」活動，2018 年是第一屆，當時快手主播散打哥一場直播賣了 1.6 億元，快手電商開始被更多的用戶和商家認識。很多商家說，他們是看了散打哥的案例，心潮澎湃，開始走上電商之路的。

　　此前公司內部對做不做「116 購物狂歡節」還進行了很激烈的爭論，主要是怕頭部化，運營是頂着壓力做的。我覺得舉辦「116

購物狂歡節」是一件好事，能夠提高影響力，讓大家明白直播電商的重要性。

總體來說，快手對「造節」是非常克制的。現在只有「616 品質購物節」和「116 購物狂歡節」是平台舉辦的比較大型的購物節，其他節日是各個行業和垂類自己做的，例如每個月的寵粉節，珠寶的爭霸賽，對整個平台來說，都是規模比較小的活動。

2019 年第二屆「116 購物狂歡節」的時候，快手電商的運營方向就比較確定了，即打造「源頭好物」。我們沒有特別強調「貨」，因為「貨」這個詞用得太多，感覺太普通了，所以提的是好「物」。產業帶就是源頭，我們在產業帶推介了很多老闆，包括快手主播玉匠人小徐，用的就是「源頭好物」的概念。這個方向確定之後，基本上不會大變了，要做的就是一直往這個方向走。

2020 年受新冠疫情的影響，很多商家無法復工復產，只好通過直播的方式做生意，快手上來了很多新的生產者，有很多品牌進入快手。以前快手給人的感覺是賣白牌產品（沒有品牌的產品，即白牌）偏多，2020 年春節之後的半年，對於品牌來說是個快速增長期。

畢竟一個平台不能缺品牌，快手的老鐵也不是只消費白牌產品的，對品牌同樣具有天然的需求，所以快手在品牌項目上做了很多運營。這是供給側的快速增長，無論是產品的「量」還是「質」都在增長，自此快手電商的發展進入了第二階段。

快手電商是甚麼

快手電商是甚麼？我們認為它是與眾不同的，就是有趣地逛、

信任地選和放心地買。

誰都會裝幾個購物 App，打開哪個，不打開哪個，取決於用戶本身。每個電商購物平台都有自己的特色，但仔細觀察幾個平台，賣得好的產品是差不多的，大家都在競爭用戶打開的頻次，給用戶心智灌輸的就是多樣性、便宜和便捷。

快手的長板比較明顯，我們是一個「有趣」的視頻平台。對用戶來說，快手首先是一個生態、一個社區，而不是一個純電商平台。刷快手首先是因為用戶覺得內容非常有趣，順便購物，產生交易，所以快手的打開頻次會比純電商平台高。人不一定每天都買東西，但是每一天都需要獲取信息、休閒娛樂，視頻是經常會看的。

快手的短板也在這裏。因為我們是一個視頻社區，所以進來流量是很爽快的，但因為不是一個純電商平台，如何精準地發現和分發商業信息，讓有購物需求的人找到他喜歡的主播和想要的商品，讓沒有購物需求的人看不到商品信息，這是我們要解決的核心問題，也是很難的事情。如果淘寶不展示商品，只是播放一堆視頻，大部分用戶可能會崩潰。上快手本來是為了消遣的，如果總是讓用戶購物，用戶可能也會崩潰。除非用戶本來就是帶着購物的目的，來看自己關注的主播賣貨的。

我不太同意叫快手「直播電商」，應該叫「電商直播」，直播電商的主體是「電商」，電商直播的主體是「直播」，這是快手與淘寶、京東的本質區別。快手不是一個純電商平台，但可以說是一個直播平台。

如何滿足三種需求

快手和貨架電商不是競爭關係，因為它們所滿足的用戶需求是不太一樣的。

我認為用戶的需求分為三類：確定性需求、非確定性需求、半確定性需求。

確定性需求是，例如用戶要去買某品牌的 50 英吋電視，他一般不會來快手買，可能會優先選擇在貨架電商處購買。淘寶、京東、拼多多等貨架電商都在滿足這類需求。

非確定性需求是指用戶沒想過買東西，正好在直播間看到一個商品，覺得還不錯，順手就買了。現在快手電商滿足的是這種需求。電商直播還處在早期，非確定性需求的市場規模目前還沒有確定性需求那麼大，毫無疑問，順便路過買東西肯定不如精準去買的預算多。

甚麼是半確定性需求？家裏被子破了，想買牀被子，有購物需求，但不知道甚麼被子好，也不知道哪個貴，哪個便宜，沒有任何概念。滿足半確定性需求的市場目前主要在線下，人們一般會去集貿市場、超市或商場購買，也可能去淘寶、京東、拼多多上逛，當然也可以來快手看直播和短視頻，在主播那裏購物。

半確定性需求市場是一塊非常大的蛋糕，不會比確定性需求和非確定性需求的市場小，甚至可能會追上確定性市場的規模。現在所有電商都在搶這塊市場，而且是跟線下實體店一起搶。目前最有優勢的並不是快手這樣的直播平台，而是淘寶、拼多多這樣的貨架電商。因為它們可以借助精準搜索陳列很多商品，相當於你進入了商場的被子專賣區，所有被子都任你挑選。而在直播

平台，你並不知道誰正在賣被子。

如果電商直播能把這種需求解決好，營造出一種逛街的場景，把所有正在賣被子的直播間放在一起，形成一條「被子步行街」，我認為是可以去追趕貨架電商的。貨架電商雖然可以將產品陳列給消費者看，但同質化產品太多，沒有清晰地向消費者介紹產品的好壞，讓人看得眼花繚亂也不知道怎麼選擇。

非標品的首選平台

快手平台非常適合賣非標品，因為非標品適合展示且不容易比價。如果用戶覺得直播間賣的東西還需要比價，那麼轉化效率就會變低。直播具有效率和黏性很高等特點，雖然也可以讓人買到一些價格高的標品，但用戶比價之後發現不好，就很難再來直播間了。你要在直播間賣可以比價的商品也行，但要賣得絕對便宜。而非標品，比不了價，用戶只要覺得好，就會持續在直播間裏買東西。所以直播這種決策環境更適合銷售不比價的非標品。

非標品也分品牌產品和非品牌產品，我們會做品牌產品，但現階段做的還是非標的非品牌產品居多。非標、非品牌需要主播的信任度加持。我們是直播，又有私域，這種內容環境適合非標品，是個正循環。我希望快手成為一個逛非標品的首選平台。珠寶、玉石是很典型的非標品，服裝很明顯也是。

我們也希望往上走，從賣非品牌產品轉換到賣品牌產品。快品牌就是往上走，快手主播徐小米的「江南印象」、77英姐的「春之喚」都是快手原生品牌，是 OEM 的生產方式。這些主播自主品

牌的化妝品是非標品，從白牌向快品牌走，不能比價，又有一定
的品牌效應。快品牌會逐步演化，最開始可能是自己做自己賣，
但是慢慢建立起團隊之後可能會在全網售賣。品牌改變用戶心智，
需要一個過程。比如陳日和創立的可立克牙膏，就有品牌化的
趨勢。

品牌直播和代運營模式

現在有很多品牌方想要進入快手做直播，碰到最大的問題是
不容易尋求幫忙和得到指導。最早品牌方也是不進淘寶的，因為
要搭團隊、做運營、買直通車，品牌方都搞不定，所以淘寶出了
一個 TP（Taobao Partner，提供代運營服務的第三方公司）的行
當。快手也有，我們叫 KP（Kuaishou Partner），但直播平台比
貨架電商「玩法」複雜得多，直播平台首先得做內容，所以品牌方
需要有很強的內容團隊。

目前一些品牌，例如「完美日記」已經有自己成熟的直播內容
團隊，但還有大部分商家、品牌尚未搭建自己的直播團隊，也不
容易找到合適的團隊幫他們做，而這就是目前品牌方進入快手會
遇到的困難點。

對於大品牌，我們的建議並不是讓它現在直接來快手賣貨。
品牌需要先做一個帳號進行品宣，接下來再賣貨。但是很多品牌
剛做快手的時候還比較急躁，一上來就想直播賣貨，僅僅把快手
當成一個渠道，而不願意踏踏實實去做內容，這是有問題的。

這可能是由於快手電商太強了，一些頭部主播帶貨給品牌留

下了深刻印象，認為他們自己過來也可以直接賣貨。然而並不是人人都可以做主播，也不是每場直播都能帶貨，做主播和直播帶貨都是很專業的事情。

品牌進入淘寶大多選擇代運營模式，寶尊公司就是一家為品牌提供店鋪運營、數字營銷等服務的企業。但目前在快手上採取像寶尊公司這種模式的企業還很少。現在快手電商的生態還不夠豐富，品牌服務商還可以再多元一些，現在比較知名的就是遙望、卡美啦、魔筷這幾家。

快手目前在打造自己的流量運營體系，提供了像粉絲頭條、小店通這樣的商業化工具。小店通就是一個非常好的流量投放工具，基本上替代了「秒榜」。遙望當年是「秒榜」大戶，因為有了小店通這樣的工具，現在基本上不做了。同樣是花錢，通過小店通，就不用非要找大主播了。我覺得這是一件好事。

關於好物聯盟

快手還做了「好物聯盟」，也就是分銷庫系統，引入了很多品牌和經銷商的貨，讓主播有貨可賣，解決了他們缺貨的問題。

現在入駐好物聯盟的門檻不高，很多商家都很樂意加入，尤其是國貨品牌。目前，好物聯盟裏月 GMV 超過 100 萬的品牌有近 200 個，中國黃金、口水娃、三隻松鼠、雪中飛、鴨鴨、海爾、榮事達等都在其中。我們每個月都要對接幾千個有意加入分銷庫給主播供貨的商家。

做好物聯盟的出發點是，我們發現主播賣貨的工作很複雜，

要選品、佈置直播間,還要管理客服、物流等。每個人都恨不得自己具備開一家商城的能力,但很明顯這個門檻太高了。我們希望用分銷的模式把主播從這些環節中解放出來。他們只要聚焦於怎麼生產好的內容,怎麼帶貨就行了。

為甚麼是分銷模式呢?比如當一個主播成長到擁有 50 萬粉絲後,必然要跨品類。假如他原來是賣蘋果的,通常只能賣一個季度。下個季度賣甚麼?肯定要賣點別的東西,這時就開始分銷其他商品。另外,主播也想升級供應鏈,想賣品牌貨,不能越賣越便宜。跨品類和提品牌這兩個核心訴求,都可以用分銷來解決。

以前有人覺得,分銷庫對小主播有用,對大主播沒甚麼用。但現在不是這樣了。我們發現頭部主播對貨品也有很強的訴求。

一種是娛樂大 V,他們面臨的問題很明顯,招商團隊不夠專業。雖然主播有幾千萬粉絲,但轉化率可能還沒有 1 000 萬粉絲的電商主播高。對於這樣的大 V,我們其實是站在平台角度幫助他們淨化供給,用優質低價的品牌商品替代他們原來賣的貨。

比如有的娛樂大 V,以前是採用跳轉外鏈的方式帶貨。但這麼做的顧客流失率很高,因為用戶不一定安裝了第三方購物 App。現在這些大 V 覺得做好物店是一種很好的方式,能形成一個閉環,也不會流失太多粉絲。所以從供給角度説,好物聯盟給頭部主播提供了優質供給。

從效率角度説,娛樂大 V 也沒有太多精力去搞貨品。而且貨品一旦出現問題導致封號,這個主播很可能就「折」掉了,所以他們很愛惜自己的羽毛。如果有專業的選品團隊或品牌給他們做支撐,出甚麼問題由品牌來承擔,他們是很樂意的。

對於這種風險分攤,不僅是娛樂大 V,一些同屬大 V 陣營的

專業電商主播也很需要。石家莊有位賣服裝的大主播想要賣家電，她的招商團隊就會去全國各地找貨。但代理、黃牛提供的服務質量是參差不齊的。如果官方給他們一些供給，幫他們選品，他們其實很樂意跨品類帶貨。

主播其實不缺貨，商場、批發市場裏到處都是貨。他們缺的是真正品質好、價格低的貨。所有的主播，哪怕是頭部主播，都缺這樣的貨。

好物聯盟幫品牌解決的問題也很明顯。舉個例子，之前品牌想在快手賣貨，得找主播，把貨放到主播的店裏賣。這對品牌自己的用戶心智和粉絲沒甚麼沉澱，沉澱的都是主播的粉絲。但現在品牌再開一家店就行了，任何一位主播都是分銷模式，他的粉絲會跟品牌的店舖產生關聯。品牌可以沉澱自己的用戶，還可以積累商品評價、銷量，類似於天貓的貨架。

而且分銷庫採用返傭的模式，沒有坑位費，都是通過官方系統自動結算。品牌可以控價，所以它們很樂意。

目前，好物聯盟的成交量已經在快手電商總成交量中佔據了不小的份額，我們也給 2021 年定下了數百億的目標。到這個階段，分銷已成為快手電商一個重大的增長引擎。

「體驗型電商」與平台治理

快手是「體驗型電商」，電商有體驗部，平台有體驗團隊。為甚麼我們不叫平台治理團隊？所謂治理是對於傳統電商來說的，直播電商更看中體驗。體驗的要求比治理更高，「治理」是看有沒有達

到基本要求，「體驗」是看能否滿足用戶的更高需求。

甚麼叫「體驗型電商」？舉個簡單的例子，有人在電商平台以 200 元 / 瓶的價格售賣 XO 酒，這是不是違規？從治理的要求來說是完全合規的，XO 是指白蘭地的等級不是商標，並且每瓶酒都有商標，各方面都沒有問題，因此對於傳統電商來說是絕對 OK（可以的）。但是用戶體驗非常糟糕，因為用戶以為是正版的 XO。還有一種情況，明明是桌面垃圾袋，雖然標注了 20×30 厘米的規格，但展示的圖看起來特別大。用戶一般沒有感知，拿到手才知道多大，這類投訴也很多。這確實也是合規的，沒有任何一句誇大，但是用戶體驗不好。

為甚麼快手平台要求比純電商平台更高？一是早期平台上問題較多，到現在很多人的心智還改不過來，二是要用最嚴格的標準要求大家。

舉個例子，在快手直播間賣化妝品，如果隨便説這個產品可以美白，可能會被封號。具有美白功效的化妝品必須有明確寫有「美白」字樣的「特證」（國產特殊用途化妝品生產許可證），否則主播只能説是保濕、補水的產品，沒有「特證」説美白就屬於虛假宣傳。這是快手需要更加嚴格管控的地方。有些主播對此有意見，但這是快手平台的特點，必須嚴格且長期地堅持下去。我覺得嚴格不是一件壞事，我們這麼做也贏得了很多人的尊重。

這一年多來我們做了非常多的售後工作，例如用戶打分、商家等級評定等。快手目前的客戶投訴率（客訴率）是萬分之三到萬分之五，與大多數電商平台的客訴率是相當的。

商家在快手平台要過三關，第一是商品質量要過關，第二是服務要過關，第三是售後要過關。消費者提出問題要盡快回答，要求

退貨的就得及時退貨，我們是以最高標準要求商家的。

為了保障用戶良好的體驗，快手會採取一些手段，比如以眾包的方式邀請用戶參與，評判主播在直播間是否存在虛假宣傳。我們會在直播間給彈窗，或者截屏發給用戶，詢問用戶，是否覺得這段話屬於虛假宣傳。把各種投訴入口做淺一些，方便用戶投訴。

直播電商與純貨架電商相比，多了一層主播對商品的介紹，為了縮小用戶預期與真實情況的差異，讓用戶體驗更好，我們要從國家標準角度出發，爭取達到比國家標準更高一級的要求。追求最好的體驗是永無止境的，我們會始終追求為用戶帶來更上一層樓的體驗。

快手的服務商體系

快手的服務商體系有兩種：一種是運營服務商，一種是技術服務商。後一種我們一般不叫服務商，叫 ISV（Independent Software Vendors，意為「獨立軟件開發商」）。

運營服務商有五類：MCN 機構、代運營服務商、品牌服務商、培訓服務商、產業帶基地。

MCN 機構為創作者提供人設打造、內容生產、整合營銷等服務，擴大平台創作者的規模。代運營服務商要能為貨主解決商品銷售及服務問題，比如網絡營銷、小店運營、客服等。品牌服務商，是要為品牌方解決上述問題，而且要為平台引入符合行業要求的品牌方，擴大品牌的規模。培訓類服務商要提供優質的講師資源，幫助新加入平台的貨主和創作者完成入門的培訓。產業

帶基地就在這個產業裏面，既要管人，又要管貨，人是主播，貨是源頭好物。這五類服務商是互相補充的。

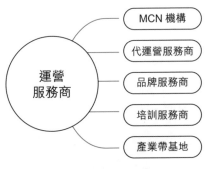

圖 8.1　五類運營服務商

　　甚麼是技術服務商？支撐快手的是一些基礎工作，包括審核、安全保障、運維、對接第三方支付軟件、對接物流、打單等，其實都需要相應的服務商，單靠快手不能完全滿足需求。快手小店的基礎設施是一個內核，外面有一圈 ISV，形成一個交易體系，最簡單的就是 ERP，商家都有聚水潭、快打單等現成的管理系統。聚水潭算是一個 ISV，能接入快手的小店系統。

　　快手交易系統比其他平台複雜，有快手小店、魔筷、淘寶、有贊等。魔筷跟快手的交易體系同級，對於快手來說不是 ISV，而是將另外一個平台對接到快手平台，它的平台外面也有 ISV，而且其中很多跟快手是重複的。從某種意義上說，它們對快手來說也是一個 ISV，但是我們就把它們當成四個並列的交易平台，它們有它們的 ISV，我有我的 ISV。我們的交易平台有一個內核——快手小店，其他平台對快手來說是一個補充，使交易更加完善，滿足商家不同需求。

　　整個交易系統，從內到外有四個區：內容流、商品流、資金

流、物流。第一是內容流，快手本身提供的就是內容生產、內容
消費，是一個工具，直播就是在這個層面上的；在商品流層面，
我們主要是做了一些與審核和用戶保障相關的事情；在資金流方
面，我們做得少，主要通過微信、支付寶等完成；在物流方面我
們做得也不多，主要是對接順豐、中通等快遞公司。

供應鏈的巨大機會

　　快手電商的興起，對商品的生產端和消費端都產生了很大的
變革推動作用。

　　電商直播的特色是需要很多 SKU，每天要不停地上新。主播
不可能一天只賣一種產品，那樣粉絲就跑光了。快手主播徐小米
每天上 50～80 個 SKU，而且一個 SKU 最多賣三次，之後必須換
新的。

　　但在生產端，一個工廠做多個 SKU，是違背工業生產規律
的，工廠恨不得開一個模生產 100 萬件。SKU 越少，生產的量越
多，單件商品的成本越低，最終獲得的利潤就越大。

　　因此，從這個意義上來說，生產工廠和直播平台就是一對天
然的矛盾體。解決工廠對於單個 SKU 數量的需求，就是把直播
間拉多，雖然單個直播間的銷量相對少，但多個直播間聚集起來
量就多了。同樣，解決直播間對多 SKU 的需求，就是把生產工廠
拉多，哪怕一個工廠只生產一個 SKU，但成百上千家工廠聚集的
SKU 就多了。所以主播和工廠之間，是 n 對 n 矩陣的做法，中間
要有一個撮合的環節，就是供應鏈。

　　n 對 *n* 的做法，有點像 S2B2C（一種集合供貨商賦能於渠道商
並共同服務於顧客的電子商務營銷模式，S 即大供貨商，B 指渠
道商，C 為顧客）的概念。*n* 位主播的需求聚合在供應鏈，工廠
就能夠保證生產的量夠大，量越大，單 SKU 的成本就越低，價格
就越便宜。另外一端，*n* 家工廠聚合在供應鏈，主播就可以有很
多 SKU 的選擇，否則主播就會面臨缺貨的情況，因為單純靠主播
自己去找貨是不現實的，既不專業也沒精力去做（見圖 8.2）。

　　總之，直播間和工廠看起來是個矛盾體，但只要中間環節做
得好，對供應鏈來說就是一個巨大的機會。

多工廠聚集，使主播有更多SKU選擇　　供應鏈　　多直播間聚集，降低工廠單SKU成本

圖 8.2　*n* 對 *n* 矩陣

小店通：
給商家一條確定性成長路徑

馮超　快手商業化電商營銷業務負責人

要點

· 商家在快手做生意需要確定穩定的流量，小店通是規模化從公域獲取流量的工具，它為商家提供了一條確定性的成長路徑。

· 快手的公域和私域流量打通後，將產生巨大威力。從公域攝取流量，去私域經營，私域經營好了反哺公域，形成完整鏈路，即「滾雪球效應」。

· 小店通也正在降低開戶門檻，未來對中小商家會更加友好，伴隨着快手小店的發展，它可以服務更多的虛擬產品，例如教育類課程等。

　　商家做生意需要確定性，如果第一天發 10 萬單貨，三天以後只能發幾單，生意是沒辦法做下去的。

　　在快手上也是如此，商家需要確定性的流量，需要各種獲取流量的途徑。如果商家對廣告熟悉就玩廣告，對粉條（粉絲頭條）自然助推熟悉就玩粉條。我們需要有針對性地開發可以賦能商家的各種流量工具。

　　小店通的出現，就是要讓客戶 get（得到）這一點：小店通的流量更加精準，我們提供的是一條確定性的成長路徑，商家只要花時間琢磨投放優化（素材、人羣定向、出價、目標）即可。

從金牛平台到小店通

我們是在做金牛平台的時候產生了做小店通的想法的。

最開始，我們要滿足各個層次的客戶訴求，有的要直接賣貨、有的要漲粉、有的要直播。我們逐步拆解，第一件事就是做一個可以直接賣貨的「二類」電商平台。「二類」電商已經不是最初的樣子了，成了零粉絲都可以賣貨的通路。

2019年9月，我們上線了金牛平台，商家可以在公域賣貨。

最早「金牛」是貨到付款的平台。客戶可以從信息流廣告中看到貨物的展示，進入落地頁後，如果覺得貨物好，填入地址、手機號碼，貨到再付款。貨到付款一般簽收率較低，低價品很難賣得出去。

2020年春節後受疫情影響，有兩三個月的時間平台客戶數量有所下降。當時我們想為客戶提供多一些在線支付的功能，這樣貨物品類就會增加，對銷售低價商品非常友好。在開發了在線支付功能後，簽收率確實大大提高，覆蓋的客戶面也擴大了。

除此之外，我們儘量引導大家關注商家的帳號。2020年3月，一些投信息流廣告的客戶開始做直播，一場賣二三十單。我們意識到，快手公私域流量打通後將產生巨大的威力，於是研發了小店通。

2020年5月，我正式接手小店通。當時希望做出三個功能：第一期可以投訂單，第二期可以投漲粉，第三期可以投直播間。

2020年7月，小店通正式上線。當時投小店通的客戶只有個位數，7月底逐漸放量，數字曲線呈一根直線拉上去了。正式上線不到三個月，累計客戶數量上千個。

打通公域、私域鏈路

當時做金牛平台的時候，我們發現，做直播的人完全不懂公域流量怎麼玩，而玩公域的人完全不懂私域流量怎麼搞，兩撥人是相互「隔離」的。有一個客戶在金牛平台投訂單，3 天投了 200 萬元，累積了 30 多萬粉絲，但他一直是做信息流廣告的，不知道如何運營這些粉絲。

在公域和私域沒打通之前，有的人靠信息差收割一撥粉絲就走，不具備長期經營的思路。站在我們的角度看，如果這兩撥人往一起走，做長遠的生意，對大家都有利。

有客戶零粉絲想賣貨，我們可以通過公域流量先幫他賣，引導關注，累積粉絲。如果客戶貨賣得好，就可以投些「作品」漲粉，等他開直播了再去投直播流量。這樣就形成了一條完整的鏈路：從公域攝取流量，去私域經營，私域經營好了反哺公域。

對平台來說，貨品摻假是特別頭痛的問題，如果公域和私域被打通就很少會出現這種現象了。因為在商家需要運營粉絲的情況下，給客戶發的一定是好的貨品。如果不需要運營粉絲，沒有對貨品嚴格管理的計件系統、沒有辦法評論貨品，就很難保證質量。公、私域流量打通以後，既避免了在公域裏摻雜不好的貨品，又能讓私域多一條投放公域的路徑。

對商家來說，用錢能買到 ROI 是最安心的一種方式。刷臉、靠關係、打廣告都具有不確定性。商家要思考未來幾年主營哪個平台，有了小店通，只要符合快手規則，商家就可以持續投入，用錢換到穩定的流量。對被傳統電商「教育」過的商家來說，這是非常受歡迎的模式。

之前快手沒有把公域做起來，導致大量客戶在選擇投放平台的時候自然屏蔽了快手。商家一般傾向選擇有一定認知的平台，小店通出來後就可以彌補這一環。

之前一些主營傳統電商的商家，只想做快手引流，把快手作為流量入口。我們會通過政策、運營和銷售的指引，慢慢吸引商家開快手小店。第一步，商家做快手引流，代表對快手有了投入；第二步，沒有直播能力的商家可以先做金牛平台這種「二類」電商，投訂單成本比較小，不需要直播就可以賣貨；第三步，商家具備直播能力後，既可以投直播也可以投漲粉。

快手老鐵的習慣是買了貨基本上都會關注商家帳號。所以從站外引流到公域流量賣貨再到私域流量經營，形成了一套完整的鏈路。鏈路打通了，再做分層運營。只要商家具備工具，能力OK，在運營上，我們有很多抓手促進各類商家，尤其是中小商家的成長。

小店通的三大核心能力

小店通是規模化地從公域攝取流量的產品，有別於自然推廣的商業廣告，其目的是賦能商家，讓天下的生意更加好做，讓商家的成長路徑更加確定。

小店通有三大核心能力：一是策略賦能，二是鏈路賦能，三是數據賦能。

第一，策略賦能。小店通能覆蓋各層次用戶營銷的多元化、個性化場景。針對頭部、中腰部、尾部主播以及新主播，從日銷

短視頻帶貨到做直播帶貨，從公域流量的轉化到私域流量的培養，都有對應的精細化和個性化的營銷目標。

小店通有三大優化目標：第一是漲粉，第二是訂單支付，第三是直播引流。任何類型的商家都能通過小店通找到適合自己的成長方法和路徑。

新主播、新商家在冷啟動階段是非常困難的，因為他需要每天精細化運營帳號，打磨短視頻的腳本、打造自己的人設，以此不斷積累粉絲。有了小店通，新商家可以先投「訂單支付」的營銷目標，把一個性價比高的鈎子類商品投到小店通，獲取購買這個商品的人羣。用戶購買之後，會順便關注帳號。這樣一來新商家在零粉絲的情況下就可以賣出貨品，順利度過冷啟動階段，又漲了粉絲。

中腰部商家有一個痛點：人設立住後，如何漲粉？通常可以投小店通「漲粉」的營銷目標，根據帳號和選品的定位，小店通會進行定向精細化人羣包投放，主播就可以很快找到精準的粉絲，實現快速成長。

百萬、千萬粉絲量頭部主播的痛點是：在現有粉絲的基本盤量之下，如何在每次活動中有更大的突破？頭部主播可以投「直播引流」的營銷目標，小店通可以快速為直播間導流，不斷地有用戶進來。在頭部主播高效的運營能力和選品的加持下，這些用戶能夠在直播間迅速地完成轉化，突破瓶頸期。

第二，鏈路賦能。小店通的轉化鏈路是非常短的，只需要一兩步就可以完成。之前的轉化鏈路很長，用戶進入短視頻或直播間後，要先找到關注按鈕，再點擊頭像進入主播的個人主頁，至少三步才能生成訂單，每一步轉化都有部分用戶流失。小店通縮

短了轉化鏈路，用戶流失比例會減小，在快手內轉化的效率也會
更高。

第三，數據賦能。做好生意的前提是懂數據。通過小店通推
廣的產品有一個對應的專業數據平台 —— 生意通。商品、店舖、
用戶人羣、粉絲、流量，你花的每一分錢，效果是怎樣的，都可以
在生意通上看到。在後續的投放過程中，你可以根據這些數據對直
播間的運營、選品、人設打造以及廣告投放鏈路進行策略優化。

生意通：智能化的電商工具

生意通是一種智能化輔助生意決策的數據型工具，也就是用
數據幫助商家更好地做生意，包括流量數據、營銷數據、直播數
據、商品和交易數據、客服數據和售後數據等，基本上涵蓋了關
於短視頻流量、直播流量以及在電商行業運營流程當中所需要的
所有環節的數據。

第一，流量數據。它主要的價值是快速追蹤流量來源，明確
最優投放路徑。一方面，用戶從哪個渠道進來，轉化效率如何？比
如用戶來自直播間、商品，還是短視頻，這些環節都會以漏斗的方
式直觀呈現出來，通過對比，就能夠做出決策，哪一個環節需要優
化和打磨，進而在後續的營銷和運營過程中優化目標。

另一方面，流量畫像。是新客還是老客？購買了哪些具體的
商品？這可以為商家在後續廣告投放中進行定向環節、人羣包環
節、出價環節的優化提供數據支撐和依據。

第二，營銷數據。它主要的價值是進行投放效果分析，助力

商家降本提效。快手具有漲粉功能的產品有兩個：一個是粉條，另一個是小店通，但兩者產品營銷的場景略有不同。粉條偏向的是 C 端投放，流量轉化的位置和樣式、可投放的商品會與小店通有一些區別。

通過總覽營銷數據，大家可以看到在小店通和粉條上投的每筆錢，對每次流量產出與轉化都有非常詳細的數據對比，借此衡量在甚麼樣的場景投甚麼樣的產品、在甚麼樣的營銷階段投甚麼樣的產品、不同的產品在甚麼環節進行甚麼樣的優化。

第三，直播數據。很多主播會有一個煩惱，不知道在直播過程中直播間人氣一直起不來的原因是甚麼，不知道在甚麼時間點進行甚麼樣的營銷活動才能達到最好的效果。生意通這一產品有個實時直播數據的功能，可以幫助主播即時調整電商營銷策略。

實時直播數據的總覽，一是能夠幫助商家及時了解直播效果和帶貨情況，迅速調整直播帶貨節奏、不斷優化直播效果；二是掌握歷史直播效果，為後續直播帶貨提供豐富的數據參考；三是幫助商家詳細了解每一場直播帶貨轉化效果、人羣畫像及商品銷量情況，持續優化直播環節，調整電商營銷策略。

第四，商品和交易數據。很多商家對自己的店舖、各個商品的流量及轉化效果的了解都不是特別清晰。生意通對商品交易數據有非常專業的解讀，能夠及時反饋轉化效果，提升經營優化效率。商品總覽數據幫助成長期的商家實現高效的商品銷售，可視的商品實時監控，從而更好地優化落地調貨、價格調整等商品運營動作；一站式商品銷售數據分析，能夠更高效地處理店舖銷售情況，快速調整經營策略，提升電商效果。商家可以根據商品的轉化數據，來判斷商品的轉化效果。擴大效果好的商品流量、優

化效果差的商品流量，個性化制定該商品的營銷玩法，如設置優
惠券、重新定價，不斷拉平、補齊整個店舖商品的短板，拉長店
舖商品的長板，不斷地優化整個店舖商品總體的轉化效果。通過
店舖交易數據，可以看到店舖的整體轉化效果，哪些商品適應哪
些人羣，下一次就可以優化定向和人羣包的廣告投放策略，不斷
尋找店舖的目標消費者，優化店舖的數據。

最後，客服數據和售後數據。這兩個數據與商家的服務相關，
也能從側面反映出商家的供應鏈能力。比如售後糾紛數據、商品
評價數據會從側面反映出這個商品在大盤中的競爭力。同樣的商
品，在你的店舖售賣，售後糾紛概率比較高，你就要考慮更換供
應鏈，優化商品的上游環節。看客服諮詢數據、回覆率及時長數
據等，可以幫助商家優化整個客服團隊的能力，機動化、個性化
地配置客服團隊人員的排班，最大限度地滿足顧客投訴和諮詢的
訴求，從服務和質量的維度去提升店舖的競爭力。

核心是賦能中小商家

我們想要搭建一個完整的、服務於各個分層客戶需求的銷售、
運營和產品體系。針對大 V、中長尾、外部客戶和垂類客戶的方
案，我們都在做。但未來這個體系會更多偏向於中小商家。

目前在各個粉絲段的主播中都湧現出來很多蓬勃發展的案
例。像快手主播徐小米、77 英姐、芈姐這些頭部主播的粉絲規模
都在穩步擴大，一個月漲粉 10 萬的零粉絲帳戶也在不停地湧現。

我們非常清楚，一個平台有沒有生命力，主要是看有沒有新

人進來。客戶在選擇流量工具時就是看門檻高低，只要把門檻降下去，就會有成批的中小商家進來。我們的核心任務就是怎麼為中小主播、中小商家賦能，並且讓他們有所感知。

零粉絲賣貨對新手來說是很重要的。現在零粉絲賣貨主要通過金牛平台，小店通也在做。金牛平台已經搭建了自己的信息流廣告平台，快手小店也有自己的信息流廣告平台。公、私域完全打通以後，我們就會集中宣傳零粉絲賣貨、投訂單就能賣貨。我們要把流量工具向中小商家傾斜，這一點很快就可以做到。

接下來中小商家成功漲粉的案例將成規模地湧現。目前各地都出現了一些從零粉絲漲到幾萬粉的案例。武漢一家公司有十幾位主播，代理商跟他們說，快手現在也有類似淘寶直通車的工具了。嘗試投放後，他們發現 ROI 表現不錯，他們中的大部分現在已經有了 10 多萬的粉絲量，還在每天堅持投放，一般日投三五千元，ROI 可能在 200% ～ 300%。這種確定性會讓商家感到非常安心。隨着主播供應鏈的增加和貨品 SKU 的豐富，商家就可以逐步擴展投放。

從現在開始，我們的工作重心大部分會放在促進中小商家的成長上。我們做了幾件事，未來會拿出真金白銀進行實打實的補貼。

我們也正在降低小店通的開戶門檻。現在小店通還沒辦法做到填一個身份證信息、手機號，和帳戶一關聯就能投放，目前開戶需要提供很多資質，入口也比較深。接下來我們一是會建立一支專門服務中小商家的團隊，賦能中小商家；二是推進自助服務，讓客戶自主投放，滿足不同層級客戶的需求。只要開戶門檻下降，誰都能來試投，小店通在商家中就能很快傳播開。

　　現在小店通主要服務於快手小店，實際上稍做修改，就可以服務更多的垂類，例如遊戲、教育等行業。

　　在紛繁的目標當中，我們要先把小店通的規模做起來，接下來會扎扎實實地去服務各種商家，尤其是中小商家。

讓品牌建立自己的強大私域陣地

聶葦　快手運營部品牌垂類負責人

要點

· 視頻作為一種新的連接方式已經出現，品牌應該順勢而為，在視頻平台上建起自己的私域陣地。

· 品牌建立私域陣地的三個基礎點：人設、與達人合作、購買商業化流量。

· 達人不只可以帶貨，更可以傳遞品牌價值。

時至今日，很多品牌可能還認為快手只是「賣貨的地方」，這個觀念值得重新審視。

其實，快手不僅是「賣貨場」，更可以是品牌的「營銷場」。在快手，品牌可以建起自己的私域陣地，表達品牌主張，讓不知道的人了解品牌，讓知道的人對品牌有更深的認識。

快手的粉絲黏性高，平台對私域很尊重，所以私域流量很值錢。品牌如果沉心耕耘，相信會有很大收穫。

品牌如何在快手建立私域陣地

私域陣地在天貓旗艦店時期就已經有了，2016 年起，很多品

牌開始瘋狂自播。發展到今天，品牌已從純電商圈子中走出來，融入內容大生態。內容私域陣地已改變了大部分人的購物習慣。過去，我知道要買甚麼，然後去電商平台搜索。今天，售賣更多來自內容轉化。比如，2020 年「618 電商購物節」，某電商平台一個類目 70% 的成交量是從直播轉化而來的，這是巨大的轉變。

其實是場域發生了變化，從搜索電商走到了直播電商。視頻作為一種新的連接方式已經出現，沒有人可以與大勢着幹。

快手的特點是私域流量很強，品牌可以在其中深耕自己的私域流量。快手還有達人私域流量和商業化公域流量的賦能，以上構成了品牌自播崛起的三個基礎點。

那麼，品牌在快手上如何建立起自己的私域陣地？

第一要有人設，也就是品牌定位。比如，「韓都衣舍」品牌的人設是韓風，它的每一次動作都是一次對人設的表達。人設不是記錄在口號裏，而是記錄在每一句話、每一個視頻、每一場直播裏，通過內容形成很好的粉絲沉澱。

這裏面還包括粉絲互動，即用戶心智的建設，不斷向用戶傳達品牌認知。過去的社羣運營主要是在微信羣，未來的社羣運營還有快手。而且，點開快手的社羣，用戶活躍度會讓你眼前一亮。通過更多的社羣，讓每一個用戶與品牌互動起來。在有些人心裏也許對品牌沒有那麼強的認知，而品牌號的價值之一就是強化用戶的品牌認知，提升品牌影響力。

第二是達人合作。用戶買的不僅僅是達人推薦，還有對品牌的認知和忠誠，品牌號在這中間扮演着流量承接和強化品牌認知的角色。

第三，品牌如果希望自己的私域陣地更強大一些，還可以購

買商業化流量。沒有預算也可以，那就努力做內容，成為大主播。打榜、甩粉等是前期沉澱流量的方法，現在我們還有了粉條和小店通這樣的流量運營工具。

第四，我們專門為品牌開發了消費者運營工具——「EIFFEL-快手消費者鏈路模型」，可以更好地理解如何在快手上完成從用戶運營到交易的商業閉環（見圖 8.3）。

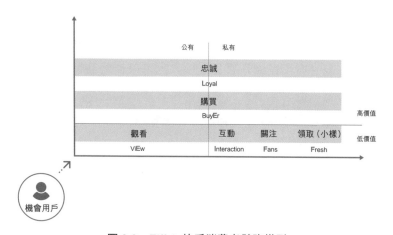

圖 8.3　Eiffel- 快手消費者鏈路模型

品牌想找到潛在客戶，並且將其轉化成消費者、複購者和忠誠用戶。比如今天發了一條短視頻，誰看了短視頻，誰產生了互動或者轉發，誰又成了你的粉絲，這三個行為代表的深度是不一樣的。如果用戶只是看完就走，可能關係很淺；如果產生互動，也許是對內容感興趣；如果關注了，就表明用戶一定是對品牌產生了興趣。

品牌可以圈選準確的用戶，並且進行有效轉化，效率一定是很高的。最後的價值就是品牌粉絲沉澱下來，有足夠好的客單價和複購率，品牌的交易量也會越攢越高。

　　我希望商家在做品牌的時候考慮的是這樣一盤棋，而不是一面旗。當這一切都具備了，電商成功發展就是順理成章的事。

達人不只可以帶貨，更可以傳遞品牌價值

　　達人可以傳遞品牌主張。達人有粉絲、有影響力，但其實有些達人缺品牌貨和供應鏈。品牌要借助達人的私域流量建設自己的私域流量，而不僅僅是賣貨。達人也可以借助品牌影響力提升顧客認同感，從客單價低的產品轉售客單價高的產品，對粉絲人羣進行分級和升級，讓達人和品牌資源互補。

　　過去，很多達人都在做的一件事就是「砍價」，在這個場景裏，我們希望它有所改變，提供真正有價值的品牌故事，輸出產品價值。

　　比如，化妝品品牌海藍之謎（LAMER）的廣告：創始人的臉被火箭燃料灼傷，無數次求醫都無法祛除灼痕，於是他把車庫改成了實驗室，經過 12 年超過 6 000 次實驗後，海藍之謎面霜誕生了，它也讓創始人的肌膚恢復了細滑。雖然我們都知道這個故事是品牌廣告，但我們還是被其深深吸引。

　　再比如，2020 年 5 月在溫州，高端皮鞋品牌康奈集團的副董事長為我們介紹康奈研發的新型高彈改性 EVA（乙烯 - 醋酸乙烯酯共聚物）鞋底材料，該材料不僅能讓雞蛋從 3 層樓的高度掉落而不破，還能回彈超過 2 米。這些都是絕好的短視頻和直播內容。與達人合作，不僅要賣貨、賣低價，更要把品牌故事講透徹。

　　化妝品品牌珀萊雅的創始人說：「達人的一場直播帶貨，相比能賣出的量，我更期望他們能把產品和品牌講明白，講得大家心

裏都癢癢的。也許今天粉絲沒下單，但未來他們可能會成為我們的用戶，成為品牌粉絲。」

過去講「全域種草」，今天我們要做的是「全域種樹」，如果品牌能在很多地方種很多的樹，未來就會有很多的收穫。所以在快手，達人營銷能力是與品牌結合在一起的，在銷售能力提升的同時，營銷能力也應有所提升。好的營銷是可以有溢價的。

和品牌相關的三個「官」

快手給達人配置「種草官」、「知識官」和「創意官」這樣的勛章，這三個「官」是與品牌緊密結合在一起的。

比如，很多品牌的產品非常有科技含量，像汽車兒童安全座椅，要生產幾千個 SKU，拿到實驗室進行碰撞試驗。這樣的碰撞試驗是不是可以邀請達人到現場，了解品牌背後的研發過程？當達人在直播間把品牌背後的故事講給粉絲聽，其實就是不知不覺「種草」的過程，此時達人就是「種草官」。

關於「知識官」，比如夏天給孩子們用的液體爽身粉，達人可以在直播間為粉絲分析它的成分是甚麼，對寶寶的身體有甚麼樣的幫助等。未來我們可以通過知識種草，讓達人言之有物、傳遞品牌價值。

在站內，我們會重構榮譽等級體系以及硬核補給（流量扶持），幫助達人獲得外顯的勛章。比如一個達人，在某一方面有特色，我們會通過大數據分析，授予其一個榮譽外顯，這個榮譽外顯不是擺在那裏看看的，而是有實實在在的流量補給，鼓勵達人

再生產好的內容，好的內容帶來好的播放量，產生好的用戶認可度，如此良性循環。

此外，快手做的不僅是電商賣貨，還可以做「內容 + 營銷」。當它變成「內容 + 營銷」時，「種草」的價值就體現出來了，商業內容就會變成用戶喜歡的好內容。YouTube（源自美國的影片分享網站）的數據顯示，其平台上 50% 左右都是商業化內容，但並不影響播放量，也不影響達人漲粉，還會帶來更大的影響力，因為他們一直在努力深耕內容，觸碰讓用戶買單的點。

「創意官」也是如此，我曾看過一個名為「奇妙博物館」的帳號，裏面有一個給品牌方做的宣傳，產品是一款血壓儀。我當時以為是在看電影，看到最後才知道，哦，它是一款血壓儀的廣告，這完全是用內容說明了這款產品的特質。

助力品牌與達人連接

我們要做好品牌與達人的連接，這個連接應該是可以溯源的，是可以探秘的，是可以讓大家得到一手品牌內容的。

比如某知名手機公司的發佈會。在發佈會開始之前可以簽很多達人，達人拿到貨之後，可以創作非常有價值的內容，如科技解密、評測等。首先它要是好的內容，其次它要做好的內容營銷，再次它要有好的商業化內容，最後它要能獲得高收益。

在連接達人與品牌、客戶方面，快手擁有專門匹配達人和客戶的平台「磁力聚星」。磁力聚星是快手達人與商業客戶一站式交易解決方案的平台。在達人與品牌方面，目前已有超 10 萬達人入

駐磁力聚星，200 多個行業的客戶在磁力聚星上找到匹配的達人，獲得了品牌曝光和效果轉化。在流量方面，磁力聚星同時在公域和私域分發作品，兼具私域強轉化能力和公域強曝光能力。同時，對於優質作品，還能通過粉條、流量助推等進行二次「加熱」，實現營銷目標效果最大化。過去品牌找廣告公司，通常只能得到一個創意，而跟 100 個達人合作，達人可以從不同角度為品牌做宣傳，品牌得到的是 100 個創意。

接下來，我們希望把更多好品牌放到好物聯盟中，這裏有上百萬達人，可以觸達超過 1 億的消費者。當達人為品牌傳播造勢時，可以到好物聯盟尋找適合的大品牌，讓品牌更好地為達人背書。

達人和品牌是同生共長的，達人不只可以賣貨，更是營銷擴散點。

第九章
新機構、新模式

- 在快手生態中成長起來的四家服務機構，包括遙望、魔筷、卡美啦、星站，看看它們的創始人怎麼說。

遙望創始人謝如棟：
對品牌存敬畏之心

要點

· 望在選拔素人主播時會參考四個維度：專業度、顏值、勤奮度、網感。

· 遙望利用主播優勢，幫助品牌賣貨，還會把直播過程中得到的數據和消費者需求反饋給品牌。

· 遙望利用自己的供應鏈優勢，把直播電商基地開到了臨沂。

在直播電商領域，遙望網絡是重要角色。2018 年 12 月，遙望網絡股份有限公司被星期六（002291）並購重組，實現上市，這個身份讓它在競爭中有了更充足的「彈藥」。

遙望一直在「迎風而上」。2014 年，遙望起步於互聯網營銷廣告，後來又瞄準了手游推廣，花了 4 個月在行業內做到第一。2016 年開始，遙望踏入微信公眾號的潮流中，運營着幾千個公眾號，廣告收入達到四五億元。

2018 年快手「116 購物狂歡節」，主播散打哥一天賣出了 1.6 億元。遙望嗅到了新機會，第二天立馬召開項目會，決定參與「雙十一快手電商節」。提起個中細節，遙望總裁方劍說：「當時我們

本文作者為快手研究院研究員楊睿，高級研究員李召，研究助理毛藝融。

沒有自己的主播，是按照粉絲數量聊了 20 多位主播，最後找了
『石頭花』、『姚永純』等人。項目組也是臨時搭的。公司將所有辦
公室改成直播間，連我自己的辦公室都貢獻出來了。」

「最後虧了 100 多萬元，主要因為主播費用比較高。但我們認
為這 100 多萬元虧得很值。」方劍回憶。

之後，遙望加大了投入，簽下王祖藍、王耀慶等明星，並開
始孵化自己的素人主播。2019 年，遙望連續數月拿下快手 MCN
機構排名第一位。現在提到遙望，直播圈裏最容易想到的兩位主
播是瑜大公子和李宣卓，他們已經成為遙望的招牌。

◎ 以下是遙望網絡董事長謝如棟的講述。

起步：挖掘王祖藍等明星的帶貨能力

2018 年我們剛入局快手時，對主播的理解還不夠深入。我們
把粉絲量在一千萬左右的快手主播都聯繫了一遍，但幾乎沒人搭
理我們。當時我們覺得自己孵化主播的過程太慢，就想找明星合
作。找到的第一個明星是王祖藍。

為甚麼是王祖藍？第一，他在快手的粉絲基數大。王祖藍很
早就入駐了快手。我們簽約時，他在快手的帳號已經有 1 300 多
萬粉絲了。第二，他的國民度高。2018 年，王祖藍是國內某熱播
綜藝節目的常駐嘉賓，具有較高的流量。第三，他沒有偶像包袱，
且有天生的網感。

第一次見面，我只問了他兩個問題。第一，你了解直播購物

嗎？他說是不是跟電視購物差不多。第二，你能不能賣面膜？他說可以賣。聽他這麼說，我心裏就有底了，這事兒能成。

帶貨主播的成長需要一個過程，明星也不例外，我們摸索了很久才找到合適的與明星合作的模式。明星要跑很多通告，他們在直播電商裏投入的時間非常有限，但明星最大的優勢是流量大，而且不會「死」。在直播間外，他們可以通過綜藝、電視劇、電影等保持話題度，擴大影響力。

與我們合作的明星，如王祖藍、王耀慶等都在快手積累了非常多的粉絲，直播帶貨效果很不錯。我們的運營和明星的影響力是相互促進的。比如，我們用兩個月的時間，幫王耀慶的快手帳號漲到 600 萬粉絲。2020 年 9 月 19 日，王耀慶的粉絲數是 809.29 萬，當天帶貨產生 23.49 萬單。截至 2020 年 9 月 30 日，王祖藍已經在快手上積累了 2 904.3 萬粉絲，比我們簽約時翻了一倍還多。

我們認為，現在是明星入局直播電商的好機會。相比其他的平台，快手的帶貨量比較穩定，做快手電商屬於長線投資、長線回報。

MCN 機構遙望「造星」的四個維度

2019 年 8—9 月，我們正式孵化自己的主播。第一批素人主播有十位，八女兩男，現在就剩下兩位男主播 —— 瑜大公子和李宣卓了。他們也成了遙望的移動招牌。2020 年快手「616 品質購物節」，李宣卓直播銷售額超過 1 億元。2020 年 11 月 5 日，瑜大公子更是實現了單場直播 GMV 突破 3.68 億元。

我們選擇素人主播的標準主要有四個維度：專業度、顏值、

勤奮度、網感。

專業度就是要求主播對產品非常熟悉。

我們培訓李宣卓做主播時，專門雇了一位品酒師每天陪着他品酒。時間久了，在品酒師的耳濡目染之下，他越來越懂酒了。現在即使沒有直播，他直播的房間裏也全是酒味。這樣，他的「快手酒仙」人設就立住了。

瑜大公子原本是做禮儀培訓的，剛來遙望時負責培訓主播的禮儀。他自己本身就懂化妝品，播得多了也逐漸拓寬了在化妝品方面的眼界。現在我們也請品牌公司的老師，幫他加深對服裝的理解，還有首飾、小家電等。我們希望他從化妝品出發，向全品類主播轉型。

注重顏值是主播行業的趨勢。帥哥美女直播，大家就會多看兩眼。當時公司招李宣卓進來，第一眼就看上了他的顏值。

勤奮，對主播來說，也是非常重要的一點。做這一行，基本上全年無休，每天攝像頭一開，就得工作到深夜。

最後是網感。比如上熱門有甚麼奧妙嗎？沒有，就是講故事的能力。能夠用故事吸引粉絲，是網感的主要方面。大主播常用的故事包括求婚、結婚、生子、滿月等。遙望也一樣，公司週年慶、IPO（首次公開募股）紀念日等，都可以成為故事的由頭。

現在，我們更傾向於找那些有基礎的主播來孵化。比如，雖然一位主播的粉絲數在 1 萬以下，但他熟悉賣貨流程，也了解直播電商市場，我們就可以合作。

如果選擇那些有強大粉絲影響力的主播，可以採取合作入股的方式，把遙望的資源嫁接給他們，幫助他們把粉絲量擴大十倍，直播交易額放大五倍。

目前，我們和主播的合作模式主要是共建帳號、利潤分成。

和主播簽約後，我們出錢打造他，所有利潤按約定分成。

我們會為每一位主播配備專業的運營團隊，分為前端和後端。前端主要是直播間的運營，包括商品運營、平台運營、內容、攝像、剪輯等，都為一位主播服務。後端的中後台是共用的，比如選品團隊、客服團隊、售後團隊等。服務每位主播的運營團隊，小則四五人，多則十幾人，目前我們的運營團隊共有 400 多人。

小貼士

遙望與快手主播橙子大大的合作新模式

2020 年 3 月，在杭州開服裝廠的楊濤夫婦在快手上開了個帳號，名為「橙子大大」。不到 7 個月的時間就積累了 123 萬粉絲。

在他們此前的從業經歷中線上線下銷售都有涉及。夫婦倆從開淘寶店鋪到做微商，曾打造出多款爆品。他們也曾在溫州、廣州經營過兩個批發檔口，對服裝品質有非常高的要求。2016 年，他們在杭州開了一家服裝廠。

多年的電商經驗，賦予了楊濤分析不同平台的能力，他一眼就看中了快手的私域流量。「我就想做私域流量，這樣的流量可以重複利用。不像公域流量是純投放的邏輯。」他說。

2020 年，遙望入股橙子大大的工廠。相比從零起步的素人主播，橙子大大已經是手握女裝貨源的成熟主播。「他投資我，我還是大股東，我們雙方優勢互補。」楊濤說。據謝如棟介紹，這種合作模式目前僅限於橙子大大。遙望對標品的理解比較深刻，相對來說對女裝這樣的非標品理解程度低一些，所以目前讓橙子大大自由發展。

為甚麼橙子大大會接受遙望的投資？第一，遙望可以給橙子大大提供標品。遙望之前就為不少快手頭部主播組過貨，有大量供應鏈資源，積累了豐富的標品經驗。橙子大大一直以來主做女裝，與遙望合作後，標品這一塊就有了穩定的供應鏈。

第二，遙望能夠為工廠提供資金支持，用楊濤的話來說，「互聯網的東西很燒錢」。

第三，遙望的企業化運作與管理，在直播電商領域有着絕對的信息和運營優勢。比起單打獨鬥的主播，遙望團隊的業務豐富，獲取行業信息的速度足夠快，運營足夠專業。

而楊濤的貨品資源還可以通過遙望掌控的渠道去賣，而且彼此合作形成快反能力。工廠開發新品，打版、做樣衣，放到遙望主播們的直播間。當各直播間下單後，工廠馬上就能套版、生產。

對品牌存敬畏之心

遙望核心的競爭力是供應鏈和品牌。目前，我們與歐萊雅、韓束、珀萊雅、百草味、三隻松鼠等數百家知名品牌的客戶都保持着長期穩定的合作關係。

我們一直堅持的原則是賣好貨、只賣品牌貨。我認為要對品牌有敬畏之心，品牌的溢價是它應得的，因為它對產品做了甄選、分類。當消費者看到這個品牌時，就知道它的品質如何，就會願意購買。

品牌的力量是很強大的。為甚麼李佳琦、薇婭要賣品牌貨？因為有了品牌賦能，主播更容易賣貨。而我們通過自己的運營能

力，也能擴展品牌的市場空間，進而為自己爭取到更大的議價空間。比如，花西子的散粉，起初給遙望的報價比給李佳琦的高 20 元，我們認了；播了一個月後，我們拿出「直播戰績」，繼續跟花西子談，報價降了 10 元，我們又認了，繼續幹；播了兩個月後，我們終於談到了與李佳琦同等的報價。

這是我們所有談判品牌中拿下最艱難的一個，談了三個月。當時，供應商為我們找貨，說花西子比較難談，因為他們自己砸了非常多的市場費用，議價空間比較小。我很能理解，如果品牌在行業裏已經站穩了腳跟，再給我們合適的價格，那麼這個產品放到直播間，肯定能賣得很好。

其實隨着用戶消費能力的提升，人們對生活品質的要求越來越高，消費升級的速度非常快。價低質次的東西，賣幾次可以，不可能持續賣。當消費者在一個好的主播那裏買到好東西，就再也看不上差的東西了。

在我們目前的品牌客戶中，奧洛菲在快手直播電商中做得特別成功。這是一家成立近 20 年的化妝品企業，過去主要在絲芙蘭、屈臣氏銷售，現在奧洛菲直播電商的銷售額佔其全年銷售額的 50% 以上，它的品類、研發環節我們都深度參與了。

遙望之於奧洛菲，就像李佳琦之於花西子。遙望旗下主播一個月能幫奧洛菲做到幾千萬元的銷售額。2020 年 10 月 13 日，瑜大公子的直播間，一款奧洛菲魚子醬套盒就賣了 500 萬元。這是奧洛菲新到的一批貨，3 萬多單全部秒完。我們快速將信息反饋給奧洛菲，它就會增加產量。

我們給奧洛菲提供的價值，主要在選品和組貨兩方面。設計和研發是奧洛菲自己做的，但我們會告訴它遙望的渠道需要甚麼

品類的貨，包裝需要甚麼檔次。因為我們對賣貨比較熟悉，主播離市場和消費者最近。

我們會把直播過程中得到的數據和消費者需求告訴奧洛菲，它就會按照這些信息去做研發。它可能會研發幾款產品給我們選，我們會去做測試，如果覺得還不錯，價格也合適，就會深度下單。另外就是組品，A+B、B+C 怎麼組合去賣。我們也會幫它培養主播，簽一兩位主播在各個平台為奧洛菲旗艦店做直播。

我們和珀萊雅的合作是另一種模式。它自己的模式相對成熟，不需要我們來選品和組貨。但我們會幫它對接主播。另外我們還可以在直播電商渠道保證它全年的銷量，就像總經銷，如果我們自己的主播賣不完，即使找外部主播也要賣完。

大的企業和品牌通常不會像奧洛菲這樣，讓我們這麼深度地介入到選品和生產中。通常它們有自己專門的數據部門，在品類選擇上非常相信自己的眼光。它們的容錯能力也強，有很大的調整空間。而像奧洛菲這樣的品牌，體量相對小，沒有太多調整餘地，賣不好損失很大，這樣我們發揮作用的空間反而更大。

品牌深度合作：合資與共建

我們跟品牌還有更深度的合作模式，比如我們和仁和藥業成立了合資公司，它們給這家合資公司出貨品，由合資公司承銷，遙望保證合資公司的銷量。另外仁和生產的衛生巾也被我們賣爆了，基本上瑜大公子一場就能賣完它整月的產量。

再舉個例子，歐詩漫是傳統品牌，之前它的個護系列產品沒

有做起來，我們就幫它打造爆款。我們做了方案，找主播每天在直播間推歐詩漫的洗髮水、沐浴露，就這麼慢慢做起來了。

為甚麼品牌願意和我們這樣深度合作？第一，遙望能幫助品牌出貨，增加品牌的銷售量。仁和和珀萊雅都是上市公司，我們也是，上市公司之間有一定的互動性。有些新零售行業的券商研究員也會找我們和一些合作品牌做調研，我們之間的合作就是建立在規範操作和質量好、退貨率低等基礎上的。某種程度上說，我們也是相互成就的。

第二，遙望可以把直播電商行業的最新信息反饋給品牌，並且能夠幫助品牌培養主播。這一般針對與遙望深度捆綁的品牌。只要遙望賣得好，那麼這些品牌的產品拿到其他渠道賣時，就都是很搶手的，因為市場已經被我們驗證過了。

第三，遙望的市場佈局完善、收入來源多元，我們不單單從貨端賺錢，這是我們與其他頭部 MCN 機構不一樣的地方，這也會讓品牌更放心與我們長期穩定合作。

觸角伸向臨沂

2019 年的一天，我看新聞發現臨沂有很多主播，當時就產生了一個想法，要把我們合作的品牌帶到臨沂去。「想」和「做」之間隔了一年。2020 年遙望有些品牌產品沒有消化掉，我就想派人去臨沂駐點，把臨沂的主播拉到杭州來走播。但從長遠考慮，就打算在臨沂建基地。

2020 年 9 月 20 日，我們與山東省臨沂市河東區東城建設投

資集團有限公司正式簽約，將在臨沂建立一個遙望直播電商基地。這是全國第一個 24 小時營業的品牌商場，主播只需要在這個商業綜合體的專賣店裏做直播。這種模式與杭州九堡的供應鏈基地的邏輯是一致的。九堡模式的問題是沒有自己的主播，沒法控制主播的排期。

現在臨沂直播的白牌很多。我們希望將遙望手上有的一些品牌資源導入，讓品牌館實現自運營。

這也是臨沂當地政府主導建設的第一家直播產業基地。河東區政府要實打實投入很多資金，建場地，做裝修。遙望與河東區東城建投公司合資建立基地運營公司，遙望控股，並實際運營這個直播基地。

未來，遙望會引入更多直播產業鏈企業，並通過招商，引進已合作品牌以及適合當地風土人情的品牌。

為甚麼選擇臨沂？第一，臨沂主播多，帶貨能力強。我們通過第三方數據平台發現，臨沂的主播非常多，有成交數據的大大小小的主播大概有四五千人，其中粉絲量在二三十萬的主播比較多，一天直播銷售額有幾萬元。另外，山東週邊的城市，比如青島、濟寧、濟南，這些地方的主播資源也值得進一步挖掘。

我們之前給臨沂的頭部主播陶子家供貨，試了兩場，發現帶貨效果非常好。之後又做了一波，大部分貨也是臨沂的主播賣出去的。緊接着我們迅速組建業務團隊，在臨沂當地對接主播。

第二，臨沂當地缺乏品牌好貨。一些臨沂當地的主播，因為缺貨，帶着團隊飛到全國各地找貨。我們在臨沂建立直播基地後，會引入與遙望合作的品牌資源。品牌方最看重主播的帶貨能力，只要能帶貨，能出爆款，品牌是非常樂意佈局的。這樣，臨沂的

主播在家門口就可以對接品牌資源，節約時間，非常高效。

第三，臨沂的頭部主播正在尋求轉型，從低客單價到高客單價，從白牌貨到品牌貨。

以前臨沂主播的帶貨數據都很不錯，但不少都是賣小商品、白牌貨，價格相對低、出單量大，但現在隨着用戶的消費水平升級，這類生意在走下坡路。這樣的貨品種類，也很難賣出好的客單價。

臨沂主播羣正在尋求轉型升級，而我們的資源和優勢，剛好可以滿足他們的需求，實現合作共贏，一拍即合。

目前我們在上海、武漢也都在談類似的直播基地，但定位會有區別。臨沂的基地目前主要是 2B 的，上海的我們打算主打 2C。我們還想嘗試一下線上與線下的結合。

魔筷創始人小飛：
我們最重視供應鏈能力

要點

· 魔筷從技術服務商起家，2019 年正式佈局供應鏈，連接主播和貨品。

· 魔筷利用服務商優勢，打造了「可立克」和「合味芳」這樣的快品牌。

· 魔筷已在全國建了 20 多家直播基地，未來計劃增至 100 家。

魔筷科技成立於 2015 年。2018 年，這家科技公司開始為快手提供軟件服務，方便主播上架商品。即使是在十萬人同時在線秒殺的直播場景下，也能保持系統穩定。

2019 年，魔筷看到腰尾部主播缺少貨源的情況，開始佈局供應鏈。截至 2020 年 10 月，魔筷已從海量商品裏篩選出 50 萬個能夠適配直播場景的 SKU。在連接貨源與主播的過程中，也積累出來一些打造快品牌的心得和方法。

目前，魔筷的商業模式是 S2B2C，連接供應鏈和主播。主播可以在魔筷星選這個供應鏈平台上選擇貨源，通過嵌在快手 App 中的魔筷店舖 SaaS 工具，將商品銷售給用戶。

本文作者為快手研究院研究員楊睿，高級研究員李召，研究助理甄旭、毛藝融。

◎ 以下為魔筷科技創始人兼 CEO 小飛（王玉林）的講述。

2010 年，我加入阿里，在淘寶專門對接商家，親眼見證了一批賣家從小白一步步成長為大牛。現在看快手也是一樣，很多主播是草根出身，慢慢長成頭部。

2015 年我離開阿里，成立了魔筷科技，開始為大型零售客戶提供電商 SaaS 系統和服務。2017 年底，快手有意佈局電商，在 2018 年 1 月對魔筷做了戰略投資。

那個時候還沒有快手小店，主播和粉絲大多通過微信完成交易。為了完善交易流程，我們開發了一套連接主播和消費者的開店工具，主播用它上架商品，在快手平台上賣。我們和其他一些平台一起成為首批接入快手電商的外部服務商。

與一般的貨架電商不太一樣，快手大主播的活動通常會對技術提出很大的挑戰。舉個例子，2018 年快手做直播電商時，因為一些大主播爆單，導致第三方購物網站一度被點擊到不能訪問。

目前，魔筷開發的系統已經可以支持非常高的流量併發，大概是每秒百萬級的用戶同時進入，每秒十萬級用戶同時下單以及十萬級的消息推送。這在直播電商業態下是非常典型的應用場景。

比如，某個快手大主播賣貨，直播間同時在線人數 60 萬，主播喊「1、2、3 上線，1、2、3 大家去秒殺」，在瞬間會對系統造成非常大的壓力，而現在我們的系統已經十分穩定了。

大家看到的是「秒殺」等各種直播活動，但看不到的是系統在背後的支撐力量。2019 年，我們做了 120 次產品更新，平均每 3 天一次，上線了一百多項新功能，就是為了去適應直播間裏豐富多樣的活動場景。

事實上，在做好技術穩定性和產品功能豐富度的同時，我們還要花力氣把產品做得儘量簡單易用。這也對我們的產品設計和技術提出了挑戰，而我們也通過努力較好地解決了這些困難。

除了核心交易鏈條之外，我們還開發了後台的 SaaS 系統，為賣家提供打單、搬遷商舖、會員運營、客服等功能，類似於淘寶服務市場後端的一系列提效產品和能力的組件。

為甚麼做這個佈局？因為我們覺得，淘寶生態中有軟件服務商的機會，在短視頻生態中，同樣會有這樣的機會。而且，在快手上賣貨的人，大多不是原來的淘寶賣家，所以這是新生代軟件的機會。

通過供應鏈搞好貨品和服務

交易工具很重要，但並不能解決生意的本質問題。2019 年，隨着快手電商迅速崛起，我們調研發現，平台和主播缺少的不僅僅是交易工具，許多中腰部主播還缺少貨源或沒有足夠的選品能力。而貨品質量問題又反過來影響到快手用戶的體驗。

2019 年，我們正式佈局供應鏈，想要連接供貨商和主播羣體。主播只負責在直播間售賣，這之後的發貨、物流、售後、客服等一系列問題，都由魔筷聯合供貨商來解決。本質上，我們扮演了一個連接器的角色，實現貨源和主播的精準匹配。

提到供應鏈，大家更多想到的是商家、貨源。實際上，這是全鏈條的事情。除了商家、貨源，還包括選品、產品包裝、上架、推廣給主播、主播直播間售賣技巧的推薦、銷售、售後服務流程、履約、發貨等。因此，供應鏈實現的是為主播羣體和供應商羣體

共同賦能。

我們認為可靠的供應鏈是直播電商的生命線。

我們看到一些頭部主播在直播的時候也會「翻車」，要麼是商品的問題，要麼是服務、售後等方面的問題。

原來在 B2C 的業態下，一個商家做不好頂多是你自己的問題，但在直播電商的場景下，所有的矛盾都會集中在主播這裏。如果用戶不滿意，就會在下面刷評論，主播就很難再開播，平台也會有壓力。

我們經過兩年的積累，在海量的商品裏面挑選出來了 50 萬個能夠適配直播場景的 SKU，品類覆蓋度達到 90%，直播間熱銷的 95% 以上的商品都能在魔筷找到，同時商品庫也在快速迭代。

現在，我們也打通了跨境品牌的鏈路，還有頭部的品牌與我們合作，包括國際一線品牌 50+、國內一線品牌 300+、大眾品牌 1 000+。

魔筷有專業的選品團隊和強大的議價能力。我們的選品團隊裏有 300 多個買手和 50 多個專業質檢人員，團隊最重要的工作就是為主播組貨。在議價能力方面，對品牌商品我們可以談出其他電商平台購物節促銷時的價格，大眾品牌也有很強的價格優勢。

在我們打造的爆款中，既有品牌產品，如康巴赫的不黏鍋，也有廠牌、白牌產品，比如竹漿紙巾、黃桃罐頭、酸辣粉、蜂毒牙膏等。

其實除了技術和供應鏈，我們圍繞服務商這個角色還做了很多事，包括倉儲、培訓、客服體系建設、活動策劃、直播基地建設等。

從倉儲方面看，我們聯合合作夥伴在杭州、義烏、大連等地

佈局樣品倉和雲倉，保證 96% 的產品在 24 小時內發貨。在快手
活動期間，一些爆款產品要提前入倉，因為發貨量非常大，普通
倉的發貨效率是跟不上的。比如大連的魔筷雲倉，非常大，可以
開車進入倉內，倉儲、物流的服務質量都提升了。

我們還會給魔筷店主提供免費的培訓服務。目前，合作的講
師有 5 000 多名，在混沌大學等各大平台授課，也建立了 50 多個
城市的線下培訓合作機構。我們在快手平台內也做了魔筷的公益
直播課，曾經有 1.5 萬名快手主播同時在線觀看。

還有客服體系建設。賣貨無非就是兩件事，一個是貨的質量
和價格好，另一個是服務好。我們的客服團隊有 500 多人，7 天
24 小時隨時待命，全天候為主播服務。如果主播舉辦大型專場活
動，我們可以提供 VIP（貴賓）專屬客服。

現在，我們分別為大主播和中小主播提供服務。大主播做的
專場活動很複雜，直播現場要有場控，活動怎麼策劃，貨品的腳
本怎麼寫，甚麼時候上秒殺款，甚麼時候上利潤款，甚麼時候做
抽獎，都需要提前策劃與安排。對於中小主播我們也有專人對接，
服務到位。

服務做好的一個顯見好處是，魔筷和大小主播都保持着很好
的關係。可以隨時讓他們幫忙推某種有潛質的產品。

聯動工廠打造爆款

直播電商時代的供應鏈，也在重新定義產品和工廠。2020 年
我們在嘗試和工廠聯動，比如一款化妝品，從打版到寄樣給主播

做測試，行得通再生產，根據前端反饋快速突破，這樣可以把鏈條縮短。這種生產流程非常高效，可以減少庫存。

我們現在聯絡在庫的有 1 萬多家源頭企業和工廠。跟我們合作的工廠都是非常現代化的，配備設計和產品定義團隊。

目前只有直播電商有機會做這個事情。以往的電商，包括社交電商，要經過很多環節才能把產品傳遞給消費者，社交平台也不知道到底上架多少貨能賣完。現在靠一位主播，就可以將產品傳遞給消費者，從而帶動工廠的生產。

現在中國很多工廠的產品是不錯的，但苦於沒有銷量。我們可以根據市場的需求重新定義產品，然後去改造和激活工廠。

比如「可立克牙膏」，這是一個在快手上快速成長起來的新品牌，並成為一個爆款（參見第十章長出快品牌之《可立克：一款蜂毒牙膏的爆品之路》），現在已經註冊了商標。很多主播都在賣這款牙膏產品，而且這樣的熱度也會溢出到其他的電商平台。

2020 年我們還做了一款螺螄粉，叫「合味芳」，是一位駐港部隊的退伍老兵創立的品牌，有 20 年的歷史了。原來在深圳華強北開線下店，後來他想把自己的產品包裝化，走線上途徑進行售賣。產品做好了，工廠投資了，投入還不小，結果發現在原有的電商渠道很難衝得出去。

他也是在偶然的機緣下找到魔筷，我們覺得這款產品非常適合在快手上推廣，就對產品重新進行定義、包裝、定價，並找到大量主播在統一的時間段推，做成了爆款。當時他自己都震驚了。

現在這款產品月銷售額達 1 000 萬元，增速非常快。同時，這個熱度已經溢出到了其他電商平台，在我們沒有做任何干預的情況下，其他平台的銷量也在穩步提升。

通過可立克蜂毒牙膏、合味芳螺蜊粉等案例，我們自己也積累了一些打造爆款的心得和方法——如何將不知名的品牌打造成快手的熱點和爆款。

淘寶生態裏的一些代運營公司，比如寶尊就是阿里的重要服務商之一，它們先幫其他品牌做代理，然後開始自己做品牌，再獨家代理一些品牌。所以寶尊更懂品牌應該如何運營。我們也要想辦法成為快手生態裏一個重要的角色，就像寶尊之於淘寶。

全國已掛牌 20 多個魔筷直播基地

魔筷直播基地是我們推出的可提供網紅直播基地一站式解決方案的綜合品牌，致力於打造集直播培訓、網紅孵化、直播運營、網紅爆款打造和電商代運營於一體的地方特色網紅產業。

目前，在全國已經掛牌的魔筷直播基地有 20 多個。

魔筷直播基地的功能，包括基地運營、直播培訓、電商化運營、網紅供應鏈、網紅孵化等。比如直播培訓，一些在線下開檔口的商家原先沒用過快手，魔筷直播基地會教他們如何在快手裏做生意。

直播基地的優勢主要體現在人、貨、場三個方面。

在「人」的方面，基地能夠聚集主播，構建直播電商人才社羣。

在「貨」的方面，直播基地主要有兩個作用：一個是本地化招商，輸出產業帶當地貨源；另一個是建立樣品倉，輸入魔筷爆款貨品，成為當地即時供應鏈。

我們走遍全國，發現很多主播的選貨範圍比較窄，選出來的

產品不一定是最好的。所以，我們會把一些熱賣的爆款鋪到樣品倉，擴大當地主播的選品貨源。

在「場」的方面，地方政府有很多政策支持，為我們基地業務的發展提供了優質環境。我們也會有效整合供應鏈、倉儲、物流、客服、培訓等資源，完善產業生態，與主播、供應商尋求更多合作，形成濃厚的直播電商氛圍。

我們在全國各地的基地可以聯動起來。比如一個品牌加入魔筷的池子，那麼它的商品在全國的魔筷直播基地都可以立刻上架，一方面把貨供給主播，另一方面當地的基地也會為主播提供深度的服務。

我們的目標是要在全國做 100 個這樣的直播基地，幫助快手平台完善直播電商的基礎設施。

直播 —— 商業新基礎設施

很多人會問我：以快手為代表的直播電商，內在的邏輯是甚麼？我們認為，以快手為代表的直播電商形態，其實是粉絲經濟的延伸。

如果我們把歷史週期拉長到過去 30 年，會看到每次通信技術和終端技術的變革，都會引起媒體平台的變革，比如 2000 年前後互聯網的興起，就催生出以新浪為代表的門戶和以人人網為代表的社交網絡。到 2010 年移動互聯網開始普及，微博、微信公眾號這樣的媒體形態逐漸出現了。

到了 2015 年之後，隨着 4G 移動網絡的普及，短視頻和直播

形態開始興起，並推動產生了以直播帶貨為主的網紅主播羣體，
變現的邏輯也發生了改變。

也有人會問，視頻和直播這種內容傳播形態會持續多久？會
不會是一陣風？我認為至少在未來的 3～5 年，手機和視頻這樣的
媒介形態，都會是一個非常廣泛的存在。

我們在整個直播電商生態內觀察到了三股力量，未來可能會
形成三足鼎立的格局。

第一股力量是我們所謂的傳統電商平台的直播化，就是以淘
寶、京東、拼多多為代表的電商平台的直播化；第二股力量是直
播和短視頻平台的電商化，以快手為代表的內容平台，均在全面
擁抱直播電商；第三股力量是社交平台的直播電商化，以微信、
微博為代表。所以，我們覺得未來直播電商會在這三股力量的共
同推動下，成為電商行業的標配。

總結一下，我們認為直播正在成為電商和零售行業的標配和
基礎設施，未來直播電商會是整個電商行業非常重要的組成部分。

卡美啦創始人蕭飛：
專注為中小主播提供供應鏈

> **要點**
>
> · 卡美啦是杭州一家電商供應鏈平台，主要幫助中小主播解決缺貨的問題。
>
> · 卡美啦對接了 30 000 多名中小主播和 3 000 多家工廠、品牌以及供應商，高效連接主播、工廠和品牌。
>
> · 卡美啦研發的數據系統，可全程跟蹤每一筆訂單，這是供應鏈的核心能力。

　　卡美啦是杭州一家電商供應鏈平台，通過一套電商服務系統為中小主播提供貨品。

　　卡美啦的業務佔比最高的是快手電商，約佔 70%，目前合作的快手主播已經有 3 萬多人。卡美啦是第一批接入快手 API（應用程序接口）的服務商之一，也是快手好物聯盟的第一批招商團長。

　　2020 年 10 月，卡美啦加入快手好物聯盟不到三個月，實現成交額近 40 倍的增長。

本文作者為快手研究院高級研究員李召，研究助理甄旭。

◎ 以下是卡美啦創始人蕭飛的講述。

卡美啦為甚麼要做內容電商的供應鏈？因為 2017 年，我們發現在很多靠內容吸引流量的平台，達人做不下去的主要原因是無法變現。所以我們想服務這些達人，開始做供應鏈，讓他們通過帶貨變現。

我們研發了一整套電商服務系統，包括電商服務中台、紅人伴侶 App，以及供應商系統，主播賣貨可以直接在 App 上成交。2018 年，我們發現有一些人的帶貨數據非常好，仔細研究發現其中大部分是快手主播，於是我們馬上全力為快手主播提供供應鏈服務。

最開始我們也服務大主播，後來慢慢把重心放到服務中小主播上。因為中小主播是一泉「活水」，每天都在源源不斷地產生。

我們現在合作的主播有 3 萬多人，他們的粉絲量集中在 10 萬~100 萬。10 萬粉絲以下的主播比較少；100 萬粉絲以上的主播對合作的要求比較高，也不穩定。

2020 年 9 月，快手推出好物聯盟。我們申請成為快手好物聯盟的招商團長。憑借優質供應鏈資源和主播資源的良性循環，不到 3 個月，卡美啦實現成交額近 40 倍的增長：2020 年七八月，月成交額在 100 萬元左右，到 9 月直接升到 1 000 多萬元，10 月達到將近 4 000 萬元。這說明我們與中小主播合作的路子是對的。

為甚麼專注於服務中小主播

大主播自己找貨的能力比較強，相比之下中小主播更需要服

務。我們發現，現在一些商家給中小主播的商品性價比很低，他們只關心大渠道，只願意給大主播做一鍵代發。

中小主播對優質供應鏈的需求很強烈，他們都有變現的需求。而在變現的途徑裏，電商是最穩定的。

中小主播不是專業的電商銷售者，可能他們當中更多人擅長全職做內容，但很少有人擅長全職賣貨。像大貨車司機，24 小時都在路上，自己沒時間進貨。他們擅長做內容，但不懂貨，更不懂進銷存、EPR、周轉、庫存。

他們自己找貨的成本高，要囤貨、發貨等很可能虧錢。他們中很少有人有從正規渠道進貨的意識，找到的很可能是小作坊，出了問題都是自己背鍋。

比如連雲港一位快手主播想賣小龍蝦，怎麼做的呢？他在網上搜索到湖北潛江的小龍蝦供應商。結果被騙了，貨不對辦。我問他為甚麼不去找潛江的農民專業合作社，或者當地的電商協會。他説我咋找，找不到啊！實際上，很多主播沒有這樣的意識，即使一個月賺了一千萬元，他的供應鏈負責人還是以親朋好友居多，也招不到甚麼人才。

後來他在自己家搞了一個 5 000 平方米的倉庫，買了一輛大貨車，親自跑到潛江拿現金買貨，全程監控，拖到連雲港，放到倉庫裏冰凍着，自己打包、發貨。在這個過程中，就產生了很多損耗。其實潛江物流很發達，當地就有企業支持代發，很大的信息不對稱，導致了這一結果。

這種信息不對稱造就了很大的市場空間。現在有一些 MCN 機構説是服務中小主播，其實是「幫你成為網紅主播」，這些主播都掛在它名下，誰做起來了就服務誰。

要想真正服務中小主播，只能規模化。一是拓展的主播數量越多，邊際成本就越低，收益就越高；二是提高對供應商的議價能力，一個人的時候供應商看不上，但是卡美啦背後是成千上萬的主播，有一個放大效應。

快手中小主播的天花板足夠高，量足夠大。我們發現，快手上粉絲量在 100 萬左右的主播數量很多，是粉絲量 1 000 萬主播數量的上百倍；粉絲量在 10 萬的又是 100 萬的上百倍，1 萬的相比 10 萬的更多。所以說粉絲量越少，主播人數越多，這是指數級別的增長，這個金字塔，越往下越穩定。

目前，我們先把 10 萬粉絲量級別的主播搞定，提高自身的服務能力和服務效率。為這批主播提供服務之後，系統就會收集到更多數據，我們就可以服務粉絲量在 1 萬乃至 1 000 的主播。

連接人與貨兩端

卡美啦的運營主要依靠我們自己研發的電商服務系統，核心是找對「人」和「貨」。現在人與貨之間有很大鴻溝。主播有流量，想要賣貨，但拿不到好貨；很多工廠有貨，但賣不出去。卡美啦要把主播和工廠、品牌連接起來。

我們給主播提供貨源，做一鍵代發，售後、客服都由我們提供，主播安心做內容。我們根據系統數據測算主播的賣貨能力，給他推薦最適合的貨。

卡美啦團隊現有 150 人左右，商務拓展團隊佔一大半，分為招商選貨、主播拓展兩個方向。

招商選貨團隊負責在全國尋找貨源。他們大都在行業裏做了一二十年，很清楚貨的源頭廠家在哪裏。團隊分為不同類目，每個類目的人跑不同的地區，比如美妝類去廣州，食品類去河南。

我們找的是源頭工廠。源頭工廠的一鍵代發能力對我們很重要。如果找不到有這樣能力的供應商，就找價格合適的代理商，把貨採購走。

和供應商合作的早期一定要看貨，做初步鑒定，建立信任以後可以讓他繼續供貨。我們有品控團隊審核貨品質量，售後出現問題，供應商也要按照我們的規則來，比如客訴多的，就扣保證金。

服飾這種貨品變化很大，一種服飾就有幾百個款，每一個都寄過來不太現實。我們就看供應商之前的貨有沒有問題，如果一開始供的 10 萬件貨沒問題，之後只把樣品寄過來就好，這樣能很快出貨。

主播拓展團隊負責尋找海量主播，我們的玩法是，每天刷直播廣場，看到好的主播就記下來，通過各種渠道聯繫他，或通過主播推薦，我們也會去主播聚集的地方找。

我們合作的是在快手已經長成，有變現潛力和帶貨能力的主播。主要看粉絲量和直播間人數，這些數據是快手官方提供的，大概率不會有錯。目前我們不會與只有幾千個粉絲的主播合作。因為我們是從貨出發，讓主播通過賣貨賺到錢。一個人沒有粉絲，也沒有粉絲畫像，我們很難通過系統服務他，更不能保證他在卡美啦能賺到錢。

我們計算的是主播的賺錢效率。我們還做了一個「粉絲訂單力」系數，用來篩選主播，即粉絲數和訂單數或者交易額的比值。

剛開始我們也和主播簽署電商協議，要求他們必須賣我們的

貨,後來發現可行性不強。卡美啦現在不限制主播,而是通過服務,讓主播選擇我們。

找齊全國源頭好貨

直播電商的本質是貨。主播之間相互競爭,不會把自己的貨源分享給別人,所以垂類的中小主播拿不到好的貨。我們的強項是找工廠,以食品行業為例,我們會先找在傳統電商平台開店、賣貨量很大的店舖,再找到其背後的工廠,簽署正規合同,公對公打款。主播從卡美啦進貨的成本比自己去找貨的成本只高不到10%,但這幫他節省了大量的時間、精力。

我們希望把全國的源頭好貨都找齊,變成一盤貨,挑出來最好的,給最適合的主播。

比如,與我們合作賣水的工廠有 100 家,但可能只有 3 家的商品能出現在我們 App 的選貨界面上。不可能每個貨都給主播,我們只做性價比最高、主播收益最高的產品,一般挑出來第一名就不要第二名。那為甚麼還會有兩三家呢?因為層次不一樣,高中低端都有,同一個水平線留一家最靠譜的。

我們對供應商的要求高,管理也很嚴格,他們要遵守我們的服務準則。供應商的貨品最終的曝光程度,全靠貨品本身的價值。我們對供應商有很強的約束力,他們發出去的貨要和給我們的樣品一致。

我們的貨是全品類的,SKU 數量是以萬為單位的。美妝個護、食品百貨佔比最高;服飾類主要做品牌專場,交易額很高。

因為食品品質要求的特殊性，我們也偏向選擇品牌貨；百貨類主要是和源頭工廠合作。

總體來說，我們的貨以快消品、複購率高的為主，生活裏需要甚麼我們就賣甚麼，吸引眼球買了就廢的產品我們不賣。

靠數據驅動服務

我們用統一的系統服務成千上萬的中小主播。主播在我們的平台上，點一下商品就可以到快手上直接賣。訂單會自動進入系統，系統可以判斷貨來自哪個供應商，供應商發完貨，系統中會顯示相關信息，整個過程不需要人工操作。

主播可以在系統上看到自己的賣貨數據，比如粉絲情況、複購率、直播轉化情況，他還可以拿兩部手機，一邊賣貨一邊看數據；所有供貨商也可以進入系統看各種數據，當然他不知道是哪個粉絲買了他的產品，也不會把主播的粉絲數據導出去；通過系統我們也掌握了所有主播真實的賣貨數據，誰在甚麼時間點賣了甚麼東西，甚麼東西賣得多以及賣得好壞都很清楚。

絕大部分主播看到的是首頁推薦類的商品，是性價比高、適合他賣的商品，也算是「千人千面」。我們根據內容標籤、粉絲畫像、交易額等數據，或者根據跟他有相似內容標籤、粉絲畫像的網紅主播的賣貨情況，推送商品，因為人羣、賣品是有相似度的。這樣就提高了主播的變現效率。

我們根據最近這兩年積累的直播訂單數據，研發了一套售後數據看板，可以針對每一筆訂單進行全程跟蹤。這是供應鏈組織

中非常核心的能力，而且一定是靠數據和智能實現的。

所以本質上，我們是一家靠數據驅動的公司。服務的人數越多，積累的數據就越多，給主播推薦的商品就越精準。

與網紅、平台之間的正向循環

不只是中小主播，垂類主播也需要我們提供差異化供貨。他們擅長單一類目，甚至更垂直的類目。比如有的主播做女裝，有的只做裙裝，有的只做 T 恤。他在某一個領域扎得很深，但沒有更多的精力研究其他的方向。

但是粉絲不可能只買單一類目，到快手上來逛的人，大都沒有明確的購買目的，是看到甚麼喜歡的，就順便買了。所以垂類主播剛起來的時候，做自己的貨可以，當他們慢慢成長起來就會變得焦慮：我的粉絲在別人的直播間買貨，馬上就會離開我。所以他們需要補充新的品類和貨源。比如山東主播小佛葉在直播中賣的貨有 50% 左右不是她自己的，她主要是賣服裝的，我們給她提供食品和美妝類產品。

大主播需要我們幫忙活躍粉絲。比如他們自己賣酒、茶葉、化妝品，利潤很高，還需要搭配一些性價比高的貨給粉絲送福利。而我們的貨性價比高，粉絲會覺得這些商品還挺好的。

我們非常需要快手這種平台，有了快手我們才能成立。我們也能幫助快手更健康地發展。

小貼士

卡美啦的全國供應鏈基地計劃

目前我們卡美啦在浙江的杭州、湖州建立了供應鏈基地，接下來準備在江蘇海頭、山東臨沂、河北石家莊同時建立供應鏈基地，把根據地鋪向全國。我們還會去其他的快手主播集中地，像瀋陽、鄭州、廣州等地。我們也不用搞很大規模，放幾個人在當地運作，主要還是依靠杭州本部的技術、產品和供應鏈。

為甚麼我們必須去當地建基地？光口頭說我們是杭州的工廠，很難取得主播的信任。建基地可以更清晰、更及時地了解到當地主播的需求，不用每天跑。比如連雲港當地的團隊，可以每天去連雲港主播那裏陪他們做直播，了解他們的需求，看看主播都在賣甚麼，缺甚麼，我們就馬上幫他們找甚麼。各地的供應鏈基地相當於一個展示窗口，展示全國的貨，供貨不是最主要的。主播如果想要湖北潛江的小龍蝦，我們就可以直接從潛江發貨。

為甚麼選在湖州建基地？第一，湖州市政府的政策好；第二，湖州離杭州近，地價也便宜；第三，湖州本地有美妝小鎮，很多品牌在這裏，供應鏈也比較集中。這樣，主播可以從全國各地飛到湖州，在這裏待一個星期，一下子能播好幾個品牌。

星站創始人朱峰：
傳統廣告投放思路要變一變

要點

· 快手開創了功能性直播，極大地釋放了各行各業原有的生產力，也使商品普惠地觸達更多的用戶成為可能。

· 星站模式是快手生態下成長起來的新物種。企業要想取勝，需要「內容＋運營＋數據」共同驅動。

· 如果要抓住直播機遇，企業就一定要親自佈局，建立企業內部 MCN 部門，讓企業擁有「中台化能力」。

　　星站 TV 創始人朱峰畢業於清華大學，是一位「90 後」創業者。在快手上，星站的帳號加上他們所服務的客戶帳號，共有 2 億多粉絲。

　　朱峰經常提及的一個案例是「醉鵝娘的小酒館」。她是紅酒賣家，在快手先後開過兩個帳號，第一個帳號有 10 個粉絲，第二個帳號有 700 多個粉絲，然後就放棄了。後來星站接手幫她運營帳號，現在她的帳號擁有 100 多萬粉絲，月銷售額 700 萬元，曾上

本文作者為快手研究院研究員李玉超，研究助理蔡煜輝。

過快手美食排行榜的前五名，經常出現一晚上清空庫存的情況。

朱峰認為，直播正在成為像水電煤一樣的生產資料，進入每個人的生活當中。直播帶來企業家轉型的機遇，一個與時俱進的企業未來一定要把直播運營的體系把握在自己手中，具備中台化能力。

◎ 以下為星站創始人朱峰的講述。

一個網紅的果斷轉型

我本科就讀於清華大學新聞傳播學院，畢業後開始創業。我和合伙人入選過「2017 年福布斯亞洲 30 位 30 歲以下傑出人才」榜單，也是清華企業家協會最年輕的成員之一。在快手上，我們有自己的帳號，加上我們服務的客戶帳號，一共有 2 億多粉絲。

2016 年底大家主要用優酷、愛奇藝看視頻，那時候我算是一個網紅，做足球賽事解說，在優酷的娛樂類目上排名第一。後來我發現一個問題，我的粉絲不在優酷和我互動，他們根本不「生活」在上面，反而跑到貼吧、QQ 羣和我互動。於是我就做了第一次轉型，開始找新的平台，當時發現了快手。

那時候我看不懂快手，但我發現一點，快手的粉絲黏性和互動維度遠遠高於其他平台，它不像是一個媒體，更像是一個社交平台。我們做了一個非常重要的決定，切掉所有其他平台的內容，斷了所有的廣告和拍攝宣傳片等的收入，全力做快手。

直播改變了社會生產關係

我們不是一家 MCN 機構，我們是在快手這個環境下長出的新物種。我們是快手官方認證的產業帶基地，也是快手目前比較大的品牌代運營商之一。

我們為甚麼要選擇快手？因為在我看來，短視頻直播本質上是在改變社會生產關係。過去的直播，更多是秀場直播，它是一個舞台，有唱歌、跳舞及其他形式的表演。那時我去給企業家做分享，上台後介紹說我是做網紅的，下面的人一片譁然，他們對「網紅」這個詞是有偏見的，覺得網紅都是從秀場裏走出來的。但是後來我們發現，直播不一樣了，這種不一樣的出現是從快手開始的。

今天直播已經由秀場直播變成功能性直播。甚麼叫功能性直播？即可以通過短視頻直播這個工具來改變社會的生產關係。比如再厲害的老師，一節課也只能教幾十名學生。但是今天在快手上，一位老師上一節課能影響幾百人，這是不是老師的生產力被解放了？再比如帶貨主播，過去賣貨的可能是櫃哥、櫃姐或者是批發商，現在銷售因為有了短視頻直播這個工具，極大地釋放了原有的生產力。

我們再放眼望去，中國是一個經濟縱深非常大的國家。中國這麼多人，如何讓偏遠地區的人買到好貨？我當時想到這個，心潮澎湃，「天吶！在我們國家有太多事情可以做」。甚麼平台能夠讓我觸達這些人呢？快手能夠普惠，是能夠觸達每一個普通人的工具，讓我們看到直播生態在慢慢往更好的方向走。

之前，董明珠在快手上直播 3 個小時，銷售額 3.1 億元；2019

年「雙十一」時，某頭部主播團隊銷售額超過 20 億元。他們是因為這一次「雙十一」搞了活動所以賣得很好嗎？不是，他們在快手這個生態裏一直賣得好。這裏沉澱下來的流量能夠持續穩定地帶來銷量增長，所以這個平台我站定了。

直播給企業帶來轉型機會

企業家現在面臨着一個時代轉型的機會。我們看到，短視頻直播正在成為一種像水電煤一樣的生產資料，進入每個人的生活。

以前的 PC 互聯網時代要做推廣、投廣告，投完了平台方就會給我上首頁。相當於以平台方為中心，影響週邊的節點。但是現在不一樣了，現在我們面臨的傳播模型是分佈式流量、多節點傳播。每個用戶都是一個節點，可以做內容的分發，每個分散的節點都有它的影響力。

舉一個例子，我當時在快手上刷到一個視頻，是賣壓路機的。這個帳號粉絲量不到 1 萬，但是有一次他開直播，3 個小時賣了 20 台壓路機，一台的客單價是 40 萬元左右。它只是一個非常小的節點，但是因為在一個分佈式流量的社交平台，它能影響的人羣非常精準，所以 40 萬元一單也能賣得出去。

再講一個例子，快手上有一個帳號，200 多條視頻都是在釣魚，連姿勢都是一樣的。這個帳號如果在其他平台，可能並不會上熱門。有一次我看了他的直播，整整 3 個小時一句話都沒有説，就是在釣魚。下面的評論卻很熱鬧：「我看見魚餌了」「魚竿是甚麼型號」，非常熱鬧，我當時就蒙了。後來我加了這位主播好友，發

現他一個月能賣出一千多條魚竿，流量大多是從快手來的。

所以分佈式節點本質上是一個很有意思的社區，你在裏邊能找到志同道合的人，並且可以用短視頻做交互。為甚麼是短視頻？因為門檻低。你能讓村口的大媽寫一篇長達萬字的文章嗎？不太可能。但是你給她一部手機，她就能拍出她的生活。所以，快手能夠脫穎而出。

「內容 + 運營 + 數據」共同驅動

也許有人還有這樣的偏見，覺得這個平台很「土」。但是我一直覺得「土」的本質是信息差，你看到這個地方的信息差越大，你能創造的價值也就越大。在中國還沒有電子商務的年代，阿里巴巴就實現了這樣一個巨大的信息差的跨越，所以它創造了巨大的經濟價值。截至目前，我們服務了一百多家企業，但是還不夠。

最近我去了全國很多地方，發現中國真是地大物博，四會的玉石、東海的小海鮮、江西的紡織品……你想一下，中國的基本面是甚麼？不是那些大品牌，而是千千萬萬的中小商家。已經有大量的商家拿着手機在短視頻平台上直播賣貨了，但是還有一個問題，就是我們下沉市場產業帶的商家們還不太懂甚麼是 ROI，甚麼是數據分析。

我就給商家做了一套簡單的工具，他們只需要明確想達到的目標，我們來全控。在此之前我們已經摸索出了一套可複製的打造爆款的公式，我們在快手上投了非常多的帳號和視頻，通過不斷做灰度測試、AB 測試（為網頁或應用程序界面或流程製作兩個

或多個版本，分析評估出最好版本），測出有上千個維度能影響一個視頻的流量。比如上傳時間、封面圖、色辨率、飽和度、標題字體與字數，漸漸分析出如何能在快手上熱門。

現在要想獲勝，不再是「內容為王」，因為平台上有太多好的內容了，而是需要「內容＋運營＋數據」共同驅動。同樣的一個段子，兩個人拍，不同的運營與數據分析，會呈現完全不一樣的效果。所以你經常會看到那種內容做得非常好的一夜爆紅的帳號，但是如果想長期在平台保持熱度，或者說想有一條變現的道路，沒有運營和數據分析的支撐是無法實現的。

在流量投放過程中，我們 100% 的客戶實現了 ROI 的增長。一位珠寶玉石類目的主播，與我們合作之前的 ROI 是 1:0.01，就是投一元賺一分，現在上升到 1:8。我們合作的一個運動品牌客戶，此前的 ROI 是 1:0.2，在我們幫他做流量投放之後，現在的 ROI 是 1:10。商家賺到了錢，我們也賺到了錢，這就是為甚麼有人說「商業是最大的慈善」，你把商業模式「跑通」了，本質上這就是一個能夠循環往復，具有生態能力的慈善。

傳統廣告投放的思路要變一變

現在一些外企、大品牌，在面對短視頻方面的需求時，還是會去找原來的供應商 —— 老牌廣告公司，他們的思維還沒有轉變過來。

我們和廣告代理公司最大的區別是算法與流量，平台算法推薦能給主播推精準的人羣。比如，在包裝手法上，機器會根據主

播的封面、整體節奏識別並將其推送給精準的人羣。在這種情況下，製作的經驗決定了怎樣在算法推薦的平台上匹配到最適合的受眾。

而傳統廣告的投放，是所有人無差別看到些內容，並且廣告代理公司的預算基本上都花在大場面、創意、文案上，很少會思考在快手這樣的新平台上到底應該如何生存。

所以說衡量標準要變，製作方法也要變。前段時間我們幫「王逗逗的小時候」投了一場化妝品直播，效果非常好，她的王牌產品轉化率達 96%。那一場直播，她準備的貨全部賣完了，而且我判斷如果把庫存設得更高，還能再賣。

我們會根據後台實時銷售轉化數據做投放變化，比如接下來有一個新品秒殺，在這個時間點一定要把直播間人氣拉到最高，那我們就「火力全開」，她平時直播間人氣只有 6 000～8 000，當時我們幫她投到了 1.8 萬人，這個產品的聲量就打出去了，目標也完成了。接下來我們把投放速度降到正常水平，再繼續投後面的產品。

企業一定要有自己的 MCN 部門

第一階段代運營，我們幫助很多企業實現了漲粉。企業漲粉之後要做甚麼？要賣貨。在這個過程中 MCN 的價值到底在哪裏？它最終的目的是讓企業擁有自己的中台化能力。

我們服務的一家客戶，在全國大概有 1.5 萬名銷售人員。這位老闆跟我提了一個要求，說要把這些優質的銷售人員全部搬到

快手上來，不需要我們 30 天做出 10 萬粉絲那麼多，但要保證每一名銷售人員有 2 000 個粉絲，這樣，這家企業就有了 3 000 萬的線上粉絲。

企業應該有一個官方帳號用來打品牌，接下來可以開多個子帳號打造不同的人設，以滲透各個圈層。像學而思的學科矩陣、喜馬拉雅的欄目矩陣，都是我們做的案例。簡單來說，當一個用戶關注了某一教育品牌的官方帳號，接下來可能就會收到其他子帳號更細分的內容。這樣就把一個個節點圈起來了。品牌矩陣建立之後，就可以搭建線上銷售體系，這個體系最終是牢牢掌控在企業自己手裏的。

在這種模式中，企業矩陣中的每個帳號都有不同的人設和圈層，比如你是做女裝的，有優雅風格、蘿莉風格，各種不同風格針對不同的圈層。我們作為代運營機構，可以幫助企業針對不同圈層的多個帳號做標杆帳號。

一個與時俱進的企業，在未來一定要設立自己的 MCN 部門，有一套完整的主播、運營、攝像團隊，扎根直播生態去做銷售。不要老是找外部的 KOL 帶貨，KOL 的不確定性比較大，而把這種團隊握在企業自己手裏，將它運營穩定之後還可以變出千千萬萬的團隊。

所以，企業應該有自己的中台化能力，未來應招收更多的主播、更多的銷售進行培訓。當框架搭建起來後，媒介採買投放的時候，所有的流量就都會落在自己的流量池裏，這時它就形成了一個聯動。從快手上得到流量，然後引入私域，形成了一種循環。

幫助企業建立自己的中台化能力，這是我們未來主打的方向，畢竟企業不可能把增長這麼重要的事情，長期交給一家外部企業。

第四部分
快手生態（下）：品牌崛起

第十章
長出快品牌

- 淘寶有淘品牌，快手上也正在生長出快品牌。
- 本章提供了兩個案例， 一個是被機構推火的可立克蜂毒牙膏， 一個是被主播 77 英姐自己推火的品牌「春之喚」。

本章篇目

可立克：
一款蜂毒牙膏的爆品之路

> 要點
>
> · 快品牌崛起的底層邏輯是消費主力的改變。新的消費理念開始出現，「90後」「00後」更重視高性價比。
>
> · 在傳統電商生態、微商生態裏沒有機會的一批人，手裏有好貨，借助直播、短視頻這種高效渠道，找到了新的機會。
>
> · 爆款是打造品牌的必要前提，但要想成為真正的品牌，需要溢出單一平台，在全渠道發展，才能撬動供應鏈。

2020 年，可立克牙膏曾獲得快手平台牙膏單品月銷量的冠軍。之前，這款產品在傳統渠道未能打開銷量，它完全是在快手爆紅的。

可立克蜂毒牙膏創始人陳日和，在行業耕耘多年，專門鑽研蜂毒產品和配方，夯實了產品的優質基礎。

而可立克牙膏走紅的重要推手，是一家叫作「魔筷科技」的公司，地點位於杭州，成立於 2015 年。

可立克牙膏是如何抓住直播時代的機遇，成為快品牌的成功

本文作者為快手研究院高級研究員李召，研究助理蔡煜暉。

案例的，我們可以分別看看可立克牙膏創始人陳日和以及魔筷科技創始人小飛（王玉林）怎麼說。

◎ 以下是可立克牙膏創始人、日和堂醫藥科技有限公司董事長陳日和的講述。

「蜂毒牙膏」的誕生與成長

我先後在日本花王、霸王和三九集團從事市場工作，後來自己辦化妝品工廠，由於不懂技術，虧了很多錢。2008 年，我創辦了日和堂公司。2016 年開始將「蜂毒」概念與牙膏相結合。我研究蜂毒十幾年，做可立克這個品牌也有十年了。蜂毒是一種中藥，蜂毒牙膏是一個中藥現代化、產品化的範例。

我們的蜂毒產品還包括面霜、沐浴露、膏藥等，大概有十幾種。蜂毒的膏藥貼，我們在市場上賣了很多年，走的是美容養生的專業渠道，口碑也是非常好的。在快手上我們主要做牙膏、沐浴露、香皂這類產品。

國內有一個很知名的中藥牙膏品牌 —— 雲南白藥牙膏。我研發蜂毒牙膏，也是受這個啟發，根據對雲南白藥牙膏的長期跟蹤研究，我給蜂毒牙膏的定位是全效型，尤其是對口腔炎症的功效很明顯，我判斷這是有市場需求的。

2017 年，我們在傳統電商渠道上定價每支牙膏賣 38 元，價格和雲南白藥牙膏差不多。第一年大概賣了 10 萬支，銷路沒打開，導致幾百萬支牙膏積壓在倉庫。這時候我們決定走降價這步棋，

降到十幾元一支後，一年能賣幾十萬支了。

2019 年 6—7 月，我們和魔筷科技達成合作協議。魔筷根據產品的情況給我們定位為「國貨之光」，認為高價位是沒有辦法與雲南白藥等大牌牙膏競爭的，乾脆就做低價位，賣 8 元 / 支。低價位的功效型牙膏一般售價在 11 元左右一支，如果我們定在 8 元 / 支，在這個領域是沒有競爭對手的。

我衡量過，如果低價位能賣得好，能造福老百姓，也是不錯的定位。我就同意在魔筷平台試推廣，沒想到第一個月就賣了 100 萬支，後面幾個月有時單月銷量幾百萬支。從 2019 年的 9 月到 2020 年秋，一年多的時間，銷量一直很穩定，快手、天貓等渠道加起來，總共賣了一兩千萬支，在國內牙膏單品中銷量已經可以排到前幾名了。

「爆款」持續的核心因素是超高性價比

我們客觀地評價，這款牙膏的的確確是在快手平台上做起來的，前期網紅的推廣起了很大作用。蜂毒是個很概念化的東西，大部分人都不太了解，需要由口才很好的人去介紹、演示，讓大眾了解，才能獲得消費者的信任。

一開始是魔筷把蜂毒牙膏推給了幾位粉絲量比較大的快手主播，產生了不錯的銷量，當量上來後，影響擴散，其他一些快手主播一起加入售賣。前期如果沒有這麼多快手主播推廣，沒有爆發性地走一波量出來，也就不會有後面持續的發展。蜂毒牙膏在快手爆紅了以後，我們再逐漸向其他平台擴展。

銷量上去之後，工廠的生產佈局也有了變化。我們現在有兩個工廠供貨，不會把所有的生產放到一個籃子裏，這樣一旦有風吹草動我也可以做出平衡，便於風險控制。我有經驗和教訓，只有一家工廠供貨，如果在節骨眼上趕不出貨來，就會產生很大影響。

按我的分析，網紅產品走到後期，能持續穩定發展，核心因素還是超高的性價比，在這個價位上你很難買到這種功效型牙膏。

我們是國內蜂毒牙膏的首創者。大概在六七年前，意大利出現過一款蜂毒牙膏，但是它只是做了一個概念，沒有賣好。現在我們這款牙膏的功效很多，比如消炎、鎮痛、止血、口腔潰瘍修復、持續清新口氣、防止牙齒敏感等。當時為了做這個配方，我們花了一年零八個月的時間。其中一款香精，是瑞士一家公司的工程師專門針對我們的蜂毒牙膏研發的，獨家定製，結合我們自己生產的中藥提取物，可以持續清爽好幾個小時，消費者使用一次就會有很明顯的感受。

功效來不得半點虛假，因為這不是我們自己評價出來的。截至目前，我們的牙膏在各平台累計有幾百萬條評論，好評率達到97% 以上，算是很高的了。做了一年多，我們明白最重要的就是產品，產品好，價格又便宜，碰到合適的契機，就很容易大賣。

我認為蜂毒這個概念起的作用也很大，它很新奇。還有一些小的方面，比如在包裝設計上，我們是特立獨行的。開始人家覺得這款牙膏的包裝像鞋油，行業內也有很多朋友跟我說，老陳，你這種牙膏要不就賣爆，要不就一塌糊塗。但是我堅持了這種風格，考慮到後續發展，我也同步申請了相關專利版權的保護。

還有，牙膏一年四季都得用。再加上這些年國人的刷牙習慣已經改善了很多，偏遠地區的人也逐漸習慣了一天刷兩次牙。且

隨着互聯網的普及，大家的健康理念和生活方式都在進步，消費習慣已經大大地發生了改變。

2020 年的新冠疫情作為偶然因素，對於線上銷售的拉動還是很大的。疫情期間多數線下店舖不能開門，按照傳統的渠道怎麼賣？而網絡渠道不存在開不開門的問題，直播電商反而迎來了機遇。我們的銷售量也是在 2019 年 12 月到疫情期間暴增的。

成功有很多綜合因素，我大概是這麼判斷的：首先，核心因素一定是產品功效和超高的性價比。其次，快手平台的主播助推作用也很關鍵。第三是階段性因素，主要是受疫情影響，線上消費增多。現在這款牙膏的回購率能達到 20% ~ 30%，這在國內一線品牌牙膏中也算高的。

由品牌帶動中醫藥的現代化

借助平台和機構的力量，銷量先行，這算是一種新型品牌模式。現在我們跟魔筷採取的是緊密型的合作，我們的產品開發及各種促銷活動，都會根據他們的建議進行。目前我們和魔筷定下的目標是一年銷量達到五千萬支，同時他們也希望我們進行產品升級，開發一些新的蜂毒牙膏、兒童牙膏等，適應不同消費羣體的需求。

品牌要想真正發展起來，達到一定的規模和知名度，不能只依靠單一平台，而是要讓產品線在全平台豐富起來，包括線上線下全方位的佈局。目前我們做得還比較窄，快手的銷售量佔總銷量的 60% ~ 70%，其他很多渠道都還沒動。未來我們希望有代言

人，可以是各平台的大咖，便於在多平台做起來，線下的推廣也在我們的發展規劃之中。

現在我們能做的是把「互聯網＋」，尤其是直播電商這個風口抓住，如果抓不住，就不可能發展那麼快。我們成立了一家網絡公司，有專門負責直播的團隊，研究各平台的運營。我有堅定的信心，遲早會讓可立克蜂毒牙膏在中國的中藥牙膏市場佔有一席之地，成為老百姓喜愛並且用得起的功效型牙膏。

當然，我的長遠目標不僅限於可立克牙膏，而是要做一個中醫藥大平台，把我們傳統的好東西產業化，也就是把中醫藥現代化。目前蜂毒還沒有真正被產業化，未來的前景還是很廣闊的。

人還是要有點夢想的，萬一實現了呢！

◎ 以下為魔筷科技創始人兼 CEO 小飛（王玉林）的講述。

說起我們是怎麼打造可立克蜂毒牙膏的，還有一些故事。

魔筷專門有一個品牌孵化部，部門中的人員基本都是做了很多年產品出身的。他們在全國到處尋找有潛力打造成爆款的產品，結果在廣州找到了搞研發出身的陳日和先生。他研發的一款牙膏，主打消炎止痛，含蜂毒，刷完牙有清爽的感覺。

當時他這款產品的銷售遇到了困難，有 80 萬支庫存，想通過微商渠道賣，結果發現賣不動。我們拿過來看，覺得產品挺驚豔的，就開始在快手上推，一下子就爆了。2020 年幾大平台加起來估計賣了幾千萬支。

這款牙膏具備幾個特徵。第一是確實好用，很多大工廠逆向

做它的配方，都做不出這種感覺。第二是包裝看上去不錯，品牌也有多年積累，只是還沒有爆。

我們當時的打法就是，先與一些頭部主播溝通和試用，他們覺得不錯之後，才開始帶貨。後來，我們再與中小主播溝通，他們在了解和試用產品之後，很快就決定一起賣。另外還有一些主播，是自己用完覺得好，才開始推的。這個時候快手用戶會發現，好像大家都在用可立克牙膏。

我們在做可立克牙膏的過程中發現，產品在快手上做起來之後，淘寶旗艦店的銷量也起來了，很多渠道的銷量都跟着起來了，而且基本都是從快手溢出的。比如很多人在快手上買過可立克牙膏，第二次想買的時候，就去淘寶搜索。搜索量起來之後，就由淘寶店承接。還有一些人先在快手上看到，又在社羣裏看到了，發現這個牙膏是爆款，於是趕緊買。消費者在多個渠道、多次接觸這些信息，就會建立起品牌認知。

從爆款到品牌還有多遠？

爆款是建立品牌的必要前提。除了銷量大，還要具備複購率高、購買決策成本降低、轉化率高這些屬性，才可以稱之為品牌。

老陳原來就有兩把刷子，產品做得很好，就是缺少渠道。借助直播、短視頻這種高效渠道，將幾個要素整合在一起，就為這個品牌的誕生奠定了基礎。

我們發現，在快手上除了可以賣品牌貨，還可以高效打造快品牌。在一個平台做起來，就會吸引、挖掘出一批新的供給資源。

這些人可能原本在傳統電商生態、微商生態裏已經沒有機會了，但手裏的貨品質好，一旦有了新渠道，他們就有新機會。

快品牌就跟淘品牌一樣，只不過是從快手這個生態裏孵化出來的品牌。

目前在快手上沉澱出的快品牌還不算多，但是有很多機會。它的底層邏輯在於消費人羣，「90後」「00後」成為消費主力，他們不熟悉也不在意原來的那些品牌。他們重視的是性價比等一些新的理念。

魔筷科技作為與快手關係密切的服務商，熟悉快手生態，並與頭部主播保持着很好的關係，想推某個品時，可以找到他們。再加上魔筷本身就給一些中小主播提供服務，可以優先找到他們推介某個品牌。

之前我們想做「C2網紅2M」，就是通過網紅收集C端的需求和數據，匯總起來再去改造上游的生產，這樣效率可能更高。後來我們發現，這條路目前還比較難走。主播自己做品牌都不容易，因為量太小了，不足以支撐工廠的議價空間。而且如果是主播自己做的品牌，其他主播是不大可能幫他/她帶貨的。

真正的品牌要有很大的規模，才能撬動供應鏈做更好的品質、更高的價格。而且要全渠道鋪開，不僅在快手上賣，淘寶、京東上也要有。

還有一種方式是主播和品牌聯名。比如隆力奇牙膏與某主播推出了一個系列，相當於雙品牌。隆力奇是大眾認可的品牌，這時候再加上主播背書，我覺得這種推廣也是有機會的。

春之喚：
義烏主播 77 英姐的垂類耕耘

要點

· 做快手兩週年紀念日那天，英姐直播近 16 個小時，銷售額 3 700 多萬元。

· 拒絕各種爆單誘惑，英姐堅持做化妝品垂類，在眾多義烏主播中後來居上。

· 打造「春之喚」快品牌，客單價比較高，不打價格戰，注重產品效果。

2020 年 9 月 7 日，是 77 英姐做快手兩週年的紀念日，這一天，她在快手直播了近 16 個小時，銷售額 3 700 多萬元。

英姐和丈夫在義烏發展，是比較早開始做快手直播電商的一批人。他們和諸多同行一樣，聚焦垂類，堅持做品牌，開啟了義烏電商的 2.0 版。

本文作者為快手研究院高級研究員李召，研究員梁曉妍，研究助理毛藝融。

◎ 以下是 77 英姐的丈夫、公司創始人劉巖的講述。

我出生在東北，十幾歲到山東青島。我在少林寺學過幾年武術，到青島開健身俱樂部，三年啥也沒幹成，最成功的是娶了英姐。英姐名叫徐曉英，是山東濰坊人。

成家後，我們不能再向家裏要錢了，就和朋友擺地攤。從青島擺到揚州，整個江蘇都走遍了。後來人家說，你想貨發全國，就要去義烏。2013 年 12 月，我們兩手空空，背包到了義烏，在北下朱村落腳。

我們在閆博的影響下開始做快手，當時他是義烏北下朱村做快手的第一人。我們跟在閆博後面學，2018 年 9 月 7 日，英姐開始做快手直播。

最初，英姐和義烏的很多主播一樣，主要做服裝和百貨，不是專門做化妝品的。當時她覺得，化妝品是往臉上擦的，看不見摸不着，怕人家用着不放心。

我們做了幾個月，百貨做不動了，服裝也有點過季，生意變淡，打底褲、羊絨大衣的退貨率有 30%～35%，就想做化妝品試試。一試發現老鐵們能接受化妝品，而且退貨率只有 8%～10%。英姐接觸化妝品行業比較早，以前也做過供應鏈，所以我們在 2018 年底轉型做化妝品。這個類目能提升產值，一旦做好肯定比百貨強很多。

「春之喚」快品牌的由來

每一個平台都能沉澱出一些好品牌，比如韓都衣舍是淘品牌、可立克牙膏是快品牌。在快手平台，我們的「春之喚」現在也是數

得上的快品牌了。

現在有三家工廠幫我們做產品代工，主要在廣州市白雲區。在做直播之前，我們就和這些廣州工廠有緊密合作。以前他們主要是給美容院等渠道供貨，沒有自己的商標、品牌。做直播電商給我們帶來的啟示是，要做一個自己的品牌。

我們合作的工廠主要給美容院生產產品。在化妝品行業，美容院線和日化線產品不一樣，需要更專業的知識，產品要有更多功效。美容院線產品的配方因客戶而異，日化線都是通用配方，一個洗髮水的配方，貼甚麼標就是甚麼牌子，可以批量生產。

所以美容院線產品的品質一般比日化線的要高，比如有效成分的活性物含量要高，因為美容院要保證顧客使用後看到效果。你在超市買一支洗面奶或者水乳霜，用着不好大不了就不用了，但美容院不是這樣，要想吸引顧客辦卡成為會員，你選的產品給客戶用了要有明顯效果，臉色紅潤有光澤，氣質提得上來，人家才認可你。做了一兩個月，啥效果沒有，美容院就開不下去了。

我們的產品質量好，成本也不可能做得太低，所以沒法跟其他主播打價格戰，只能用產品的效果説話，必須要把品牌做出來。2020 年 9 月 7 日的活動，平均客單價是 401 元，但是很受用戶歡迎，當天賣了 3 700 多萬元。這場活動，我們也請了「春之喚」的研發團隊總顧問、生產總工程師等一起推介產品。

為甚麼堅持做垂類、做品牌

每個類目都有賺錢的機會，我們既然決定做化妝品了，就把其他的類目全部拋棄掉。主播一定要堅持做垂類，這是我們在這一行沉浮多年摸索出來的。這種方向感來自實際經驗，沒有多麼高深的思想支撐。要做就要專一，不要東做西做，做雜了，最後粉絲都不知道你擅長的是甚麼。

在義烏，有幾十萬粉絲的這類主播很容易動搖，一會兒賣這個，一會兒賣那個，被熱門牽着鼻子走。如果一個主播本身是賣包的，拍一個月關於包的視頻也上不了熱門，忽然發現人家拍水果上熱門了，就忍不住跟着去拍水果，但他不知道人家可能也是拍了幾個月才上熱門的。跟着拍了一段時間發現水果也沒那麼容易上熱門，可能又跑去拍童裝，這麼來回折騰，帳號可能就被折騰廢了。因為你拍包的時候吸引了一些包的粉絲，拍水果的時候吸引了一些水果的粉絲，最後你又去賣童裝，前面那兩個類目積累的粉絲就不具有針對性了。

跟風比較簡單，有人在前面想，你在後面跟着做行。但如果你做垂直類目是沒人幫你研究的，只能自己探索。這也是件很艱苦、需要熬得住的事情，我們做垂直類目，其實內心也很煎熬。

義烏小商品市場非常成功，但這裏做直播電商的人，堅持做垂類的不多，可能和這個地方的基因有關：一是貨，二是人。

第一，義烏主播以貨為中心的思維比較嚴重，容易忽視對人設的打造。義烏的產品太多了，7萬多家商戶，每一家的後端工廠都有很多的產品。產品太多，就很難讓人定在某一個類目上。你的帳號剛做起來的時候，說不定趕上甚麼節點就上了熱門，但

如果你堅持做一個垂類，等待它上熱門的時間一般會特別久。

第二，來義烏創業的主播很多都是草根起家，一開始都是兩手空空，甚至負債累累，所以喜歡賺快錢、追熱門。你描繪得再好，説做垂直將來會很好，但持續一個月不掙錢，可能都吃不上飯了。所以他們寧可跟風，先上熱門，掙生活費。如果不爆單，下個月生活費沒了，就得離開義烏了。

不垂直很難做成大主播。道理都懂，但是不容易做到，一是可能自身經濟條件不允許，二是抵不住各種誘惑。

其實快手平台很適合做品牌，適合穩定持久、真正有耐力的人做。在快手，前期的成長可能沒有那麼快，但是絕對穩，因為快手重視主播的私域流量，這是快手獨有的優勢，也是快手扎根下來，往品牌化轉變的好機會。不要因為其他平台搞流量扶持，拉新快，就自亂陣腳。

尤其是快手推出小店通後，把公域和私域打通了。通過小店通這個工具，英姐的粉絲增長非常迅速，從 2020 年 8 月只有 300 多萬粉絲，到 2020 年 11 月已經有近 800 萬粉絲了，而且粉絲黏性非常高。我們每天的營業額都差不多，如果做活動就會更高。

主播客單價低，想往高轉，恐怕要經歷一個很長的痛苦期，因為做久了，粉絲的消費能力就集中在這個價位了。快手要支持垂類主播，把品牌樹立起來，這樣就有了標杆。

英姐的定位和別人不一樣，只做自己的品牌，不給別人供貨，也不賣別人的貨。我們主打的是產品的效果和科研技術。現在所有的類目，價格戰都很嚴重，不僅僅是化妝品行業。未來我們會堅持住自己的方向和品質，確保不被帶到價格戰的漩渦裏。

直播之鏈：從廣州工廠到義烏市場

現在我基本上每個月會有一半時間在廣州，一是去催貨，二是去開發新品。

2020 年 9 月 7 日這場活動中有很多夏季產品，活動做完就要開發新產品。夏季產品是偏清爽的，而秋冬季節空氣乾燥，風沙又大，所以要開發一些偏滋潤的產品。

我到廣州和研發工程師討論，他們會根據我的訴求調整配方，然後打樣，打樣回來我再試版，覺得可以就定版，之後開始做盒、做瓶，然後生產。這是一套常規的流程。

就像服裝有春款、秋款一樣，化妝品應對季節不同，也有清爽款、滋潤款。我們的工廠都是專門做定製化產品的，可以根據客戶的需求進行生產。

淘寶、天貓是電商，直播也是電商，但不同平台的差異很大，平台屬性不一樣，每一個品牌對應的客戶年齡段、消費能力不一樣，城市、農村居民的消費觀念也不同。品牌也是這樣，有一個國貨品牌的產品和「春之喚」的一些產品在同一家工廠生產，同樣的產品在不同渠道銷售的差別還是很大的。這個國貨品牌在其他渠道賣得好的產品，拿到直播間就不一定好賣，有時候我們推得好的東西，他們就賣不動。

不同主播所面對的粉絲羣也不一樣。英姐和另外一位主播的彩妝是在同一家工廠裏生產的，那位主播的彩妝走得多一些，我們的彩妝就走得少。因為英姐的粉絲年齡主要在 30 歲以上，而那位主播的粉絲的年齡主要在 25 歲以下，年輕小姑娘彩妝用得多，年齡大一些的女性往往需求的是系統護膚，如淡化皺紋、延緩衰老等。

英姐說話輕聲細語的，她的聲音很有「魔力」，每句話都能印到你的心上，這個特點其實也跟產品特點有關。我們的產品客單價高，主播就得細緻一點，慢慢地講明白它的功能、成分和好處，為甚麼貴，貴有貴的道理。這種東西你用激情去講是沒有用的，它不像商場搞促銷，要講得有激情，讓大家趕快搶，讓人認為「不搶就吃虧了，趕上了就是機會」。這種烘托氛圍的方式對我們沒用，我們要用數據而不是靠情緒來證明這個東西好。

我們在廣州和義烏兩地都發貨。義烏發的貨相對較多，我們自己發貨，信息會更加及時。在廣州，我們是用雲倉發貨。雲倉屬於第三方，我們要把發貨的相關數據傳給他們，來回傳遞信息，速度會變慢。出現錯誤的時候，也不好核對，因為他們發貨的體量很大，不好追查。另外，雲倉就賺那麼一點費用，要他們花力氣幫你追查，成本就變高了，所以配合的力度也有限。而我們自己發貨，哪怕虧錢也得把它弄好，不然影響評分，影響粉絲的體驗感，增加多少成本都得把售後做好。不過雲倉也是有好處的，它確實能在短時間內發出很多貨，量很大的時候，可以減少我們的壓力，發貨的速度會變快。

我們的工廠在廣州，為甚麼還選擇留在義烏？主要是因為我們是從義烏起步的，7 年了，朋友、圈子都在這裏，如果換個地方再用 7 年重新維護一個關係圈，也需要隱性成本，所以我們不會輕易換地方。

另外，在義烏背靠那麼大、那麼活躍的小商品市場，也有特殊的優勢。雖然廣州的供應鏈體系強大，製造業發達，貨的價格有優勢，但信息感知是比義烏慢的。義烏的好處是市場特別靈敏，信息傳得特別快。無論甚麼模式、甚麼玩法，義烏一般都會先

知道。

　　舉個例子，我們 2019 年三四月開大巴車帶主播去廣州拍段子，好多工廠都不讓我們拍，只有非常大膽的老闆，或者有前瞻意識的老闆知道這是給他們免費做宣傳。到了 2020 年四五月，我們再去廣州的時候，很多工廠都提前把橫幅準備好，電子屏幕打上 ——「歡迎義烏某某主播團隊」。廣州工廠搞直播相對滯後一些，但也在逐漸改變，它們對快手的認知度也越來越高。

　　另外從生意的角度看，我們在義烏賺到錢了，這個地方可能是我們的福地，適合我們，就選擇留在義烏了。

第十一章
老品牌的新市場

- 不同行業的三個品牌企業如何抓住直播的機會，闖出一片新天地。

本章篇目

新居網：
疫情期間訂單逆勢大增背後的邏輯

要點

· 提前佈局短視頻行業，早在 2018 年全網粉絲量就已達到億級規模，自主孵化出「設計師阿爽」、「wuli 設計姐」等十幾個家裝垂類大 IP。

· 2019 年至今實現爆發式增長，2020 年短視頻和直播帶來的訂單量比去年同期增長了 200%～300%。

· 本文介紹了新居網 MCN 孵化達人的組織架構，以及「線上留線索，線下成交」的營銷打法。

　　新居網是定製家居龍頭企業——尚品宅配集團的全資子公司，成立於 2007 年，通過網絡設計平台和虛擬現實技術，整合產業鏈資源，為客戶提供個性化定製服務，開創了網絡直銷和「大規模數碼化」定製相結合的 O2O（線上到線下）＋C2B 商業模式。

　　新居網旗下的新居網 MCN 是一個優質內容平台，也面向家居全行業的龍頭 MCN 機構。新居網 MCN 自主孵化和簽約超過 300 個家居類達人，旗下頭部 IP 包括「設計師阿爽」、「設計幫幫忙」、「wuli 設計姐」等，新居網 MCN 致力於讓天下沒有難做的

本文作者為快手研究院高級研究員李召，研究員楊睿。

裝修，通過優質內容的生產及輸出，為消費者提供優質的決策內容，讓消費者更好地完成裝修。

◎ 以下為新居網 MCN 負責人鍾錠新的講述。

2020 年漲粉 4 000 萬，變現同比增長 200%～300%

早在 2017 年，我們就提出了視頻化戰略。當時主要的考慮是各渠道的獲客成本居高不下，我們想去探索新模式，看能否降低獲客成本。

短視頻是一個新賽道，當時整個家裝行業還沒有多少企業進入。我們從大數據發現，短視頻行業增長很快，用戶在快手等平台上的停留時間越來越長，於是決定向短視頻進軍。

2017 年末，我們正式組建了做短視頻的團隊，應該算是裝修家居行業裏第一家組建幾十人團隊做短視頻的企業。剛好趕上 2018 年春節短視頻增長迅猛，我們才做了幾個視頻就出現了爆款。我們的第一個視頻現在已有上千萬點讚量，做到第四個視頻時點讚數達三四百萬。

當時我們每拍攝一條視頻最多能增長 100 萬個粉絲，這對一家企業來說，實在太過刺激和震撼了。所以我們認為必須加重、加快在快手等平台的佈局。從 2018 年 3 月開始，我們基本上每個月都會有 600 萬粉絲的增量，最多的一個月甚至累計有 1 000 多萬新增粉絲。

2018 年全年，我們在快手等平台的粉絲量積累了近 1 億。從

2019 年到現在，整體態勢可以説是呈爆發式增長。在定製家居行業，我們談到商業化變現，一般以量尺為標準，即設計師做出效果圖方案，並給客戶一個具體的方案報價，算作一個客戶。按照這種計算方式，2020 年我們的短視頻和直播的變現比 2019 年增長了 200%～300%。粉絲量增加了 4 000 多萬，一直到現在都保持着每個月 200 萬粉絲的增長量。

為甚麼我們在短視頻平台上能吸引那麼多粉絲？

我們內部總結出三個原因。一是起步早。當時短視頻平台上與裝修有關的內容非常稀缺，用戶對這些內容很感興趣。二是我們積累了很多優質內容。我們把當年瀏覽量超過 10 萬的圖文內容轉化為視頻，發現效果很好，爆款出現得很快。三是我們倡導創新，這是企業內部非常重要的文化。團隊之間會就增粉量、視頻量展開競爭，你追我趕，很快就把短視頻變成了常態化工作。

從內容上看，我們的短視頻要麼是知識輸出型，教用戶怎麼去裝修、設計，用知識輸出引流；要麼極具觀賞性，粉絲看了之後大開眼界、心情愉悦，自然會為你點讚。

以「設計師阿爽」為例，她在快手上有 1 000 多萬粉絲（截至 2021 年 2 月），現在每個月都在漲粉。她的視頻看起來都是類似的，先講一個裝修設計痛點，例如 20 平方米的房子怎麼裝出 60 平方米的感覺，接着再教你怎麼具體操作。粉絲接受度很高，因為眼見為實，看得懂。

阿爽的視頻瀏覽量從 30 萬～150 萬不等，完全是自然增長，不用花錢做推廣。

從零開始自主孵化達人：組織架構和相關制度

像「設計師阿爽」這種達人帳號，我們新居網內部有 13 個。從建立帳號、起名字、定位、選達人再到內容創作以及後續一系列運營，每一位達人都是從零開始孵化的。比如「設計師阿爽」，我們從 2017 年底就已經開始對其進行規劃，2018 年 3 月才正式亮相。

新居網在組織架構方面將內容分為兩大中心，分別是內容營銷中心和內容運營中心。內容營銷中心負責前端的內容創作，還有達人運營、達人矩陣建構以及前端的商業化。而內容運營中心則負責尚品宅配、維意定製以及整裝這些業務的粉絲變現，獲取他們的聯繫方式，將這些流量轉化為私域流量，再升級為有直接需求的客戶。

兩大內容中心下面還設了很多部門，比如內容營銷中心下設 7 個部門，第一個部門就是短視頻團隊，大約有 70 人。這個短視頻團隊又分出很多工作室，例如「設計師阿爽」工作室、「wuli 設計姐」工作室等，基本上粉絲多的達人都會有自己的工作室。（圖 11.1 展現了新居網的內容組織架構。）

阿爽的「設計師阿爽」是目前公司最大的號，因此單獨配置了一個更高編制的工作室。其他號也都是工作室形式，但編制人數相對少一些，統一由兩個短視頻部門管理。基本編制是文案、編導、主播、助播、拍攝各一人。

阿爽也是從零開始做起的。她在探索階段改過幾次名，前期定位不那麼精準，所以積累的粉絲數量也不夠多。我們不斷調整，一直到現在這個樣子。她一把頭髮剪短、染成黃色，整個人設立馬就起來了 —— 一位幹練、專業的設計師。她本名就叫阿爽，性格

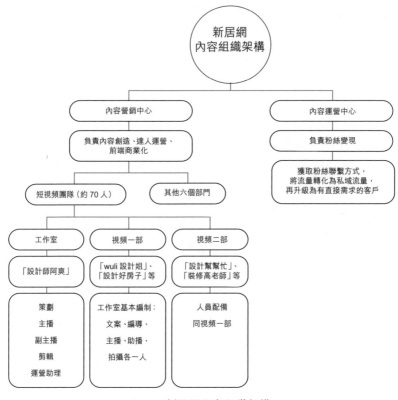

11.1 新居網內容組織架構

又非常直爽，再搭配職業化的服裝、配上那句「愛設計超過愛男
人」，視頻馬上就爆了。粉絲被她高辨識度的人設所吸引。我們也
從人力上給她加持，做腳本策劃，現在她每個月的粉絲增長量都
很穩定。她的帳號屬於公司資產。

　　阿爽工作室目前有十幾個人：三位策劃、兩位剪輯、一位運
營助理、兩位副主播等。阿爽主要做大主播和拍攝視頻，也接商
業化廣告。平時的設計工作由助理分擔，她基本上就是看方案、
審核方案、做修改。原本阿爽只是一名普通員工，但現在變成了

流量很大的網紅。

阿爽最開始做快手主播時，會親自寫腳本、做設計、挑選合適的家裝空間。我們也會請專業人士給她做腳本優化以及培訓。她也很好學，很熱愛裝修設計。她看到一些特別美的家居線條有時會流眼淚，只有特別熱愛才能創作出粉絲感興趣的內容。她的推薦也都是一些很實用的、能幫助粉絲在裝修設計時避免掉坑的內容。

我們公司大概有近兩萬名設計師，阿爽在成為主播前也是其中一員。公司要組建短視頻團隊時，阿爽剛來不久。我們對主播的挑選標準有幾點：一是總體打分較高，例如外形有辨識度；二是溝通表達能力強；三是會一些設計；四是要有個人特色。

我們的「wuli 設計姐」是設計師出身，廣東腔很濃，講話很有槽點，所以她的個性宣言就是「普通話很普通，但設計不普通」。

現在一個工作室通常配有兩位編導、兩位拍攝。小組兩兩PK，自己報選題自己做，還會有一些月度、季度上重要的專題策劃。

為了減少員工流失，我們會簽協議。一是競業協議；二是我們會有利益分成，以保證主播的收入足夠高。這個行業還有個很特殊的地方——需要有豐富的場景資源以及專業團隊。這些主播如果離開後做同類工作，不一定能撐得起來。

一方面，我們需要大量的拍攝場景。我們有很多客戶，平均每個月量尺的客戶就有 6 萬多個，這給我們提供了很多拍攝場景。我們的很多拍攝現場都是在客戶家裏。我們還有很多門店，也可以作為拍攝場景。

另一方面，短視頻光靠一個人不行，要有很強的內容創作和運營團隊。裝修行業的知識點非常細，沒有專業的人才支撐，很

難做出有競爭力的內容。而且有粉絲不代表有商業價值，最終還是要變現。我們有行業內很強的變現和商業化團隊。我們的確曾有個別主播出走，但最後他們沒有成功。

營銷打法：線上留線索，線下獲體驗

我們工作室的變現方式有三種。第一是主營業務，即通過整體裝修變現。阿爽一場直播大概有幾千單的銷量。第二是廣告，現在有很多品牌方會找主播做直播。達人是按照粉絲量報價的，阿爽一場直播報價 30 萬元。這個行業大的帳號幾乎都在我們這裏。第三是電商賣貨，目前進展得慢一些。

快手給我們的支持力度很大。我和快手房產家居的負責人溝通過，這個行業的客單價很高，所以沒法在線上完成交易，需要打通整個變現的路徑，也順便提出了我們的需求：在直播間可以讓粉絲留下聯繫方式，作為獲客的線索和入口；並在直播帳號裏留下企業的聯繫方式。

大約在 2020 年 5 月，快手頁面新增了一個「小鈴鐺」功能，通過它可以直接打通變現。用戶可以點擊「小鈴鐺」輸入姓名、電話，搶 0 元在線設計並免費領取設計圖，還可以看直播預約上門量尺設計。阿爽現在做一場直播最高能收到 6 000 多個（線索）提交。

正常來說，平台是不希望品牌把流量引到線下的，一般都希望交易發生在平台上，這樣才會有收入。但裝修設計行業很特殊，消費者不可能在線上交付幾萬元。所以消費者只在線上傳遞意向，我們的設計師做好方案後再約他去門店看方案、看產品，然後才

會成交。這是一種「線上留線索、線下獲體驗」的營銷方式。

從 2020 年 2 月到現在，我們的模式基本上就是以線上直播作為引爆點，銷售額產生在各門店終端。具體來說，我們通過線上大 V 直播，給消費者一個信任的窗口，再引導他們到尚品宅配、維意定製在全國的 2 000 多家門店，進店、看直播、做活動、消費。

2020 年 3 月 15 日，我們還做了一個「3‧15 大牌直播團購節」，請了 80 多位裝修設計垂類的達人，公司內部的十幾個大 V 也全部出動。直播主會場在尚品宅配東寶體驗店，全國各地還有 80 多個分會場。這場團購節我們給了粉絲很大的折扣和福利，補貼了一個多億元，而且拿了非常多的爆款產品做秒殺，比如沙發的價格低到三四折。

我們還聯合了 50 多個大品牌，像方太、老板、喜臨門、TATA 木門、海爾，把它們的產品放在我們的直播間售賣，一起讓利給粉絲、客戶。

我們還請一些老闆做嘉賓，主播當場跟他們砍價。最後真實的成交額超過了 1.3 億元。

另外我們還把客戶引到門店，客戶在門店就可以直接看直播。他們在店裏看阿爽直播的時候，我們就開始放福利優惠，可以砍價、「砸金蛋」。線下的設計師會跟客戶說，趕快交錢就一定能夠獲得抽獎「砸金蛋」的機會，價值上萬元的冰箱、洗衣機都有可能抽到，還有免單機會。

有大 V 背書，價格足夠低，加上線下門店看直播的體驗，還有設計師在一旁提醒交款有折扣福利，消費者在這種氛圍下一般就會交款。這是一種「線上 + 線下」的模式。而且我們的門店還會吸引很多老客戶，因為他們知道當天來門店一定能獲得很大的折扣和福利。

其實在 2020 年 2 月 22 日，我們就做了一場直播團購，但是以鎖定定金為主，而非成交。當時有 1 萬多筆訂單交了定金，按照客單價 2 萬元來算就是近 4 億元，但其實到後面真正的成交額只有幾千萬元。有了 2 月 22 日的嘗試，我們才又搞了「3‧15 大牌直播團購節」活動，把沒有成交的客戶再次引過來。

疫情之下的增速：線上需求增多 +AI 賦能

實體行業如果不擁抱互聯網，會很危險。疫情期間，以家居行業為例，我們看到一些已經率先開啟線上直播的企業，成交量都不錯。反觀一些前幾年線上佈局做得較差的企業，現在確實很艱難。不少裝修公司的設計師都經歷了降薪、裁員。

如果我們以線上獲得免費量尺設計的客戶申請量作為變現標準，那麼 2020 年 3—5 月由短視頻和直播轉化的申請量比 2019 年同期增長了 200%～300%。從全渠道來看，我們的客戶申請量相比 2019 年翻了一番。

從 2018—2019 年開始，我們就感覺到流量吃緊，獲客成本每年都上升得很快。但在 2020 年，我們的獲客成本卻下降了。

主要原因有兩點，一是疫情造成一些線上的裝修設計需求明顯增多；二是集團推出了在線設計新模式。

我們把以前非常優秀的設計案例集合起來，通過 AI 技術做出一些標準化方案，形成一個方案庫。全國兩萬名設計師可以通過方案庫快速匹配他（她）想要的方案，工作效率很高。以前設計師三四天才出一個方案，現在基本上半天到一天就能出方案。

隨着疫情逐漸緩解，各地陸續可以開展線下量尺設計的工作，但是我們依然會把線上設計作為重心和堅持的方向，在線上做好溝通，給出詳細的方案和報價，再邀請客戶到門店進行最終交付、參觀樣板間。

哪裏有流量就向哪裏開拓

新居網是伴隨着互聯網的發展進程一路走來的，至今已經有14年歷程了。圖 11.2 展示了尚品宅配的營銷大事記。

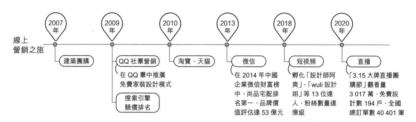

11.2 尚品宅配的營銷大事記

2009 年我剛加入公司時，公司還在做建材團購。後來由於 QQ 用戶量大，我們就轉型做自營產品，在網上搭建（營銷）渠道。

其中一個渠道是 QQ 羣，當時我們探索出了一套 QQ 羣的營銷獲客模式：通過加入一個個 QQ 羣，在羣裏推廣免費的家裝設計。這也是我們的私域流量。另一個渠道是搜索引擎：百度競價、精準投放，這是按照投放效果來付費的。

2010 年，我們開始做淘寶、天貓。2011 年微博興起後，我們開始做微博。2013 年我們做微信。可以説哪裏有流量、哪裏興起一個渠道，我們就會去哪裏拓展。

　　而且我們有個習慣，如果判斷是流量大的渠道，我們基本上會 All-in。整個集團會花費較大的財力、人力以及技術去打通這個渠道。

　　現在新居網至少在做十幾、二十個渠道。各渠道下面還有細分的團隊。但凡流量在幾千萬以上的渠道我們都會進去。

　　從整個家居行業來看，新居網做短視頻、搞直播算是比較早的。我們認為，想做直播電商，比較好的平台是快手和淘寶。

　　快手是私域流量。從粉絲的活躍度以及我們內部運營情況看，快手的粉絲黏性要比其他電商直播平台高很多。這與快手本身所倡導的「老鐵文化」有一定關係。快手上有很多非常接地氣的用戶，粉絲量可能沒那麼高，但粉絲對主播本人的認可度、對其推薦產品的認可度以及粉絲的購買力都是非常驚人的。

　　裝修家居這個行業本身是缺流量的。即便已經形成了一個個品牌，但行業裏仍然沒有出現一個絕對的冠軍品牌，甚至沒有出現千億級企業。這是一個機會。而每家企業又都承受着客戶流量的壓力，所以為了獲取更多流量，企業一定會擁抱互聯網、擁抱短視頻和直播。

　　我們雖然做得早，但依然會有很大壓力。目前我們的整體流量、播放量包括粉絲量的增長速度已經放緩，因為同質化太過嚴重，平台和消費者都有點審美疲勞。現在我們在嘗試加入特效，讓粉絲看到我們有 VR（虛擬現實）的能力，也在做短視頻的定位升級，幾乎把創新當作每週的重要工作。

　　我們也不知道未來哪種方式會更受消費者和平台喜歡，但即使在某一段時間內被認可，之後也還是會迅速變成舊模式。我們能做的就是跟時代賽跑。

　　我們目前的探索是把整個裝修過程記錄下來，從工地、毛坯房開始拍，根據作業流程把整個過程拍下來。比如阿爽現在拍的視頻只有一個空間、一個知識點，之後我們要讓消費者看到家居是怎麼從無到有、怎麼設計、怎麼安裝出來的。如果把整個流程告訴粉絲，他們以後就會懂得怎麼裝修他們的家了，這會更加真實、更有質感。

　　至於變現模式，我們會逐漸把快手等平台的粉絲引入私域流量池。通常我們認為私域流量池是粉絲羣，快手也有粉絲羣。運營粉絲羣時，我們要不斷輸出一些裝修知識，入羣後還要讓他們時不時獲得一些福利、折扣。粉絲既能獲得家裝知識，又能享受低價產品，就會願意留在羣裏。我們也通過這種方式不斷提升粉絲對我們的好感度，這樣他們以後裝修時就會想到我們。

江淮汽車：
全員直播，領跑車市增長率

要點

- 2020 年疫情期間，江淮汽車全員直播，經過 8 個月嘗試，江淮汽車的直播矩陣粉絲數接近 400 萬，涉及快手號 1 475 個。直播帶來了 25% ～ 30% 的購車用戶。直播獲客的整體成本比 4S 店模式低。

- 介紹汽車品牌直播具體是如何運營的，包括主播從哪裏來，主播帶來的銷售線索如何分配等。

- 直播拉近了企業和消費者之間的距離，很多不敢進 4S 店的人，通過直播間了解了相關知識，釋放了購車需求。

　　2020 年車市整體低迷，江淮汽車的增長率卻能領跑車市。這得益於疫情出現後，江淮汽車在第一時間全員擁抱直播。

　　2020 年 10 月，經過 8 個月嘗試，江淮汽車的直播矩陣粉絲數接近 400 萬，快手直播號 1 475 個。直播帶來了 25% ～ 30% 的購車用戶。

本文作者為快手研究院研究員李玉超，特約研究員吳小飛。

◎ 以下是江淮汽車乘用車公司直播短視頻項目負責人黃開新的講述。

直播間也能賣汽車

2019 年 9 月，江淮汽車在內蒙古鄂爾多斯市的一家經銷商最早使用快手直播賣車，門店的快手帳號是「楊哥—説車」，目前粉絲量近 2.5 萬。帳號是門店老闆開的，實際的直播是一位年輕的銷售顧問在做，小伙子很厲害，一個月通過直播可以賣好幾台車。他只管在直播間裏介紹車，後面會有專人去跟進。

鄂爾多斯這家門店的經驗被介紹到公司總部，我們推薦給下面的經銷商，本着自願原則，沒有強推。

隨後雲南的一家經銷商進行了嘗試，效果不錯，一開始在門店找了兩位銷售人員進行直播，後來增加人手到全員直播。

至此，公司總部認為，可以將這種形式更系統地推廣到全國。2019 年 10 月，公司開始投入一部分精力推廣直播。嘉悦 A5 上市活動期間，我們邀請了一些優秀的經銷商主播去現場參加活動，也邀請了一些直播大咖，希望我們的經銷商感受下直播的氛圍並學習頭部主播的操作方式。在疫情之前，我們已有約 50 個直播帳號在運營。疫情期間，我們能很快反應，也是因為有了全員參與的基礎。

2019 年車市整體低迷，好不容易迎來春節銷售旺季卻因為疫情來襲無法賣車，大家都很恐慌。

2020 年春晚，快手做的廣告給大眾留下了很深的印象。江淮汽車乘用車銷售公司總經理張文根，首先想到用快手直播來賣車。2020 年春節期間，大家還在放假時，我們就已經通過線上會議把直播、短視頻活動提上議程，要求全員進行直播。

　　2020 年 2 月 6 日，江淮汽車成立了直播銷售項目組，我是負責人。項目組是跨部門運作的，人員來自數字營銷部、營銷管理部、培訓部等。項目組主要有兩個任務，一是直接參與直播，介紹產品；二是對江淮汽車的快手矩陣號的運營進行指導，包括直播的開發、運作的流程、直播方法的培訓以及直播激勵等。

全員直播應對疫情

　　江淮汽車的直播矩陣是 2020 年 2 月 17 日成立的，當時入駐的快手帳號才 110 多個，從初步考慮到全員動起來，差不多用了一週的時間。路徑就是我們做方案，公司內部培養教練，再派往下面的經銷商。其實沒有等到教練成長起來，就把直播任務派給經銷商了，等於教練和經銷商是一起成長起來的。

　　在疫情之前，大家對直播賣車的參與度並不高。疫情爆發後，在直播工作開展的過程中也遇到了很多問題。比如員工不能到店復工，自己又沒有車，直播沒有車講甚麼？

　　快手有個功能叫「直播伴侶」，當時主要是用來做遊戲直播的，但我們利用這個功能把一些產品的圖片、宣傳片拿出來，放到直播間或者短視頻裏跟老鐵們介紹，出現了銷售線索就先收集起來；家裏開着江淮汽車的員工可以直接在家對着自己的車進行直播。當時總部的員工是分班制，部分員工返崗，他們就在公司的樓下進行直播。

　　試水稍微成熟點後，我們就發動江淮汽車全國的經銷商參與，給他們派任務，每天直播 2～3 場。從公司高層領導、工程師、研

發人員到銷售人員，全員參與。最高峰的時候，我們內部的主播
有近 100 人。

通過這種全員拉練、全員教練的方式，江淮的直播銷售迅速
起步。疫情期間我們幾乎每天都開會，收集優秀案例和創新方式，
集合成冊，編寫成內部培訓材料發放下去。即便有的主播不知道
說甚麼，他們也可以直接照着讀，熟悉之後就可以跟老鐵們交流
自己的想法，這種嘗試本身就是一種海選和淘汰的過程。

我們跟快手華東區域的同學也一直保持着密切溝通。最早是
在 2019 年 9 月他們給我們講甚麼是快手、甚麼是直播帶貨，當時
我們聽得雲裏霧裏，不是特別明白。疫情期間我們請教他們如何
在快手上賣車，他們給我們做了很多分享和培訓，我們也反饋了
一些應用方面的問題。

在汽車行業，江淮應該是第一個做品牌直播的企業。當時快
手希望江淮在汽車類的直播上做第一個吃螃蟹的人，所有的新產
品都可以在快手上試，在試驗中有任何問題都可以提，所以在汽
車品牌直播方面，基本上快手的很多工具我們都是第一個使用的。

汽車品牌直播具體是如何運作的

從成立直播矩陣到 2020 年 10 月，8 個月積累下來，江淮汽車
的直播矩陣累積了 340 多萬粉絲，直播帳號 1 475 個，頭部主播的
粉絲量有十幾萬，粉絲量 1 萬以上的主播有近百位，日均觀看量在
150 萬～200 萬次。從單個主播來看數據比較一般，但聚集在一起，
專為一個品牌服務，幾乎可以實現全網、全程、全時的覆蓋。

　　目前江淮汽車直播矩陣的主播主要是經銷商的員工，其次是一些社會招聘人員，比如經銷商會招募一些大學生來兼職做直播，再次就是汽車主機廠的工作人員。這些主播有一定的基礎工資，線索成交後會有一定的提成，為了鼓勵銷售，提成會比一般 4S 門店高。

　　社會招聘是我們鼓勵經銷商去做的，因為 4S 門店的員工有本職工作要做，經常忙不過來。主機廠更多的是承擔做示範和培訓工作。

　　對於主播提供的客源線索，我們一般本着誰的線索誰負責到底的原則；若主播不是經銷商的員工，我們的原則是按照客源區域就近分配線索。

　　長期做直播，主播彼此間有時候也會連麥互動，所以主播之間都比較熟悉，資源的分派會根據他們各自建立的信任關係來進行。

　　在管理方面，我們對不同的主播有不同的要求。比如一個擁有兩三萬粉絲的主播，我們會要求其有一定的觀看量。我們會對矩陣後台的數據進行監控，採用一定的方法和機制對這些直播帳號進行管理。我們目前有將近 1 500 個直播帳號，活躍比例是 45% 左右。

　　直播銷售汽車這段時間以來，我們每週頭腦風暴，緊跟快手的玩法，做了很多營銷方面的創新。比如百咖風暴類的主播 PK 賽、跟網紅大咖連麥、頭部主播帶領底部主播組隊百團會戰等。這些活動利於主播漲粉，我們也給予一定的流量作為獎勵。主播最終的收益主要來自粉絲的轉化，也就是購車的訂單量。

　　直播這個事情必須要有經銷商老闆層面的支持才能做下去。一來老闆不支持的話不可能做到全員參與；二來不管做直播還是短視頻，紅包、禮包、推廣，都需要一定的費用。我們在快手中的頭部直播帳號基本都是店長或投資人，因為他們是老闆，更願意花錢去

投入。

另外就是直播不能一個人單打獨鬥，需要內外部的氛圍，要大家重視起來一起幹，這樣有利於長久持續地做下去。比如疫情期間我們鼓勵大家直播，主機廠率先成立工作組打了樣，然後再帶動經銷商幹，示範是非常重要的，我們從矩陣中尋找標杆，進一步鼓勵大家。

用戶從線上轉到線下的大致流程是，消費者在直播間或者短視頻中看到了我們的產品，想要進一步了解車子或者產生了購買意向，可以通過快手直播間的小鈴鐺或者私信我們留下聯繫方式，這就算一個銷售線索。具體的交易流程還是在線下，比如體驗產品、商品議價等。

C 端對直播銷售的接受度是慢慢培養起來的，是經過時間和誠信經營逐漸積澱的，目前看來老鐵對直播買車的接受度還是比較高的。我們對直播間銷售的明確要求就是要講誠信，承諾的東西一定要兌現。主播介紹產品時，不管甚麼價位，一定要據實介紹。很多人連車都沒看，就付訂金了，那一定是基於信任，在傳統 4S 店，不看車是不會有人付訂金的。

另外直播銷售也能讓很多老鐵獲得更多的尊重和理解。比如快手老鐵有些是務工人員，一個月收入不到 5 000 元，平時可能不太敢去 4S 店問車子的價格、產品的信息等。但在線上，隔着屏幕，沒有人知道他收入怎麼樣、是甚麼消費水平。他也不會有太多顧慮，問的問題再淺顯我們也會回答，自己不問也能通過別人的問題了解很多信息。當他們了解到，手上只要有 1 萬多元，就能買一台 7 萬～9 萬元的車，這部分需求就會被激發和滿足。

很多人其實對車並不了解，但在直播間看了一兩個月，就會相

對比較了解，去門店幾乎不用銷售人員介紹，自己就知道要點了。

一些草根客戶很純樸，不懂也不好意思直接去門店諮詢，或者一直有買車的想法，但沒有邁出這一步。直播的方式打動了他們，讓他們邁出了這一步。直播互動的方式也讓人感到很親切，讓他們沒有距離感，很多老鐵對直播間的主播是非常信任的，認準了人才買車，這其實也是人與人之間真誠互動的過程。

當然，我們也會有一些銷售技巧，比如線上購車會有很多優惠政策，發紅包、折價或者送一些週邊禮物等；比如付完訂金後如果看了車不滿意可以退款。我們寧願自己辛苦點也想讓消費者滿意，贏得一個好口碑。

直播帶來三成購車用戶

我們以前做品牌，很難直接增加銷售轉化率，而直播就可以做到。通過內部回訪，直播購車的用戶畫像是：年紀在 25 ~ 30 歲的男性居多，主要分佈在西北、東北、西南等地區，且以四、五線城市或者縣城為主。就目前的數據來看，直播獲客率在 25% ~ 30%，即在 100 個購車用戶中，大概有三成是通過直播了解車的。

直播的整體獲客成本相比傳統的 4S 店模式降低了。快手平台本身流量很大，我們開一個號，就相當於在流量面前路過，獲得一個客戶是一個。成本主要體現在人力方面，需要主播不停地說，這也是個辛苦活。

品牌影響力和銷售轉化是分不開的，沒辦法單純地說只看哪

一個的成效。不過隨着時代的變化，投放比例會有所側重。另外
我們一般是各個平台聯動起來做推廣，根據一個策劃方案，確定
一個主題，各個模塊都服務於這個主題，線上線下同時進行。

在新品上市或者重要的節點性活動，比如車展之類的場合，我
們也會請一些直播大咖或者網紅來站台，比如「二哥評車」（2021 年
2 月有 417 萬粉絲）、「大可説車」（2021 年 2 月有 740 萬粉絲），效
果都挺好的，他們的主要作用是增加產品曝光度。比如江淮汽車此
前的雲發佈會，也請了「二哥評車」來，當天的觀看量有三四十萬，
與主播互動的粉絲有很多，留下了 6 000 多條線索。

令我印象比較深刻的直播事件是 2020 年 4 月成都車展。當時
還處於疫情尾期，現場人比較少。我們從江淮直播矩陣的頭部主
播中挑了 30 多位到車展現場，對新上市的嘉悦 X7 進行了全天候
的直播。很多經銷商還進行了現場 PK，吸引粉絲觀看，現場氣氛
非常熱烈。

現在江淮矩陣的直播帳號，在沒有額外投入資源的情況下，
一天下來的直播觀看量大概有 100 多萬次；如果投入資源，一天
的直播觀看量能達到 1 000 萬次。我們的直播吸引了很多垂直領
域的消費者，而且轉化率是比較高的。

現在我們所有的發佈會，線上線下都會考慮，未來將以線上
為主。基於疫情的因素，目前來看，線上傳播的效果要比線下好，
比如 2020 年 9 月思皓 X8 上市，就是將線上線下結合在一起，效
果也比以前更好，在線人數是過去的幾百倍，還能獲得大量銷售
線索。單純從費用方面來看，線上並沒有節約多少成本，一些流
量大咖的出場費也比較高，但是線上觀看的人數會多很多，效果
也比較好。

現在的銷售模式已經從傳統的門店銷售、電商銷售發展成社交銷售了。主播帶貨更像是一種社交銷售，關係需要維護，口碑非常重要，一旦發生信任崩塌，這個帳號就很難做下去。

汽車類的大件商品銷售，最終還是要看實物，而且與一般家用電器不一樣，汽車存在售後、保養等問題，也不可能用直播電商完全取代線下門店。

所以傳統的線下活動我們也不會放棄，江淮的品牌發佈某種程度上已經成了粉絲大會。單純的線上活動，人和人之間有一定的距離感，還是需要線下的接觸，讓粉絲了解一台車是怎麼生產出來的，和想見的主播見見面，有真實的接觸，才會感情更深。

直播銷售肯定是大趨勢，未來的汽車銷售可能不需要這麼多4S店。

目前我們也在致力於打造車生活、車生態，即不單單做汽車的銷售，而是以車為中心，不斷打造汽車週邊產品。類似於賣手機起家的小米，目前在智能家居銷售這塊表現優異。我們也會圍繞車生活來做銷售服務。

小貼士

實實在在嘗到直播流量變現的甜頭了

以下是江淮經銷商、蒙城宏通汽車副總經理張倩（快手帳號「蒙城宏通張漂亮」）的講述。

2020 年 2 月，疫情蔓延，（汽車）主機廠在我們工作羣裏發了一

個消息，讓我們下載快手搞直播。主機廠給我們做了幾次培訓，然後我們就嘗試在家裏對着手機直播。

因為主機廠的全員動員，我們覺得做直播是工作的一部分。我們店有一個叫毛哥的人接觸快手比較早，對直播比較熟，自己原始積累的粉絲有 2 萬多人。毛哥擅長直播但不擅長銷售，轉化率一直不理想，廠家有直播要求後，在操作上一些不懂的地方我們就去問他，比如請教他怎麼開播、怎麼掛紅包、直播時應該說些甚麼、怎麼動員直播間粉絲點關注和紅心，還有一些直播的話術。因為進入江淮汽車直播帳號的矩陣後，主機廠也能關注到，所以他們也會給我們支持和指導。

蒙城縣屬於安徽省亳州市，和我們相同規模的門店在蒙城縣是屈指可數的。源於廠家的鼓勵，我們在蒙城做快手直播算是比較早的，投入也比較大，疫情期間在我們縣城賣的車也比較多。疫情尾期，我還通過直播賣了好幾台車。

剛開始直播就像談客戶一樣，介紹自己、介紹車，這樣簡單的事情重複做；後來開始介紹汽車的性能等細節信息，或者關於汽車養護的知識等。因為每天開播，老鐵既有之前的，也有新增的，在保持直播基本內容穩定的前提下我們也會變換一些內容。後來老鐵會在直播間和主播互動、提問，聊的內容也就能更生活化、更豐富一些。

就我自己的經驗來談，堅持很重要。前期我們是在主機廠的要求下才能堅持下來的。我是管理崗位，所以我的初衷不是直播賣車，而是了解新的銷售模式。既然大家都說現在是「互聯網＋」時代、短視頻時代、直播的流量時代，我就想參與其中，看一下這些概念到底是怎麼回事、是怎麼玩的，沒想到最後真能夠帶來流量轉化。

我記得第一筆來自快手的訂單是在 2020 年 4 月前後，那時候疫情剛結束，從 2 月到 4 月我們天天播，堅持去做這件事。4 月以後，訂單陸續到來，等於前期都是在培養用户。

第一個成交的車主不是蒙城本地的，這也是快手能給線下門店帶來不一樣的地方，消費者是沒有區域限制的。那位車主是從距離我們一小時車程的鄰近縣城來的。他說看了我的直播想買台車，後來大家留了聯繫方式開始聊，我就把店面的位置發給他。當時覺得隔着手機不可能有那麼高的信任度，覺得這個客户也不太可能過來，沒想到後來真來了。

他到店後就說要找「漂亮姐」，「漂亮姐」是我在快手上的名字，一聽到我的聲音就知道是我，說自己是快手老鐵，見了面就進入了線下的銷售流程。他說他在直播間已經觀察了我很久，也比較了解產品信息，看了顏色就定了車，買的是我在直播間介紹過的嘉悦 A5。因為前期的鋪墊已經很充分，隨後的流程就走得很快。

按照進店轉成交的比率看，線上比線下的轉化率稍微高一點，客户只要能進店，大概率能夠成交。我們所在的區域是 4S 店的聚集區，是一個汽車產業園，客户的精準度比較高。但是按照粉絲量與成交轉化率看，線下跟線上就沒法比。

對於我們經銷商來說，疫情之後的直播都是擠時間來做的。我們畢竟不是專業的主播，每個門店有自己的經營壓力，日常也有很多工作要做。直播業務是員工兼職在做，我們既要兼顧日常工作，又要擠時間做直播。疫情高峰期我們是全店五六個銷售顧問都在直播，現在包括我在內還有三個人堅持在做。

直播對於我們來說就是一種對銷售的補充和支持。從趨勢來講，

以後的銷售總歸是要將線下和線上結合起來的，我們的營銷工作更要與時俱進。

此外，通過直播，確實有流量變現了，我們是實實在在地嘗到了這種方式的甜頭。即便剛開始很多人不相信、不理解，覺得我們對着手機叨叨看起來有點傻，但我們知道自己在做甚麼，也打算堅持做下去，不會說疫情結束馬上就放棄了。

目前是由我們經銷商承擔做直播的成本，員工做直播的獎勵就是流量變現後的佣金。直播間的紅包、給粉絲的一些獎勵和優惠都是由我來核定發放的標準。主機廠會再給一些流量獎勵之類作為補充。短時間內直播的投入產出效果還不明顯，我們把快手直播以及短視頻日常運維的成本當作門店的廣告宣傳投入，能夠堅持到現在，也是老闆比較捨得投入。

我們做快手直播也要感謝主機廠的引導和支持。主管銷售的張文根總經理是個市場嗅覺很敏銳的人，他始終在市場的前端，不脫離銷售一線，也很鼓勵大家在市場低迷期多創新銷售的方式方法。快手直播就是在他的引導下，在江淮體系內自上而下地推廣開來的。

我們期待直播平台也能定期組織一些培訓，幫助我們更好地使用快手 App，豐富直播的內容和形式，也更加熟悉快手的規則和要求，避免因信息不對稱造成的使用屏障，同時也能促進平台和用戶的溝通和交流，以利於雙方共贏。

童裝品牌巴拉巴拉：
2020年直播成績與下一步打算

> **要點**
>
> · 2020年1—9月，森馬集團在快手的直播電商規模超1.5億元，其中，巴拉巴拉品牌佔5 000萬元左右。6月起，巴拉巴拉在快手的銷售規模每個月都超過1 000萬元。
>
> · 快手主播的表現，改變了公司對直播的看法。現在公司很明確，要投入更多精力去做直播，包括找外部主播以及品牌自播。
>
> · 巴拉巴拉目前有三位王牌主播，不僅能帶貨，還可以傳遞品牌價值。希望巴拉巴拉這個品牌至少有30位主播。希望主播與區域經銷商能夠建立起長期穩定的合作關係。

　　森馬和巴拉巴拉在電商方面有超過8年的經驗，公司所有品牌加總，在傳統電商渠道的銷售額一年已超過100億元。疫情爆發後，他們開始接觸直播電商，心態比較開放，加上原來就有電商基礎，取得了不錯的成績。接下來，他們準備加大對直播電商的投入。

本文作者為快手研究院研究員李玉超，特約研究員趙曉娜。

◎ 以下為巴拉巴拉品牌相關負責人的講述。

2020 年新冠疫情對實體經濟影響很大，但直播電商迎來了快速發展期，我們真正開始做直播也是在疫情之後。

2020 年 1—9 月，森馬電商在快手直播的銷售規模超 1.5 億元，其中，巴拉巴拉佔到 30% 左右，銷售規模超 5 000 萬元。

巴拉巴拉直播電商走到現在，有兩個關鍵的點，第一個關鍵點是 2020 年 3 月，巴拉巴拉與快手主播「娃娃」進行了一場合作，一共播了 10 個產品，帶貨銷售額達到 100 萬元，這是巴拉巴拉第一次在快手進行直播。

第二個關鍵點是 2020 年 6 月，巴拉巴拉和快手主播「MiMi 童裝源頭工廠」進行了第一次合作，後來我們進行了年度的合作，每個月播 4 ~ 5 場，帶貨銷售額穩定在將近 1 000 萬元。從 6 月開始的四個月裏，巴拉巴拉在快手電商的月銷售額都超過了 1 000 萬元。

今後我們希望通過和快手平台主播們的深入合作，使集團所有的品牌都進入快手平台，打造多品牌標杆。

2020 年 3 月，快手發佈「品牌掌櫃計劃」，巴拉巴拉和森馬是第一批入駐的品牌。我們的設想是，結合品牌掌櫃計劃，在快手構建起我們的分銷體系。快手的一些中小主播，做內容比較厲害，但是對於如何帶貨、如何選品等是不太清楚的，我們通過構建這個分銷體系，可以為這些主播提供培訓服務，還可以為他們提供貨品、客服、物流等服務，他們只需要做好內容和直播。通過這個分銷體系賦能給廣大尾部主播，讓快手電商的生態更加繁榮。

關於森馬和巴拉巴拉

我們的主品牌森馬，1996 年在溫州創立，做成人休閒裝。巴拉巴拉在 2002 年創立，做童裝。這是集團最早也是最大的兩個品牌，目前在國內的零售額都超過 100 億元。圍繞這兩個品牌，我們延伸出了成人裝的品牌集羣和童裝的品牌集羣。

森馬的商業模式為「虛擬經營」，就是兩頭在外，生產、銷售分別找供應商和經銷商，我們只負責研發、設計和品牌打造。

剛開始，我們的銷售主要依靠經銷商，經銷商就是線下有店舖的人，他們有資源，我們把品牌賦能給他們，他們與當地的客戶維繫關係。目前整個經銷商和直營銷售份額佔比約為 9：1，直營的戰略定位是做品牌形象，店舖基本上都開在大城市，成本比較高，所以很難贏利。

電商起來後，我們在嘉興平湖的乍浦鎮有一個園區，倉庫佔地面積近 20 萬平方米，這個園區是專門建設給電商用的。我們在杭州也有一家電商公司，佔地面積 1.4 萬平方米，就在阿里巴巴旁邊的未來科技城，也是專門為電商服務的。很多主播、直播基地在杭州，不願意到上海來，這樣一來我們在杭州也可以服務他們。

現在直播電商起來了，我們認為，主播在線上代理我們的品牌，強化了我們在互聯網上的影響力，是渠道從線下到線上的轉移。當然，現在更多的是一種線上線下的融合，因為有些主播實際上是在幫線下經銷商帶貨。

三位王牌主播：不光帶貨，還傳遞品牌價值

目前我們有三位王牌主播，一個是「MiMi童裝源頭工廠」，一個是「凡塵媽咪童裝」，還有一個叫「九媽家童裝工廠店」。為甚麼說她們是王牌主播？因為她們不光能帶貨，還可以傳遞我們的品牌價值，對於品牌理念的學習能力很強。

「MiMi童裝源頭工廠」主播王昕是快手官方推薦給我們的，第一次合作直播她就給我們就帶了大概100多萬元的貨。我們也特別看重她，不只是因為她帶貨的能力，更重要的是她對品牌和產品的理解、講解和展示能力比一般主播強很多。2020年6—7月，我們投入精力跟她合作，兩個月做了7～8場直播，帶貨銷售額在2 000萬元左右。

快手主播的表現，在一定程度上改變了公司對直播的看法。現在公司很明確，就是要投入更多精力去做直播，包括找外部主播以及品牌自播。在這之前，我們是不知道怎樣與快手這樣的平台合作和銜接的，在有了這樣一個標杆以後，總部成立了一個40多人的團隊，專門做這件事情。除此之外，每一個系統都會配備專人負責。

除了「MiMi童裝源頭工廠」，還有「凡塵媽咪童裝」，每次帶貨銷售額都在增長，最近還上了快手帶貨榜。「九媽家童裝工廠店」第一次帶貨88萬元，第二次帶了180萬元。

不過，三位主播遠遠不夠，我們挺缺主播的，一方面是因為我們對主播是有要求的，另一方面是我們的貨盤足夠大。目前我們的模式是以大代理商為主，頭部代理商佔到30%～40%的市場份額，他們更有清貨的意願和需求。

我們招來的主播主要還是給經銷商賦能。比如說「MiMi童裝

源頭工廠」主播王昕老師賣的不是總倉的貨，而是上海某個系統的貨，這樣主播和上海系統就可以形成比較良性的合作。

我們對經銷商不是強管控的，畢竟他們跟我們沒有隸屬關係，而是一種平等合作的關係。不過，我們還是希望總部統一招商，比如，「凡塵媽咪」是長春的，我們就把她對接給長春的直營，武漢的「九媽」就對接給武漢。根據帶貨能力的強弱，按照區域就近分配，這樣有利於長期合作，一位主播長期兩地奔波是不行的。

巴拉巴拉的這種模式對經銷商是有利的，因為主播是直接對接經銷商的，我們希望他們對接得更高效、更長久，相互都能看得上眼，這樣才能長久合作。

我們始終秉承一個觀點，希望主播與區域經銷商之間建立起相對長期穩定的合作關係，形成良性的合作。只有長期的合作，才有機會進行彼此之間更好的磨合，才有機會做更大的生意。這樣各個系統和主播合作久了，彼此熟悉了，就不只是簡單的利益關係，而是戰友、同事，是一種很親密的關係，哪怕出點甚麼問題，大家也可以相互理解，這樣才能走得更遠。

我們現在合作下來的這三位主播，基本上都是這樣。到後來她們賣我們集團非常小眾的一個品牌「馬卡樂」，一次直播就帶了220多萬元的貨，破了紀錄。主播很高興，我們品牌方也很高興，這樣的合作才能更好。

品牌與主播之間相互賦能

現在主播賣的大部分是前一年的庫存。新品也有，比如 2020

年的夏裝，受到疫情影響，庫存壓力比較大，所以也在直播出貨，相對來說打折力度比較小。能起量的主力還是 2019 年的貨，這些存貨的打折力度更大一些。

不管是新品還是舊品，主播的賣價基本上要比經銷商低，因為如果原價帶貨，直播電商用戶的購買欲會有所降低。經銷商基本上不會做到主播這樣的折扣，比如小代理商訂貨是 5 折，如果賣 6 折，基本沒錢賺，因為他們還要支付租金、人工、稅等費用。所以線上直播渠道對這些小代理商的衝擊不小。

老實說，在代理商的控價、鎖價方面，我們到現在也沒有做得特別好。我們以巴拉巴拉為例，假如有 50 個經銷商，基本上規模都在 1 億元以上，最大的大概 10 億元，不同規模的經銷商獲得的進貨折扣是不一樣的。如果你規模小，可能打折力度就小一些，規模大打折力度也就大一些，因此他們對這個市場的影響不一樣，最後收倉的時候，大的經銷商可以打折的力度再大一些，但有些小經銷商不行，因為他們的成本擺在那裏。

「MiMi 童裝源頭工廠」的王昕老師也跟我們說，巴拉巴拉在快手的池子會很大。巴拉巴拉在一、二線城市的直營店打折力度大，但是快手上大部分粉絲的老家所在地，清貨時也只能做到 8 折，因為這些地方的代理商拿貨的折扣相對較小。

目前來講，我們是希望同一個款式在整個直播平台的同一個時間、同一個保價期內，價格一定要統一，不然品牌在直播電商領域是做不大的。王昕老師也提出希望我們在一定的時間內為直播進行保價，不能這邊剛直播完，那邊實體店就打折。

主播在與品牌合作的過程中，漲粉也挺快的，品牌和主播之間是相互賦能的關係。像「凡塵媽咪」最早與我們合作時有 32 萬

粉絲，「九媽」有 35 萬粉絲，王昕老師有 99 萬粉絲，到 2020 年 10 月她們的粉絲量已經分別達到 50 萬、90 萬和 300 萬。這不能說只是依靠與我們合作達成的，她們跟其他品牌也合作，但品牌有助於她們漲粉是肯定的。

不過，漲粉還不是最主要的。主播與品牌合作之後，也給主播增強了信心，他們對下一場 GMV 的預期一次比一次高，這種合作比較良性，第一，主播可以帶貨、可以出業績。第二，品牌也可以為主播背書。在與主播合作的時候，有人覺得直接打森馬集團的品牌會不會不好，我說沒關係，我們既然合作就要有誠意，我們就打森馬集團，這就是誠意。第三，主播與我們合作也可以很安心，我們的貨品、供應鏈、售後都是非常完善的，會有更多的可能性。

我們有 50 個規模過億的大的代理商，但真正想做直播要配足團隊，每個代理商至少要配 4 個人，對代理商來說要付出一定的精力。所以我們現在就找願意做直播電商的代理商，先幫他們做起來。目前我們的基本想法是，希望在巴拉巴拉這個品牌至少有 30 位主播。

如果有 30 位主播，每位主播一個月大概能帶 1 000 萬元的貨，那一年就是一個多億，30 位主播一年就是 30 多個億，而且品牌方還很輕鬆，不需要到處去找主播。如果說在快手只有 30 位主播能帶巴拉巴拉這樣的大品牌，而他是其中之一，主播的感受也會很好。所以我們的想法是集中精力與優質主播合作。甚麼是優質主播？優質主播不一定是粉絲量大的，而是那種具有成長性的。

自播、服務兩不誤，為直播購物設「冷靜期」

除了找外部主播，我們也在做品牌自播。巴拉巴拉和森馬一樣都是從 2020 年 6 月開始，正式有了比較專業、獨立的主播團隊和用戶運營團隊的。這些主播有的是原來的員工轉型過來的，有的是從社會上招聘的專業主播。當時快手官方運營團隊也給了我們輔導和支持。

森馬官方帳號在 2020 年 6—7 月漲粉將近 10 萬，並且在 7 月份達到一個銷售高峰，月銷售額突破了 150 多萬元。一同運營的巴拉巴拉帳號，到 9 月份開始跑得比較快。2020 年 10 月 11 日，巴拉巴拉官方帳號 6 個小時的直播單場銷售額突破了 10 萬元，這是巴拉巴拉自播帳號階段性的突破。

我們曾經和達人主播通過連麥的方式合作過，但是現在這些達人主播不太願意跟我們連麥，因為他們覺得粉絲會轉向我們。

另外，直播還減少了一部分客服的工作量，這在店舖自播方面表現得特別明顯。因為自播會有更多的時間和消費者進行互動和溝通，了解消費者的需求，並及時回答問題。當時我們比較過其他直播平台的一些數據，發現在整個自播場景中，客服的工作量是下降的。

受到疫情的影響，實體門店受到嚴重衝擊，門店流量萎縮嚴重，一些門店也開始自己做直播電商。

比如牡丹江的姜雪英，疫情期間，她掌管的 13 家線下門店全都停業了，她將全部希望放在了快手直播上。復工不到一個月，姜雪英在快手上的營業額就超過 40 萬元，一下子就讓門店銷量衝到全國前列。這就引起了公司的注意，之後總部帶動了 400 多家

巴拉巴拉線下門店進駐快手學習直播。

我們還為直播銷售設置了一個「冷靜期」，也就是會延遲一點時間發貨，這是我們從直播實踐中摸索出來的。剛開始做直播的時候，我們發現如果播完馬上就發貨，一些反悔的消費者就不能退款，而是需要退貨退款，這意味着我們要承擔來回的物流費用。後來我們就摸索出冷靜期過後再發貨的規律，整個退貨退款率大大降低。

我們認為這和直播購物屬性是有關係的。直播確實吸引人，看直播覺得不錯就買了，買完以後又覺得用不上就想退掉；有的是看到後面的更心動，就把之前買的退了。直播和其他形式的銷售還是有很大區別的，有專屬於直播的邏輯和思維。

「MiMi 童裝源頭工廠」的王昕老師也跟我們說過同樣的感受。有一次直播，賣完一個款，後面有個款和前面的款式差不多，有些粉絲覺得後面的款更好，就把之前買的退了。當時她也提出，單場直播中，類似款式的產品是不是可以少一點，比如褲子最多四款或者五款，同風格的產品四五款等。因為快手是私域流量，粉絲是信任主播的，都是從頭看到尾，停留時間也比較久。

其實每次直播結束後，我們都會和主播進行覆盤，特別是在大型的活動結束之後，發現一些規律以後，就進行優化，很多經驗就是這樣摸索出來的。比如只有同材質的才能做拼款，為甚麼呢？因為直播是一個迅速下單的過程，無論是拼款也好，顏色過多也好，都會使消費者比較難下決定，一旦決定不下來就很容易放棄購買。

剛開始和主播合作的時候，有些主播會覺得我們沒有他們專業。他們做了那麼多場直播，對直播場景更熟悉，包括貨品應該怎麼整理，現場如何擺放等，我們就一點一點從細節上改進。

主播參與源頭設計，開設專供直播渠道生產線

我們現在嘗試開發一些「期貨」，專供直播渠道。有時候線下貨盤，第一是量不深，第二是在鏡頭上沒有表現力。有些衣服在線下看起來不好看，但上了直播以後賣得特別好，一上就是爆款，所以線下和線上的邏輯是有差異的。當然，我們一定是小步快走，比如先嘗試一下，生產 3 萬件、10 個款，直播賣好了就加單、推廣，找更多的主播去帶貨。

接下來，我們計劃把直播做成一個真正的渠道，請主播參與源頭設計。為甚麼傳統渠道要讓客戶來訂貨？這是因為，客戶比我們更接近市場，讓他們來定更准。但是現在很多客戶做了十幾年以後變成大客戶、大公司，不像以前對市場那麼敏感了，有多少大老闆會到櫃台前面天天盯着顧客？很少了。反而是主播，天天跟市場打交道，跟他的粉絲打交道，而且會通過數字化、數據化賦能自己的大腦，更接近市場。就像人工智能，能更容易感知用戶在當下需要甚麼產品，並引領款式的變化。讓主播參與設計、介入源頭，這是很重要的，相當於主播推動生產進行變革，也是一種模式。

新品爆款的測試也是我們正在做的一件事。上次王昕老師來公司總部，我們就找了研發團隊和她聊。當時有幾個產品在測試，比如小孩用的餐盤的定價和顏色，她給出建議，來做初期選貨，定好以後她就願意帶貨。

王昕老師還提到，品牌商家做「期貨」，「好的不夠賣、壞的賣不動」，直播不一樣，因此很多品牌都在考慮「快反」，主播也幫着出主意、選款式等。

　　事實上，主播在帶貨過程中，也給了我們一些比較直觀和快速的粉絲建議。比如，巴拉巴拉有一款毛毛蟲童鞋非常受歡迎，在我們向主播徵求款式或者顏色的建議時，有主播給我們反饋，這個毛毛蟲童鞋是不是可以做一個魔術貼？因為有一些寶寶的腳背比較高，有個魔術貼穿着更舒適，這就是主播反饋的一線粉絲的直接建議。我們採納了，會在以後的產品中加以改進。

　　這種信息的流通和反饋機制現在還是欠缺的，不過也要逐步建立起來。剛開始我們只是單純的合作，到後期合作時間比較長了，會選擇一些有選品能力的主播，讓他們引領整個行業爆點的產出。

　　基於直播電商的需求，我們開設了專供直播渠道的生產線。在直播電商市場上，一些需求會得到反饋，比如某個款在直播市場特別好賣，如果按照以往的供應鏈模式，我們線下開發要提前三個月，所以這個品類在線下是沒有的。

　　在這種模式下，我們就倒推回來，根據消費者對款式和品類的需求，為主播和他們的粉絲量身定製產品。在這個模式下，我們想做到 C2M，就是從消費者直接到供應商，我們將紗線、面料、印繡花、成衣加工、拉鍊等資源整合，根據消費者的需求追溯回去，比如從開始就鎖定一些好的面料等。

　　比如王昕老師，她也會向我們反饋她在銷售中的感受：面料摸起來是緊實的、厚厚的，消費者買到就會感覺良好；如果衣服面料洗完後皺皺的、軟軟的，她會覺得不好。這些信息反饋給我們以後，我們就會在下一次的產品開發時做更新。

　　對於比較信任的主播，我們會與他們深度合作、簽署年度框架協議。之後，會根據他們的粉絲畫像進行分析：這些購買我們

產品的粉絲是潮流媽媽還是精緻媽媽？分析匹配後，再分析出這類人羣的需求，從而定向地做一些開發。

我們還可以更進一步，專門為頭部主播定向設計，讓主播也參與研發和選品，讓產品變得更加有爆點，也可以去談一些 IP 疊加進去，成為主播的專屬款。

目前直播還只佔我們整體銷售非常小的一部分，屬於一個賣貨渠道。從公司角度看，找網紅也要顧及經濟利益，公司未來一定不是基於處理庫存的目的，用促銷、打折來發展業務的。我們將設置一個分配的機制，本着和諧共贏的理念，在整個產業鏈中，讓生產的人賺生產的錢、零售的人賺零售的錢、直播的人賺直播的錢，我們要規劃、設計一種商業模式來組織這個社會化大生產、大循環。

05 直播時代

第五部分
新基建、內循環

第十二章
消費升級與就業創造

- 以臨沂一個城市為例,看直播電商如何帶動就業。
- 以新疆四位用戶為例,看離臨沂主播 3 500 公里的人們如何消費升級。

本章篇目

直播帶動臨沂就業情況初探

要點

· 直播電商主播團隊迅速擴張成為直接就業的原動力。

· 直播電商帶動配套及全生態就業，拓寬就業渠道。

· 直播電商「薪情」上漲，高薪招募專業人才。

　　直播電商如何帶動就業？2020 年 10 月，我們去山東臨沂做了一次小規模調研，希望通過幾個案例讓讀者有一些直觀認識。

　　我們發現，過去兩年，臨沂出現了大量主播，為主播服務的團隊直接創造了大量就業機會；直播電商訂單數量的增加，也帶動了產業園和快遞等配套產業的繁榮；同時，大批量的訂單還救活了很多工廠，這些都為當地創造了很好的就業條件。

　　另外，臨沂電商行業的工資水平較以前有大幅增長，尤其對高端人才需求強烈，但人才供給明顯不足。

本文作者為快手研究院研究員盧雅君，研究助理蔡煜暉、田嘉慧。

直播帶動就業

快手主播陶子家：我們剛開始直播帶貨的時候只有一套三室兩廳，也就一百多平方米的房子，現在行政樓層和直播間面積一共有 3 200 平方米，這還不算搬到外圍的 1 萬多平方米的倉庫。

公司現在有 200 多人，包括直播間運營團隊、行政、售後、倉庫物流、財務等，人數最多的還是倉庫物流團隊。在直播間裏可能只看得到幾個人，其實後方很多人在為主播服務。

稻田網絡：稻田網絡是快手主播徐小米所在的公司，現在有 300 多人，有 6 位主播，一般一位主播配 5 個直播間助理，分別負責視頻拍攝和上傳、貨品管控、熨燙、回倉等。對於一天銷售額在 30 萬元左右的腰部主播，為他們服務的倉儲人員大概還有 20 人，包括售後、倉儲物流、採購。我們公司屬徐小米的訂單量最大，直播一天可售出 8 萬單左右，為她服務的人也最多。

順和產業園：我們園區建築面積 15 萬平方米，分為一、二兩期，共入駐了 200 多家公司。旺季時，一、二兩期一天的訂單量就有 60 多萬，客單價按 50 元算，1 個月差不多 10 億元。

直播電商對解決就業問題有很好的幫助。中腰部主播一天能賣五六千單，公司至少要配備三四十人的團隊服務這樣一位主播，如果孵化出 100 位這樣的主播，那將會增加多少就業崗位？

臨沂現有人口約 1 200 多萬，註冊的快手帳號數量達 800 萬。每天直播帶貨銷量在 1 000 單左右的有大約 8 000 個帳號。

順和產業園是從家居建材行業轉型過來的，原來每天客流量

在 300～500 人。現在整個產業園內不包括客流量,僅工作人員加起來就接近 2 000 人,包括周圍的實體商舖都被直播電商帶動起來了。

配套產業促進就業

直播電商帶動了配套產業的興起,最直接的體現就是快遞業的飛速發展,僅 2020 年上半年臨沂已經達到了近 200 億元的訂單銷售總額,同比增長 75%,在山東省排名第一。此前臨沂沒有雲倉,現在由於快遞單量上去了,也興起了雲倉業務。

快手主播陶子家:我們這裏最早只有一個快遞收件員,現在常駐我這裏的收件員增加到十幾人。最早的收件員做了組長,底下帶三四個人。他以前一個月收入只有 5 000 元,現在估計有近 1 萬元。

稻田網絡:現在我們用申通、中通、百世和郵政四家快遞公司。就徐小米而言,每天差不多售出 8 萬單,一天需要幾十個人負責發貨,幾十個人背後解決的就是幾十個家庭的生計問題。2020 年 11 月 2 日,我們利用「快手購物節」的機會,一天就賣出了 200 萬單,成交額達 1.04 億元,快遞公司要忙瘋掉了。

順和產業園:我們園區一個月就要發 60 多萬單貨,相當於申通在臨沂一年的發貨量。順和集團投資建設的智慧雲倉將於 2021 年 6 月前投入使用,這是臨沂首家全自動智慧雲倉,日配送單量

可達到 20 萬單。同時，我們與快手等平台的主播、商家合作，由
順和雲倉負責解決銷售訂單、退貨、存儲、二次銷售等難題。

帶動全生態就業

稻田網絡：到現在為止，徐小米已經賣了 1 300 多萬件產品。
我們的供貨商有 500 多家，其中深入合作的有 200 多家，這是對整個
就業生態的帶動。我們有時候甚至能救活一家工廠。之前與我們合
作的一個美妝供貨商，工廠正面臨着停業。徐小米一場直播就賣了
它們 35 000 多瓶「青春定格原液」。那場活動之後，好多主播都來跟
着賣這款產品，但沒貨了，於是工廠「死而復生」又開始生產了。

我們還「餵飽」了很多工廠。一連串地帶動了包材、紙箱、化
妝品等至少三個產業的多家工廠，帶動的就業崗位就更多了，無法
具體計算。

順和產業園：臨沂有 130 多家專業批發市場，直播電商首先改
變了副食城的 400 多家商戶。副食城總經理最早做共享直播間供商
戶直播帶貨，依託原有的場地做了 10 個直播間，後來又依託商舖
的貨和產品建了選品間，讓主播先到選品間選品再開播。2020 年 8
月他們一個月的 GMV 已經破億了。

現在很多品牌方要在臨沂建選品間和直播間。比如「361°」的
直播負責人說 2020 年底他們要在臨沂建設一個 1 000 平方米的形象
展廳，專供直播用。整個行業都在升級。

工資水平提升

快手主播陶子家：在臨沂，以前淘寶客服的基本工資在 2 800 ～ 3 200 元 / 月之間，做了兩三年的能到 3 500 元 / 月，但直播電商售後客服的薪水都在 4000 多元 / 月。

稻田網絡：我們人均月工資大概 6 000 元，高的可以到一兩萬元。比如，打包組是計件付工資的，人均月工資在 8 000 元左右，有的能拿到 1 萬多元，在臨沂算不低了。

渴求高端專業人才

快手主播陶子家：我們不缺基層員工，而是缺管理層，整個臨沂的直播行業大都如此。我們最早的主管是由獵頭公司幫忙挖來的，獵頭費就支付了 3 萬多元。他的薪資標準挺高，對標的是杭州的薪資水平。

我們現在對招聘的基礎售後服務人員有學歷要求。之前招聘時要求初中學歷就可以，現在標準提升到了高中及以上。最起碼要熟悉電腦操作，包括辦公系統和辦公軟件的熟練使用。

為了招募人才，我們還在杭州建了分公司。在杭州招了 7 位主播，目前還在培訓階段。做主播需要具備一定的技能，不是短期就能練出來的，具體需要的培訓時間和主播個人綜合能力掛鉤。

順和產業園：人才缺口很大，尤其缺乏專業的直播電商人才。

　　我們感覺最累的地方就是人才的發展跟不上公司的發展速度，有些崗位招了半年都沒有招到很理想的人才。從剛開始試着去賣貨，後來發展越來越好，到現在進入瓶頸期，就需要一個專業的團隊來進行策劃、分析、管理，以提升公司的運轉效率。

誰在 3 500 公里外買臨沂主播的貨：
四位新疆用戶訪談

要點

· 郵費仍是新疆用戶線上購物的痛點，快手上以陶子家為代表的主播實現了全國包郵，非常受歡迎。

· 疫情後更多的新疆消費者選擇在線上購物。新疆用戶收入不算很高，但是購買力非常強。

· 直播電商對塔城、克拉瑪依、和田等地的用戶幫助很大。當地實體店可選擇的貨品少，直播電商改變了這種情況。

2020 年 10 月，我們在山東臨沂調研。主播們多次提到，她們有很多新疆用戶，而且購買力很強。

新疆距臨沂約 3 500 公里。過去，臨沂批發市場只能輻射週邊幾百公里的用戶。如今，直播連接了臨沂主播和全國的消費者。

在臨沂接觸主播之後，我們還想看看交易的另一頭——遠在新疆的直播電商消費者，想知道直播為他們帶來了哪些改變。不巧，新冠疫情的突襲打斷了我們去新疆的安排，所以我們先用電話和四位用戶聊了聊。

本文作者為快手研究院研究助理郭森宇。

◎ 以下是四位新疆快手用戶的訪談。

訪談一：何女士
新疆塔城地區額敏縣，主播陶子家鐵粉

我看快手一年多了，是 2019 年六七月開始關注快手主播陶子家的。陶子家最吸引我的地方，就是她性格直爽，很實在，因此慢慢地我成了她的鐵粉。

剛開始，我也不能確定主播賣的東西怎麼樣，只是嘗試性地買了一些小東西。後來收到貨，覺得品質挺不錯，而且性價比高，還包郵。

過去在其他電商平台的賣家那裏買東西，我們新疆不在包郵範圍內，要自己承擔郵費，快遞費基本都是 10 元、15 元。我平時網購多，郵費肯定是考慮的重要因素。但是陶子家發的貨全國包郵，售後服務也很好，貨物出了甚麼問題，都能及時回覆，態度也很不錯，所以我願意一直在陶子家買東西。

因為疫情，我們很少去實體店了，很多東西都在網上買，只在線下購買生活必需品。我覺得線上購買能滿足大部分生活所需，線下購物佔時間，東西還不一定有期望的那麼好。

直播帶貨刺激了我的消費慾望，每天沒事就拿出手機看一下，很多東西不一定是我需要的，但看到喜歡的，或者聽過主播介紹之後覺得以後用得到的，就會下單。

塔城算是一個比較偏遠的地方，網購的東西到這裏不方便。直播電商的興起，對塔城的改變很大，最直觀的變化就是快遞代收站越來越多了。原來我們整個縣城只有一個大的快遞代收站，

現在，快遞代收站把縣城劃分為幾個大的片區，每個片區設置多個小快遞站。

大的快遞公司基本都開通了這裏的業務，順豐快一點，其他的快遞一個星期左右也能收到。

快手在我們這裏比較深入人心，大家都在用。我周圍的人也開始接受快手直播帶貨。我也會把自己喜歡的店舖、主播、性價比高的東西跟大家分享，周圍越來越多的人用快手買東西了。

訪談二：唐女士
新疆克拉瑪依獨山子區，主播陶子家和娃娃家的鐵粉

我是快手主播陶子家和娃娃家的鐵粉，因為在她們兩家買東西可以包郵。我與陶子是老相識，一直保持着聯繫。2018 年陶子剛開始在快手賣東西的時候，邀請我去山東幫忙，我也是從那時起開始接觸快手，知道在快手上還能買東西的。

10 年前我就開始線上購物了，但是買的數量少、頻率低，因為總是買到次品，假貨很多，在新疆退貨又很難，運費很高，所以更多是去商場買。身邊的人和我的情況差不多，一直以來大家都持有一種觀念，網購容易上當，買東西還是要去實體店。

但近幾年，克拉瑪依的實體店越來越蕭條。拿服裝來說，2017 年以後，這邊的衣服款式、品牌的數量以及上新的速度，都比過去差了很多。實體店衣服款式非常落後，價格還比線上貴很多，其他東西也都普遍偏貴。現在感覺線下商店賣得好的基本上只有柴米油鹽這類每天都會用的食品和日用品了。我感觸最深的

是，現在這邊幾乎沒有甚麼人逛街，大商場也都沒甚麼人，可能和新冠疫情的影響關係很大。

在 2019 年前後，受陶子影響，我開始在快手直播上買東西，越買越多，現在每個月都要在快手上消費四五千元。

一是因為快手直播賣的東西不僅便宜，而且質量有保證，退貨更有保障，客服態度也非常好，這些服務都是以前線上買東西時很難感受到的，給我的感覺特別好。二是快手直播電商幫我節約了很多時間，過去我每週買一次東西得繞着全城的商店、百貨商場挨個轉，衣服、鞋子、日用品都需要到不同的地方去買，特別浪費時間和精力。自從有了直播，就可以在手機上一邊看一邊買了，非常方便。

我們新疆這邊的生活氛圍特別安逸，大家想吃甚麼就吃甚麼，想買甚麼就買甚麼。大家都喜歡買好東西，其他的因素不太考慮，收入不算很高，但是購買力非常強。

我還觀察到，這邊時尚的小姑娘很多，她們很難在線下逛街時買到流行的款式，所以一般都在線上買衣服。現在有了快手的直播電商，很多主播賣衣服、教搭配，我估計這類人一定都會去快手直播買東西的。

訪談三：葉女士
新疆烏魯木齊頭屯河區，主播藍多鐵粉

我用快手三年多了，從 2020 年 7 月開始看直播賣貨。因為當時新疆爆發了疫情，我們在烏魯木齊好久都不能出門，空閒時間比較

多。我非常喜歡快手主播藍多家的商品風格，就一直在她家買東西，基本上每次直播都會買，然後攢幾次集中發貨可以省一些郵費。

我感覺烏魯木齊的實體店都很不錯，線下商場的價格、品類都還可以，所以衣服、化妝品甚麼的我不在網上買，最多會買一些這邊買不到的小東西。現在我也是逛實體店居多，但因為喜歡藍多，所以我會經常在快手上買東西。

電商如果不包郵，對我們來說還是不方便。新疆的客觀地理條件擺在這裏，我們很理解也願意付郵費。但是如果買的頻次多，郵費疊加起來，我們也受不了這個成本。所以新疆地區網購的退換率一直以來都很低，因為太麻煩。

再就是我自己和身邊的人都不太喜歡等，因為到新疆的物流速度慢。像我在藍多家買東西，好幾單攢在一起發貨，但是等寄到這邊距離我下第一筆訂單已經過去一個多月了，衣服到手可能都沒有新鮮感了，甚至都快過季了，等得很累。

比烏魯木齊更偏遠的一些地方對直播電商的需求更大一些。因為全新疆的快遞都是從烏魯木齊發貨，偏遠地區的實體店能買到的東西都是從我們這兒發過去的。所以就服裝來說，那邊的線下商店就比我們這裏差遠了。如果直播帶貨可以直接從產地給他們發貨，那給他們帶來的好處是不言而喻的。

訪談四：蘇蘇
新疆和田古江巴格鄉，主播藍多鐵粉

大概三四年前，我就開始用快手了，第一次在快手直播間購

物是在 2019 年。我一般只在直播間買化妝品、服裝和零食。

之所以關注到主播藍多，是因為她的穿搭非常好，很有品位，她們家的衣服質量也不錯，差不多每一場直播我都會買。但是需要把幾場直播的訂單攢着，截圖發給客服，讓他們幫忙處理一起發貨，這樣可以節省郵費。其實快手上一些主播是不發新疆的，更別提包郵了。但藍多願意發新疆，還願意幫我們處理攢訂單這種麻煩事，所以我很喜歡在她那裏買衣服，每次都是買好幾千元的。

我在和田這邊很少逛實體店，因為這邊整體比其他省份還是落後很多的。這邊實體店存在的主要問題不是價格，而是買不到自己喜歡的款式，可選擇的種類非常少。我一般只有買化妝品才會到實體店裏試一試，買其他東西都不會去實體店。還沒有快手直播電商的時候，我一般在傳統電商平台上購物，找一找包郵的東西，當然如果比較着急，20 元以內的郵費我也能接受。

直播電商改變了我的很多消費習慣，比如本來沒有買東西的需求，但是拿起手機打開快手，看着直播就有了購物欲。我周圍的人基本上都在用快手看直播。

在這四場訪談後，我們對新疆用戶和直播電商在新疆的情況有了初步的了解。其一，郵費仍是新疆消費者線上購物的痛點，而快手上少數以陶子家為代表的主播實現了全國包郵，非常受新疆消費者歡迎；其二，由於受到疫情的連續打擊，以及快遞物流業的快速發展，新疆（尤其是烏魯木齊以外的地區）的線下實體業普遍不景氣，消費者選擇線上購物的意願較強，而直播電商彌補了線下商店的缺位，很大程度上激發了消費者的購物需求；其三，直播電商興起後，對塔城、克拉瑪依等偏遠地區的消費者有很大

幫助，直播電商由主播直接對接消費者的商業模式大大改善了邊遠地區消費者在線下買不到好東西的處境；其四，新疆消費者的消費觀念並不保守，整體擁有較高的購買力。

━━━ 小貼士 ━━━

編者的話

本書出版前，我們請一些朋友提意見。有朋友問，新疆 4 個用戶訪談這篇文章，為何會與消費升級和內循環掛鈎，令他有些費解。

我恰恰覺得，這篇文章看似不甚起眼，其實意義非凡，於是想多說兩句。

新疆塔城是中國最遠的神經末梢，距北京約 3 500 公里。今天，塔城的用戶居然可以和臨沂、杭州、上海的主播「面對面」，直接購買這些主播賣的衣服。

這意味着，塔城和臨沂、杭州、上海實時同步了！這句話最重要的兩個字是「實時」，其次是「同步」。這在過去是不可想像的。

實時同步意味着：(1) 杭州、上海、臨沂的商家賣的東西，在款式，花色上有更新時，塔城人民也同步知道；(2) 塔城如此，意味着全國都是如此；(3) 全國都是如此，意味着全國形成了「同一個市場」，全國其實變成了「同一座城市」。這是亙古未有的現象。

這是信息基礎設施建設帶來的內循環，這個循環可以抵達全國最遠的毛細血管，而且能夠實時到達，全國同步。

這樣的循環一旦形成，意味着全國的消費迭代速度會大大加快，全國任何一個地方有新東西，可以瞬間同步到全國。因為手機、

4G、物流和支付的普及，我國已經形成了統一、複雜、更新速度最快的市場，這在全世界都是絕無僅有的。這樣的市場為創新奠定了基礎，也會創造巨大的財富。

其實，視頻互聯網只是把時空縮短了而已。

其原理和 100 年前汽車普及帶來的影響在本質上是一樣的。因為中產階級有了汽車，大量的鄉村被併入了城市，原來的鄉村與城市是兩個世界，有了汽車，時空縮短了，鄉村與城市融為了一體。城市的創新、消費可以實時地被同步到鄉村。

這是 100 年前的內循環和消費升級。

今天，視頻互聯網是更強大的信息基礎設施，把整個中國的 960 萬平方公里真正融為一體。

這是我們覺得這篇文章有價值，把它放在消費升級和內循環裏的原因。我們國家的經濟增長已經處在一個全新的起點上了。

第十三章
直播 + 扶貧

- 通過短視頻與直播，貧困地區的物產、美景能夠被全國人民看見。
- 本章提供兩個視角：一個是四川阿壩一位扶貧書記張飛直播扶貧的親身經歷；一個是由清華大學國情研究院副院長鄢一龍撰寫的一篇研究文章。

本章篇目

四川阿壩甘家溝第一書記的直播扶貧路徑

> **要點**
>
> - 鄉村一切可變現的資源，如民俗文化、風景特產，都可以通過直播將其轉變為收入來源。
>
> - 農產品直播帶貨，需要解決產品質量不齊、類別單一、物流慢、售後難等問題。
>
> - 傳統的銷售方式，是把農產品賣給縣城老闆、中間商。直播電商的興起拓寬了銷售的深度與寬度，農產品可以直接賣給全國各地的消費者。

　　10月中旬，正是四川彩林的觀賞期。不少遊客驅車從成都出發，一路向西，經都江堰、巴朗山隧道、臥龍，進入303省道，在小金縣的四姑娘山停留，再尋找新的美景。

　　此時，打開快手同城發現頁，可能會刷到快手帳號「忘憂雲庭」的直播，一位男青年或是他的妻子，對着鏡頭展示雲海美景，分享山間美食。

　　男青年名叫張飛，是四川省阿壩州小金縣美興鎮的宣傳委員，也在甘家溝村擔任第一書記。2016年11月起，他用快手短視頻記錄甘家村的扶貧工作日常。2017年，他開始用直播幫助農戶賣臘肉。直播和扶貧，就這樣以一種意想不到的方式結合在了一起。

本文作者為快手研究院研究助理毛藝融。

直播間賣出的臘肉反饋不一，用戶的意見催促着張飛統一生產環節，把好質量關，將農產品標準化。生鮮水果類的農產品季節性非常強，數量也有限。只有擴大貨品類別，才能保證直播間一直有產品可賣。

張飛作為村幹部和快手主播，不僅要把貨品帶給消費者，還要聚合當地農產品，做好供應鏈。在尋找貨源的過程中，他也和當地委託商、加工企業展開合作，保證了貨源的規模和品質。

隨着粉絲量的增加，消費者的需求也日益多元化。直播間產生了新的交易模式：在山裏試點黑豬認養模式，把農副產品變成了一種「期貨產品」，預先支付訂單，讓快手用戶的「雲養豬」需求落地；企業級的交易訂單也能在直播間談成，農產品走向大批量的定向採購模式。

在快手生態內，張飛積極尋求與各圈層用戶的互動。早期，他為學習拍攝技巧，和一些快手主播成了朋友。後期，張飛用技術反哺大山裏的老百姓，開設短視頻培訓班，帶動當地農民在快手直播賣貨。

直播，不僅讓農產品走出大山，還把外面的人帶進大山，美食、美景通過直播，變成可交易的資源，「忘憂雲庭」也從帶貨帳號逐漸轉變為地理名片。未來，旅遊業的發展將進一步盤活當地經濟。圖 13.1 展示了張飛的直播扶貧路徑。

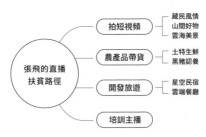

13.1 張飛的直播扶貧路徑

◎ 以下是阿埧州小金縣甘家溝村扶貧第一書記張飛的講述。

在使用快手的這幾年，我感觸最深的就是快手使山村與外界相連，把山裏的「不可能」變為「可能」。

快手對我的駐村扶貧工作幫助非常大。首先，我的眼界變得開闊了，用快手這種新型工具，通過短視頻和直播的形式，力所能及地幫老鄉們賣貨，打開了山裏農產品的銷路。其次，短視頻連接了山裏的資源與外界的資本。老鐵們不僅願意買山裏的土特產，還特地跑來旅遊做客，為我們的扶貧工作與村莊的發展建言獻策，甚至願意在此地投資。山村的老鄉們思想也愈加開放，越來越多的鄉親們開始擁抱快手，學着拍短視頻，開一家快手小店，用直播帶貨。

遇見快手，記錄扶貧工作

2016 年，我到甘家溝村當扶貧第一書記。當時，甘家溝有 26 戶建檔立卡的貧困戶，村民們沒有甚麼收入來源，基本上靠山吃山，自給自足都難。夏天去山上採點松茸和野生菌，到縣城裏賣點錢。冬天下雪，就沒有收入了，非常不容易。

弟弟來小金縣看我，我帶他到村裏玩。在上山的路上，他讓我下載快手 App。我說玩快手有甚麼好處？他說，快手直播有禮物打賞收入，可以用在貧困戶幫扶工作上。於是我就下載了快手，他幫我起了一個名字，叫「飛哥闖四川」，還幫我拉了 10 個基礎粉絲。就這樣，我開啟了玩快手的大門。

2016 年 11 月底，我在快手上傳了第一條短視頻。視頻內容很簡單，對着山裏一戶石頭房和遠處的景色掃了一下，說：「朋友們大家好，這裏是阿壩州小金縣老營鄉甘家溝，從今天開始，我會記錄脫貧攻堅的故事！」

我基本上就是拍村裏的房屋、雞、豬和老百姓的生活，畫面很抖，也不清晰。雖然每天都堅持發兩三條，但播放量、互動量很少。當時，每條短視頻的標題都一樣：「老營甘家溝！不將貧窮留給下一代！」我也關注了一些快手主播，看別人怎麼拍、學習怎麼上熱門。

2017 年 11 月的一天，我進村，偶然間拍了一段村裏放牛娃趕着牛羣的視頻，上了熱門。那條視頻播放量有 80 多萬，我當時老高興了，感覺放牛娃要火了。放牛娃的個子很高，笑起來很淳樸。他家裏條件不太好，從來沒出過大山。快手老鐵非常關心他，經常在評論裏問他的情況，還給他寄來衣服、鞋子，甚至送了一部智能手機給他。

第一個熱門後，我的粉絲量漲到了兩千。有一定的粉絲基礎後，偶爾會出現一個熱門，三四十萬的播放量，就這樣，粉絲量一點點漲起來。當時，很多人不理解，第一書記怎麼每天拍短視頻，還有人舉報我，說我不務正業。

我覺得，扶貧工作不僅要落實，還要有創新思維，有創新，就容易出成績。快手只是一個穿針引線的撮合者，最重要的是讓鄉村找到成熟的發展模式。

2017 年初，我的粉絲量漲到一萬多的時候，我就開始嘗試直播。剛開始沒人看，慢慢地，直播間積累了二三十個高黏性的粉絲。

　　小金縣全縣有 88 個貧困村，加上部分非貧困村，共派出了 100 多個第一書記開展扶貧工作，整個阿壩州差不多有一千位扶貧第一書記。我相信，在全國各地，埋頭苦幹的扶貧第一書記有很多，大家只是缺少一個被外界看見的渠道。

在快手上打開臘肉銷路

　　在甘家溝村，每家每戶都會養一兩頭黑豬，年底做成臘肉吃。遇到老鄉家裏有好的臘肉，我會就地開一場直播，賣臘肉。當時的臘肉交易和發貨方式都非常原始。直播時，粉絲說他要哪塊臘肉，現場稱，在肉上貼上他的名字。然後他會加上我的微信，發來快手號和地址，我到縣城把臘肉裝箱，用快遞發過去。為了打消粉絲的疑慮，有時候我先發貨後收款。就這樣，也賣出了幾百斤臘肉。

　　2017 年雖說臘肉賣出去不少，但農戶的臘肉質量參差不齊，有人收到後覺得太肥，就會退回來。老鐵們來自天南海北，快遞費也高，虧了很多錢。後來，我和妻子商量，自己做臘肉，統一把關。2018 年 10 月 3 日，我們夫婦倆從縣城搬到了麻足寨，到山頂上定居。

　　為甚麼搬來麻足寨？因為一個偶然的機會，我下村工作時，看到山頂上有連片的火燒雲，覺得特別美。山頂人少又空曠，用煙薰臘肉也影響不到別人。和妻子商量後，我便在這租了一間石頭房，準備薰臘肉。白天，石頭會吸收太陽散發的熱量；晚上，熱量就會釋放出來，使房間保持恆溫狀態，有利於臘肉的薰製和保存。

　　我們會從農戶那兒收購新鮮黑豬肉，村裏有人殺豬，就會叫我們過去。兩個月內，我們先後在村裏收購了一萬斤新鮮黑豬肉，

都是現金結給農戶的。沒錢，我們就借，保證每次收豬肉都現場結錢給農戶。每頭豬收購 100 斤肉，農戶就能增收幾千元。村裏農戶一般每家多養一兩頭黑豬，算下來也能增收不少。

1 萬斤鮮肉，最後熏製成了 6 千斤臘肉。為了賣臘肉，我們把快手帳號名改為「讓臘肉飛」。當時聽說有些地方發生了非洲豬瘟疫情，我心想糟了，沒人願意吃豬肉了，怎麼辦？我們搬到山上時，帳號只有 2.5 萬粉絲，也賣不了那麼多肉。整個 12 月，我們都在發愁，怎麼把臘肉賣出去。

沒想到，事情很快出現了轉機。2019 年 1 月，我們發佈的一條短視頻上了快手的熱門，內容就是山頂上支着一張桌子，背後是雲海，我們一家人吃飯的畫面。粉絲很喜歡這種雲山雲海、世外桃源般的山間生活，視頻播放量也從一百萬迅速飆升到五百萬，粉絲數量噌噌往上漲，很快漲到 6 萬。之後我們又發了幾條短視頻，也上了熱門，粉絲數量漲到了二三十萬。

這樣，我們再次開播的時候，直播間人數比原來多了，買臘肉的老鐵也越來越多，凌晨兩三點，外面飄着雪，我和老婆還在打包臘肉。就這樣，一週後，臘肉全部賣完了。

當時，老鐵們一般每次買二三十斤肉。有一位湖北恩施的客人，他們家一年四季不吃新鮮肉，只吃臘肉。在快手熱門上看到我的視頻後，先買了 10 斤。到貨的第二天，他和家人嚐了覺得好吃，就立馬下單了兩萬元的臘肉。

為甚麼那麼多人喜歡我們的臘肉？因為我們會挑選豬肉最優質的部位，醃製臘肉的過程也很講究。比如，選豬肚與豬屁股的二切、三切肉。收購的鮮肉，要先排酸，把血水除去，再倒入紅酒、白酒、白糖、鹽、花椒捶打，然後醃製。第二天把肉掛起來，

等表面的酒和水汽蒸乾後，用藏區特有的盤香和葡萄皮煙薰。熏製一整天後，把肉放在石頭房晾乾，一個月後就能出成品。

擴大農產品類別，做到產品標準化

隨着粉絲數量不斷增長，因不同的消費者有不同的需求，我們的貨品漸漸變得多元化。農產品這塊，除了臘肉，我們目前主推的就是小金蘋果、小金松茸、氂牛肉。另外，紅酒、野生乾菌片、小金花椒也在推。除了農戶的產品，我們也會幫小金縣的企業如沙棘飲料廠、金山玫瑰基地帶貨。

但蘋果、松茸這些產品季節性強，賣完就沒有了。為了讓小黃車裏一年四季都有東西賣，一方面，我們在小金縣尋找更多好的產品，另一方面，老鄉也會主動找我們提供產品。

我們要做的，就是在產品質量上把好關，要分辨甚麼是好的、甚麼是不好的。比如松茸的外觀都差不多，但手感是不一樣的，不好的可能再存放一天就會發霉。蘋果也是如此，表面上看是好的，但一切開，就可能有蟲或者壞心，需要我們仔細查看。

農產品這塊，我們帶貨量最大的是小金蘋果。小金蘋果往往是低半山的農戶在種植，比較難找。低半山晝夜溫差大，日照充足，蘋果口感比較好。然而需求量大了，我的選果時間就不充裕了，山裏村民很多時候把蘋果賣給我，就不管了。同時水果需要強大的售後支撐，利潤點也低，我和妻子兩個人根本顧不過來。

現在，我們和當地一個代辦人合作，委託他去小金縣各戶人家尋找貨源、把控品質。代辦人幫我們選果，也幫我們打包發一

部分貨。如果我們要發貨，得先從代辦人那兒收購，再打包賣出。這兩年，共賣出了 1.5 萬斤蘋果。

在快手上，我們賣了三年土蜂蜜，從 100 多斤賣到 900 多斤，好評率是 100%。

最早發現土蜂蜜，是在一位農戶家裏，他住在原始森林和草原的結合地帶，蜜園和花園的海拔 3 500 米，資源非常好，但每年只產 10 桶蜜。我通過直播幫他賣出去後，他才敢擴大規模。第二年產出 50 多桶，第三年產出 130 多桶，足足有 900 斤。

後來，我們和其他兩戶養蜂老鄉也合作了。為了保證蜂蜜質量，我們會和養蜂農戶簽署協議，約定不能用白糖餵蜜蜂，一年只取一次蜜。回收蜂蜜的時候，我們會看蜂蜜的黏稠度、測量活性酶，再用一些土方法來鑒定蜂蜜的質量。

農產品標準化的經驗，我也是慢慢摸索的。疫情期間，我參加了第三期「快手幸福鄉村創業學院」。在線上參加快手電商培訓的課程，讓我最受用的就是農產品的品牌化建設。

品牌化建設的目標是，產品可以上架到超市，在大的市場中流通。對於我們偏遠山區來說，要對農副產品進行品牌化是很難的。要註冊商標、有自己的廠房、進行 SC（食品生產許可）認證，還要統一產品包裝，資金投入大，時間跨度也非常長。此前，我們雖然有了品牌保護意識，也註冊了「忘憂雲庭」的食品和文旅商標，但品牌化建設還有很長的路要走。

為此，我們也開始與具備生產資質的廠商合作。比如我們賣的犛牛肉，是和當地一家犛牛肉廠對接的。他們把農戶手裏的肉加工好，然後我們在直播間賣。

金山玫瑰生產基地也是如此。他們有生產線和科研力量，能

夠生產玫瑰花茶、玫瑰花醬、玫瑰純露、玫瑰面膜、玫瑰霜這些產品，這樣可以帶動週邊農戶擴大玫瑰種植規模。2020 年 8 月，我們開始幫金山玫瑰帶貨，兩個月帶了 3 萬元的貨，算是初有成效。

2020 年，我們開始試點黑豬認養，因為山裏的黑豬非常好，純糧餵養，生長週期至少 8 個月，肉質更香、肉纖維更密，之前很多網友留言説想認養。既然老鐵們有這樣的需求，我就在中間牽線，把快手老鐵和當地老百姓連接起來，把城市和鄉村打通，幫助農戶實現增收。

報名認養黑豬的有 100 多名老鐵，我篩選出了 10 名來試養。他們需要提前交付認領金，包括豬苗費、農戶日常管理費，年底再交代養費、快遞費。本來山上每家農戶都會餵養一兩頭黑豬自己吃，現在再多餵養一兩頭就可以了。

這類似於一個「期貨交易」的渠道，通過快手，讓交易前置。我每週會拍短視頻或者開直播，更新豬的生長情況，網友能看到認養的豬放在哪一家、環境如何、吃甚麼。時間久了，他們就對養豬的過程有了參與感，這也是一種情感寄託。

直到現在，很多網友還在私信詢問有沒有黑豬認養的指標，也有很多人想認養雞，但我們還沒有開始進行，主要是精力有限。如果可以，之後果樹認養、雞認養、羊認養的模式都可以發展。

認養模式的扶貧效果是很好的，它已經不單單局限於帶貨了。帶貨對主播有要求，需要會後台操作，能用直播把存量的農產品賣出去。認養最關鍵的是農戶提前有訂單收入了，能保證前期投入。而且不管是種植果樹還是養殖黑豬，農戶不愁銷路，就不會打農藥、餵催肥飼料了，真正實現了「生態綠色」。

我們的客戶除了快手老鐵，也有企業。2020 年 5 月，在快手

扶貧的牽線下，我和小金縣副縣長，與久久丫公司的老總在直播間連麥溝通，線上簽署了 500 萬元的花椒採購單。在這之前，久久丫是通過一家公司來採購我們小金縣的花椒的。這次，久久丫相當於和小金縣簽訂了一份戰略框架協議，直接預訂了農戶的花椒。

在快手結交一幫新朋友

通過快手，我認識了天南地北的很多朋友。有一些是快手的大主播，還有一些是快手老鐵。我從大主播那兒學到了很多短視頻的拍攝、剪輯技巧和直播帶貨方法。來自各行各業的網友也非常熱心，在交流互動中，會令我產生一些扶貧工作與生活的新想法。

2016 年，為了學習怎麼上熱門，我當時關注了一位快手主播，他在徒步重走長征路。小金縣的夾金山是紅軍長征翻過的第一座雪山，我猜他肯定要路過小金縣。

看到他到猛固橋的時候，我就去找他，把他帶到了甘家溝村，一來二去也建立了感情。他教我怎樣拍攝視頻：甚麼時候停頓、如何配音樂、如何選封面，我才知道原來製作短視頻有那麼多技巧。

後來，一位有幾十萬粉絲的快手主播何玉也關注了我，我非常激動。通過我發的扶貧短視頻，他知道山上的一位貧困戶姐姐行動不便，每天吃不上熱飯，就私信我，捐了 200 元，想給她買一個微波爐。後來，我們也成了朋友，從他那兒我也學到了很多。

再後來，我又陸續認識了快手上的其他主播，他們中的很多人也會偶爾來「忘憂雲庭」待個幾天。比如主播「玩哥在荷蘭」來的時候也幫我打開了思路，讓我不要受限，可以增加直播帶貨的品類。

短視頻培訓：技術反哺大山

　　山裏的資源多，我們直播帶貨，能帶的量還是有限的。以松茸為例，每年 7—9 月，在麻足寨後山挖松茸的就有上千人。後山松茸的年產量可達 200 噸，產值近 5 000 萬元。通過我直播間賣出去的松茸大約只有 1 000 斤，杯水車薪。

　　傳統的銷售方式，是把農產品賣給縣城老闆或者中間商，錢一點點地賺。隨着直播電商的興起，農產品可以直接賣給全國各地的消費者，對農戶來說，相當於拓寬了收入來源，增加了銷售渠道。

　　作為直播電商的早期入局者，我會身體力行地帶動村民，讓大家知道在快手上可以賣出特產，這樣，大家就會開始效仿。我在田間地頭開展工作的時候，也會向他們推薦快手。

　　小金縣美興鎮下面的村子，比如甘家溝村、大水溝村、木蘭村等，至少有 200 戶人家都聽我講過短視頻和直播。我希望村裏人的思維能轉變過來，快手不是只有有知識有文化的人可以用，他們也能在上面開帳號、做直播賣貨。

　　村民註冊完快手帳號後，我都會教大家怎麼拍視頻。我發現，發快手視頻就像寫作文一樣，要具備五大要素：時間、地點、人物、情節、結果。我鼓勵大家要敢於面對鏡頭，你站在鏡頭前，就有人物了，要先讓別人信任你。拍的內容也要垂直，不要今天拍婚禮，明天拍做飯，這樣沒有意義。

　　比如你要賣蘋果，就發和蘋果相關的生活狀態，拍蘋果的生長過程，把快手短視頻連接到你的特產上。剛開始拍，怎麼積累粉絲？從零做起，堅持拍。哪怕只有 1 000 個粉絲，其中有 100 個都是大山外的人，你就能賣貨了。不要小看這 100 人，每人買一

箱蘋果，也不得了，這 100 人會裂變，影響身邊的同事和朋友。
說不定明年你們家的蘋果賣完了，還能賣親戚家的。

2020 年，我和快手的一位工作人員在木蘭村舉辦了一期短視
頻培訓班，有二三十人參加。現在，他們當中已經有人在通過快
手賣貨了。比如，快手主播蘋果姐姐，以前他們家的蘋果都是商
販來收，現在她和家人會用快手賣蘋果，堅持發短視頻。她也經
常給我打電話，交流短視頻的拍攝經驗。

未來，如果有時間，我想去小金縣的每個村都講一下，希望
把整個小金縣的電商都發展起來，村民們從看客轉變成主播，把
短視頻和直播真正地與農村生活連接起來，賣自己家的農產品。

旅遊盤活當地經濟

我們在「忘憂雲庭」，一開始沒想過發展民宿。所有的想法，
都是隨着時間一點點冒出來的。最早的遊客是來自內蒙古錫林郭
勒的一對夫妻，他們在 2019 年大年初三時過來玩。在這之後我們
就開始思考，除了把山裏的特產賣出去，能不能把快手老鐵也引
進來，帶動這個地方的旅遊業發展。

2019 年 3 月，我把快手帳號名正式改為「忘憂雲庭」。

每天我都收到很多老鐵想要過來玩的私信，但我們沒有接待
能力，基本上都拒絕了。有的老鐵不打招呼，就直接來了，沒辦
法，我們就帶他們去山上的農戶家裏住，還支了幾頂帳篷，讓他
們可以露營。截至 2020 年 10 月，有 1 000 多名遊客來過「忘憂雲
庭」。回頭客也比較多，有的人來過 2 次，甚至 5 次。2020 年 4

月，成都一對夫婦來我們這裏考察後，決定建設 8 間民宿。5 月份動工，6 月底完工投入運營，對前期民宿投了 30 多萬元，算是有了初步的接待能力。也是在這一年的國慶節，我們共接待了 200 多人。短短三個月，有 5 萬多元的營業額。我們和對方簽了 20 年使用權合同，我相信下一年營業額能做到 30 萬元。

這裏還要完善旅遊服務配套設施，但基建的成本非常高，政府在這裏的投入也很大。2018 年，我來麻足寨的時候，從山下到山上的路已經修好了，修這條路至少投入了 1 000 萬元。山上沒有網絡，10 月我向政府申請拉了網線過來。後續，這個地方的道路還需要拓寬，要增加安全飲水，建設排污設施，可能還需要政府更多的支持。

快手村設想

麻足寨，一個廢舊荒僻的小山村，以前沒人願意來，老百姓都搬走了。現在，越來越多的遊客過來，一時間變得門庭若市。為甚麼會發生這種轉變？是快手，讓大山外的人看到了這個地方的美景。

我現在做夢都在構思如何建設「快手村」。為甚麼要做快手村？因為我很感恩快手，「忘憂雲庭」這個帳號是在快手成長起來的，也是快手官方最先發現我們的，他們不僅給我們流量，還帶來很多媒體資源，讓我們這個偏遠山村被「放大」。

在「忘憂雲庭」，冬天可以看到周圍連片的雪山，夏天可以看雲海、日出日落。週邊的資源也非常好，每個點都可以串聯起來，

打造成旅遊觀光的模式。

比如三日遊，第一天，在麻足寨住着玻璃星空房，體驗雲端餐廳、瑜伽館，品嚐這裏的紅酒，享受「無邊游泳池」；第二天，去後山草場體驗山地摩托，露營一晚；第三天，騎車去天眼牧場，住一晚之後下山，或者去爬雪山，傍晚下山後，住在雪山小屋。未來，從都江堰到小金縣，還會開通一列旅遊觀光小火車，火車三面全是玻璃，相信會吸引更多的遊客。

在快手村的設想中，我們會融入快手元素，包括房間、道路、標牌、房屋的整體構造、室內的軟裝。現在有一些快手主播想認領投資民宿房間，用來回饋自己的粉絲。一位主播認購幾間房，我們來幫他建設，快手主播向他的粉絲介紹這裏的民宿，粉絲過來住宿，這樣就把主播的資本與粉絲資源都留在這了。

快手扶貧成效

從 2019 年 6 月到 2020 年 6 月，中國有 2 570 萬人通過快手平台獲得了收入，其中 664 萬人來自貧困地區，在這些貧困地區，每 4 人中就有 1 位活躍的快手用户。國家級貧困縣的快手用户記錄生活的視頻總數超過 29 億條，被點讚超過 950 億次，播放量超過 16 500 億次（統計時間段為 2019 年 4 月 23 日—2020 年 4 月 23 日）。

張飛是快手認證的「幸福鄉村帶頭人」。截至 2020 年 8 月，該項目已開展 3 期，覆蓋全國 20 個省（自治區）51 個縣（市、區），培育出 36 家鄉村企業和合作社，發掘和培養了 68 位鄉村創業者，提供了超過 200 個在地就業崗位，累計帶動超過 3 000 户貧困户增收。帶頭人在地產業全年總產值達 2 000 萬元，產業發展影響覆蓋數百萬人。

注意力時代、注意力貧困與信息流賦能減貧 [1]

鄢一龍　清華大學公共管理學院副教授、清華大學國情研究院副院長

要點

· 在注意力時代，內容電商創造了「無限商場」的銷售模式，改變了商業邏輯，同樣也改變了減貧的邏輯，注意力貧困問題成為注意力時代需要解決的突出問題，通過信息流賦能，幫助農民把握注意力時代的機遇，能夠推進內生減貧。

　　2020 年新冠疫情以來，直播帶貨成為一個火爆的社會現象。直播帶貨正在創造一個又一個的銷售奇跡。5 月 10 日董明珠在快手直播帶貨，3 小時銷售額達到了 3.1 億元。聯合國官員走進中國直播間，為盧旺達咖啡帶貨，1.5 噸咖啡豆 1 秒鐘賣光，這相當於盧旺達農民咖啡公司過去一整年的銷量。淘寶數據顯示，淘寶頭部主播薇婭 2020 年 9 月 22 日到 10 月 21 日一個月內的 26 場直播銷售額已經達到了 1 464 億元，[2] 超過了寧夏、西藏、青海整年的社會消費品零售總額。政府官員、企業家、電視台主持人、社

---

① 本文寫作受益於對快手、阿里巴巴、字節跳動的研究，受益於與快手研究院何華峰、李召，阿里巴巴陳濤等人的討論，作者謹表謝意，並文責自負。原文載於《文化縱橫》，作者授權快手研究院編發。

② https://www.taosj.com/taobao-live/index/#/influencers/?id=69226163&page=1&sortType=descending&sortField=date.

會名流紛紛開始直播帶貨。直播銷售不但成為社會主流，同時也進入了國家戰略視野。直播帶貨等成為擴大內需、活躍市場的重要戰略抓手，國務院辦公廳發佈文件，鼓勵實體商業通過直播電子商務、社交營銷開啟「雲逛街」等新模式。[①] 人社部將互聯網營銷師列入新興職業。

這些變化本身不是新冠疫情帶來的，而是由於我們已經進入了一個注意力時代，近年來注意力經濟已經蓬勃發展，而疫情推動了它的大爆發。

2019 年我們對一些互聯網巨頭進行了研究，深刻認識到時代大潮背後時代邏輯的巨變。我們已經步入了一個注意力時代，這不但改變了商業邏輯，也改變了貧困問題的邏輯。注意力成為寶貴的資源，信息提供生產力，關注創造價值，通過信息流賦能能夠消除注意力貧困，推動貧困人口脫貧。

黨的十八大以來，我國提出了精準扶貧戰略，並將脫貧攻堅戰作為決勝全面建成小康社會必須打贏的三大攻堅戰之一。2012—2019 年，我國貧困人口從 9 899 萬減少到 551 萬，貧困發生率從 10.2% 降到 0.6%。2020 年我國將在發展中國家中率先實現全面消除絕對貧困的宏偉目標，這是人類發展史上的一個壯舉。信息流賦能減貧讓農民能夠掌握移動互聯網時代的「新農具」，能夠在注意力時代，擁有先進生產工具，從而實現內生式脫貧。

---

① 《國務院辦公廳關於以新業態新模式引領新型消費加快發展的意見》，國辦發〔2020〕32 號。

一、注意力時代與內容電商的崛起

1. 注意力資源成為寶貴的稀缺資源

早在 1971 年西蒙就指出，在一個信息豐富的世界裏，唯一的稀缺資源就是注意力。我們處於一個信息大爆炸的時代，根據聯合國的報告，全球互聯網協議流量 2017 年 1 秒的流量（45 000 千兆字節）是 1992 年 1 天流量（100 千兆字節）的 450 倍。而全球數據仍然以每年 40% 的速率在增長。與此相對應的是人的時間與注意力的稀缺，注意力資源成為最寶貴的資源之一。這種稀缺性是由信息的無限供給與注意力資源的有限性之間的矛盾所產生的。

注意力資源的有限性首先表現在個體有效時間的有限性。個體一天二十四小時，除了睡覺等昏沉時間之外都在關注特定的事物，這段時間就可以被稱為個體的有效注意力時間，個體有效注意力時間乘以國民人口數，就構成了國民總有效注意力時間。整個社會注意力資源總量是有限的，注意力資源除了被分配到生產性勞動上，也被分配在閱讀、社交等非生產性勞動及各種形式的消費上。互聯網已經成為個體注意力資源配置的主要空間，中國網絡視聽節目服務協會估計，2018 年網民平均每天手機上網時間高達 5.69 小時，而且 2018 年底比 2017 年增加了 1 小時，增量部分中的 1/3 是用於刷短視頻。[①]

其次，注意力的活力效度是有限的。個體注意力無法保持持續的活力，注意力消耗本質上就是個體生命的消耗，除了時間消耗之外，還有精力、體力等的消耗。注意力是個體意念的聚焦，

[①] 中國網絡視聽節目服務協會 . 2019 中國網絡視聽發展研究報告［EB/OL］，http://www.xinhuanet.com/video/sjxw/2019-05/30/c_1210147518.htm，2019-5.

類似閃光燈聚焦到關注對象上，而這種聚焦是要消耗能量的。

再次，注意力範圍效度是有限度的。注意力相當於我們接受外部信息傳遞給我們主體並進行處理的帶寬，這種有限帶寬在面對無限的信息供給時就需要我們做信息的篩選。

與注意力資源有限性對應的信息爆炸，使得注意力資源成為社會的稀缺資源，那麼個體是如何配置其有限的注意力資源的呢？心理學對於注意力主義有兩個研究範式：意向與關注，心理學家丹尼爾·卡尼曼將心理活動劃分為兩個系統，系統 1 是不需要有意識努力的自主控制系統，而系統 2 則需要將注意力轉移到費腦力的大腦活動上來。系統 1 的活動相當於關注，系統 2 的活動相當於意向。

意向是注意力在個體的內在欲求下對關注對象的主動搜尋，而關注則是外部刺激引起的注意力聚焦，而這種刺激能夠吸引注意力是由於它與個體內在的執念存在對應關係。這就意味着能夠通過操控外部刺激，喚醒個體的某種執念，使得其對特定刺激產生黏性，從而吸引注意力資源。

線下注意力資源是分散的，很難形成規模效應，而國民平均上網時間已經達到了每天 5.69 小時，線上的注意力資源規模巨大，可達範圍廣，而且能在很短的時間內積聚。互聯網已經成為注意力資源配置的一個主要渠道，互聯網信息平台已經成為最大的注意力資源配置中心。互聯網時代通過分發信息流就能夠有效配置注意力資源，控制了信息流，就相當於控制了注意力資源配置。微信作為目前國內最大的社交平台之一，通過圖文閱讀和社交媒介吸引了大量的注意力資源。隨着視頻時代的到來，快手等短視頻應用程序成為注意力資源配置的主要平台，例如，快手的

CEO 宿華明確提出快手要做注意力分配，讓更多人得到關注。

在注意力稀缺的時代，互聯網信息平台要想成為注意力配置中心就需要把握社會注意力配置的規律。首先，要能夠提供信息篩選機制，幫助用戶在海量信息中找到有意義的信息。百度等搜索引擎，提供了一種人找信息的工具；而微信通過朋友圈、微信羣、公眾號在看等功能，通過社交網絡進行信息篩選；今日頭條等則通過人工智能精準推送，來實現個體對於感興趣信息的觸達，使得意向和關注之間匹配得更為精準，實現了第三代信息篩選。其次，要提供敏捷信息，要讓網民能夠在最短時間內獲取最多的有意義信息，信息短且濃縮，易於瀏覽、易於網民抓取，微博、短視頻的風靡就是這個原因。第三，提供「帶感」信息。所提供的信息要能夠引起受眾共鳴，從而引發受眾的關注、點讚、轉發等行為，短視頻之所以比圖文信息更吸引用戶，就在於它更能刺激用戶的感官。第四，心理上的助推，通過下意識的助推，引導用戶的特定行為。各種信息平台中未查看的信息都會用紅色數字、紅點等進行提示，而文字、視頻等內容傳播的標題黨、抓眼球的暗示，實際上都是在撩撥用戶下意識地去點擊。

注意力時代的表現，不僅在於注意力資源的稀缺性，也在於注意力資源的巨大價值。首先，人的天性就是尋求關注與贊美，通過他人的關注來證明自身的價值，關注本身就是賦予關注對象某種價值判斷。人是萬物的價值尺度，人能夠給他人和事物估價，賦予事物和他人意義，人工智能無論如何發展，在這一點上都無法超越人類。其次，關注是人其他行為的先導，關注引發欣賞，欣賞就會產生情感、心理的連接，引發交往、購買等活動。最後，

注意力資源的價值從來沒有像今天這樣能夠直接快捷地變現，移動互聯網為注意力資源的變現提供了便捷的渠道，特別是支付的便利性，使得粉絲能夠通過打賞、送虛擬禮物，以及網絡購物等方式讓這種讚賞直接變現。

2. 內容電商的崛起

注意力時代的一個重要現象就是改變了商業消費邏輯，注意力爭奪成為商業競爭的先導與主戰場。互聯網時代的消費邏輯正從產品為王、品牌為王轉向注意力為王。中國經濟從 20 世紀 90 年代就進入了買方市場，到今天更是進入了一個供給充裕的時代。在產品稀缺時代，人無我有，產品為王，有供給就有市場；在供給相對充裕的時代，需要貨比三家，品牌為王，質量、品牌與延伸的服務就成為消費者的首要考慮；在供給高度充裕的時代，注意力為王，有大量同等品質產品可供選擇，很難通過品牌來區分產品質量，品牌忠誠度的重要性也在下降，而追新品，消費有故事、有趣味、有文化的產品正在成為潮流，因為特定的消費場景、社交與關注引致的消費成為新的爆發點。

我們可以將內容電商能夠取得如此爆炸性業績的重要原因概括為「無限商場」理論。傳統電商將商場搬到了網絡上，傳統電商類似於在互聯網上建立了超級商場，顧客先有購物需求，再到網站上進行搜索與挑選。如同線下商場升級為商業綜合體從而創造了新商業模式，內容電商類似於在互聯網上建立了一個超級的「商業—娛樂綜合體」。

內容電商能夠形成「無限商場」是由於其能夠聚集海量的注意力資源。先配置注意力資源，再配置商品資源。網紅經濟本質上

就是注意力經濟，內容電商是注意力時代的產物。消費與社交在虛擬世界中融合在一起。內容電商的視頻、音頻，相較傳統的圖文信息而言，門檻更低，情感內容更豐富，這強化了互聯網信息的娛樂與社交功能，也使得信息提供方與信息接收方之間形成更強的情感黏性，建立更強的連接。粉絲會帶來主播的「私域流量」，同時也可以通過公域導流的方式吸引關注，這就凸顯了主播的重要性，主播粉絲的價值很高，例如，快手上一名普通的電商主播，粉絲數量 10 萬，年毛收入可能就在 60 萬元以上。[①]

如果説傳統電商使得有限貨架變為無限貨架，從而帶來了銷售的長尾效應，內容電商則使得有限商場變為無限商場，從而帶來銷售的爆炸效應。直播間的容量是無限的，能夠吸引大家的關注，單個直播間吸引的人數有可能高達幾千萬，而像一些全網頭部主播的直播間多的時候有 1 億多人觀看，這相當於世界上一個大國的全部人口，都在短時間內集中在同一個虛擬商場內，這就帶來了銷售的爆炸效應，只要有一定比例的購買，就會在很短時間內創造巨大的銷售額。這些全網頭部主播則成為這個無限商場的「超級售貨員」，與傳統售貨員一樣都要推銷商品，不同之處在於他們不是面對單個客戶推銷，而是要同時面對上億客戶推銷。而三千多萬的高黏性粉絲就類似於回頭客，所以能在短短一個月內創造了超越一些省份整年的銷售業績。

線下商場逢年過節的促銷活動，能夠帶來銷售的堆積效應，而這被運用到電商的「雙十一」活動中，由於其面向全國市場，這種促銷效應就被極度放大了。這種促銷效應和內容電商的結合，

---

① 相關數據來自快手內容創意中心商業化總監賀昊勛的介紹，2019 年 11 月 1 日下午，快手總部 W 座 404 會議室。

會進一步顯示其威力。

　　線下商場提供信用使得商品銷售成為可能，傳統電商通過用戶點評、支付中介等方式使得人們能夠與距離很遠的地方的人做生意，內容電商則通過線上商場的方式拉近了相距遙遠的銷售和消費雙方的距離，使得購買者某種意義上「熟悉」銷售者，從而提供新的信用途徑。

　　內容電商更為重要的一點是它改變了市場結構，線下商場是區域商場，服務的對象是商場週邊人口，傳統電商已經使得全國聯結成統一市場，而內容電商進一步改變了市場結構。由於用戶黏性更高，內容電商的十多億月活用戶，就是一個已經被聯結的潛在市場。傳統商業運行成本很高，就是因為存在大量的中間環節，大量中間商在賺差價，而傳統電商的出現已經使得中間環節大大縮減，但還是有一個電商營銷環節，而內容電商的進入門檻更低，使得生產者自身可能就是銷售者。快手提倡的一個概念是直播加源頭好貨。內容電商的出現使得中間環節進一步縮減，比如董明珠帶貨就是廠商直接面向消費者群體，相當於消費者直接從廠家提貨，這一方面有信譽度保障，另一方面也能夠壓低價格，使得直播間成為大型直銷現場。

二、注意力貧困

　　注意力時代也在改變着貧困的邏輯。隨着人類社會的發展，人類對於貧困的認知也在改變。最早我們對貧困的認識就是收入低，收入低下帶來了生產資料的匱乏。隨後我們又認識到能力貧

困問題，諾貝爾經濟學獎獲得者阿瑪蒂亞·森認為應該從概念上將貧困定義為能力不足而不是收入低下，要根據「可行能力」來衡量貧困。2000 年世界銀行發佈的《世界發展報告》認為，貧困不僅指物質的匱乏（以適當的收入和消費概念來測量），而且還包括低水平的教育和健康，貧困還包括風險和面臨風險時的脆弱性，以及不能表達自身的需求和缺乏影響力。聯合國開發署設計了多維貧困指數（MPI），從教育、健康、生活標準三個方面來衡量貧困，這就將貧困的概念從收入貧困拓展到了人類貧困。人類對於貧困的認識已經是多維度的，從最早的收入貧困，擴展到人類的發展貧困、知識貧困、生態貧困、心理貧困等。

　　從不同的維度，貧困都可以被看成生活或者發展資源的匱乏，或者獲取資源的能力不足，脆弱性大。在注意力時代，作為寶貴的稀缺資源，注意力的匱乏同樣成為貧困的一個重要維度。社會的注意力資源分配是很不平衡的，一般而言，越是社會精英所吸引的注意力資源就越多，這包括對他個人的關注或者是對他所擁有的物品的關注。這一方面是由於整個社會天然地對於成功的人士更加重視，另一方面，傳統媒體的有限版面，以及特定傳播議程需求，會帶來少數精英羣體的聚光燈效應，使得這個社會的大多數人是不被媒體所關注的，在社會信息生產過程中他們是「看不見」的大多數。

　　互聯網上的注意力資源狀況可以從四個維度來衡量。第一個是曝光度。個人、產品、品牌在互聯網中的曝光情況包括報道、社交帳號、閱讀量等，很多貧困人口的曝光度接近於零，沒有設立任何公共社交帳號，而大量的社交媒體注意力資源還是向頭部大號集中，絕大多數帳號的閱讀量與點擊率都很低。第二個是美

譽度。個人、產品、品牌在互聯網上受到讚譽的情況,包括點讚、正面報道、評論等,曝光度不等於美譽度,有許多高曝光度事件是負面輿情,同時也有許多平時曝光度很低但是美譽度很高的情況,例如高級別榮譽獲得者,還有許多「做驚天動地事,當隱姓埋名人」的幕後英雄。第三個是忠誠度。就是關注的持續性情況,包括粉絲的數量與粉絲的穩定性等。第四個是變現度。就是將注意力資源轉化為收入和財富的能力,許多明星也擁有大量的注意力資源,但是他們的流量變現能力比不上頭部的直播網紅,這也促使許多明星開始投身直播。網紅現象是從互聯網誕生開始就出現了的,但是以前的草根網紅,例如芙蓉姐姐、鳳姐、犀利哥等,或是曇花一現,或是將關注進行線下變現,不像現在的網紅,關注本身就會給他們帶來巨大的收益。

注意力貧困就是指所擁有的注意力資源匱乏與獲取注意力資源的能力不足。注意力貧困最直接的表現是一種社會排斥,因為不被關注,使得個體勞動與產品的價值得不到充分認可,也使得生活的意義得不到充分體現。由於注意力資源的匱乏,使得其在注意力時代缺乏寶貴的資源來獲得財富。同時也表現為獲取注意力資源的能力不足,農村人口的注意力貧困也存在未能熟練使用「新農具」吸引注意力資源的情況,許多人不清楚如何利用網絡來推銷產品,不清楚網商的策劃、銷售、宣傳方式,使得自身產品打不開銷路。

注意力貧困群體與貧困人口群體不能畫等號,許多人有大量的其他資源,並不需要社會關注,他們是注意力匱乏群體,但並非貧困人口。與此同時,這個時代也造就了一大批草根網紅,擁有大量注意力資源,從而擁有了獲得財富的機會。例如,上海有

個流浪漢沈巍，因為能旁徵博引，侃侃而談，他的相關短視頻一經發佈幾乎是立即成了引發海量關注的網紅，後來成了月入十幾萬的簽約主播。這些草根網紅，並沒有傳統意義上的經濟、社會資源，卻因為被關注，而身價暴漲。

三、信息流賦能減貧

在注意力時代，隨着新的信息平台出現，改變了社會注意力資源的配置方式，創造了一種新型的減貧模式，就是通過信息流配置解決貧困人口的注意力貧困問題，使得貧困人口被關注，並將獲得的注意力資源轉化為價值，從而實現脫貧致富。

1. 泛在賦能

新信息平台的出現使得信息傳播方式由中心化轉變為去中心化，這也在一定程度上推動了注意力資源分佈的扁平化發展，打破了傳統精英羣體對於社會注意力資源的壟斷。

首先是使得人人都用得上傳播工具。快手指出，短視頻軟件是一種「普惠性技術」，它改變了整個社會的注意力配置方式。傳統的信息傳播是壟斷在媒體手裏的，而互聯網的出現就使得人人都能發帖，移動互聯網時代短視頻平台的出現，使得上網自我推銷的門檻進一步降低，不需要製作圖文信息，只需要能直播、能拍視頻就可以，從人人有鍵盤、到人人有麥克風，再到人人都有直播間、短視頻平台。

同時由於受眾可達範圍很廣，通過精準推送等技術，可以實

現信息生產方與信息消費方的精準連接，這使得原先很難得到關注的「小眾」信息、「長尾」信息也會受到一定程度的關注，所有公眾號、視頻都會有一些點擊量與閱讀量，人人都能「被看見」、「被聽到」。

與此同時，我們也要警惕，新信息平台出現並不會自然也促進注意力更加平等的分配。如果不加以干預，可能會形成新的不平等。頭部主播、爆款視頻、爆款文等可能會獲得過多的社會注意力，而大量品質很高的內容得不到應有的社會關注。

2. 新市場空間與新社羣

新的信息平台將數億人連接在一起，改變了傳統的市場結構和交往方式，創造了新的市場空間與「新社羣」，從而使得在傳統的市場結構中處於邊緣化的貧困人口，獲得了新的發展機遇。

截至 2020 年 6 月 30 日，快手的中國應用程序及小程序的平均日活躍用戶數為 3.02 億，這意味着短視頻平台成為一個具有數億用戶的潛在市場，只要能夠引起他們的關注，就有可能將他們轉化為客戶。

貧困人口大多生活在偏遠地區，經濟距離成為他們脫貧致富的一個強大阻礙，而通過信息平台的接入，多遠的距離都成了零距離，這改變了他們原先在市場中邊緣化的地位。貧困人口的邊緣化地位，不但表現為地理上的邊緣化，還表現為在傳統市場結構中的邊緣化，貧困人口處於生產鏈條的末端，生產的產品或者只能在範圍很小的區域市場銷售，或者被中間商層層盤剝。新的信息平台，創造了一種新的市場空間，快手稱之為一種新的「商品—直播—終端消費者」市場結構，這使得貧困人口能夠直接面

對廣闊的市場，在事實上將貧困人口從市場邊緣地帶帶到了市場的中心地帶。例如，江蘇省連雲港市海頭鎮是一個漁業之鄉，原先銷售海產品需要通過海產品市場，漁民的獲利空間很小，而匡立想通過在快手等平台上直播打撈海鮮、吃海鮮等內容，秉承着要吃就吃最新鮮的理念，由一個捕魚郎變成了一名主播，擁有 200 萬粉絲，每次直播帶貨量都在 1 000 單以上，同時也帶動整個海頭鎮的海鮮銷售轉戰直播平台。2018 年，海頭鎮以 165 億次的點擊量，成為快手播放量第一鎮；2019 年，全鎮電商海鮮銷售額超過 50 億元。

伴隨新市場空間形成的是新社羣，傳統的人與人之間的關係，是在現實生活中通過工作或者生活逐步建立連接的，這種方式成本很高，搜索的範圍有限。精準推送技術的產生，實際上使得個體可以在整個平台數億用戶中進行搜索和匹配，這帶來了新的關係連接，也造就了新的社羣。例如，我們在快手調研時碰到的嗩吶名曲《百鳥朝鳳》的演奏者陳力寶，他之所以成為快手的活躍用戶，很重要的原因就是快手提供了一個嗩吶愛好者的新型社羣，原先這些愛好者散佈在全國各地，彼此聯繫很困難。像陳力寶這種「廟堂裏的演奏家」也需要花很多時間去各地采風，才能聽到那些被埋沒在「角落裏的聲音」，現在，快手了解了用戶的需求並進行精準推送，就給他推送了全國各地的民間嗩吶藝人的短視頻，如此就形成了這一小眾羣體的社區，他開售網上課程，民間藝人可以向陳力寶這樣的名家學習，陳力寶也可以從民間藝人那裏汲取營養。貧困人口之所以貧困的一個原因是社會排斥，他們的社會關係很難為解決他們的貧困問題提供幫助，新社羣為貧困人口

提供了開闊眼界的窗口，使他們能夠學習到脫貧致富的知識。[1]

3. 內容生產與「設定」打造

內容電商的興起意味着生產者的全媒體化過程，他們既是產品的生產者，也是信息的生產者，通過信息內容的生產，吸引了消費者的注意力，推動了產品的銷售。不論是吸引新的粉絲，還是要保持不掉粉，都需要有持續的內容生產能力，而信息平台之所以能夠獲得大量關注，是和它擁有大量的優質內容生產者分不開的。

在海量信息時代、信息過載時代，需要讓傳播的信息自帶高光、自帶流量，這樣才能被人關注，進而引發大規模的傳播，同樣的風景、同樣的產品，經過主題策劃、信息包裝後，就會變成有爆炸力、有傳播力的信息。

這是一個網絡人設、景設、物設的打造過程。注意力時代，人們真正消費的不僅僅是產品與服務本身，更多的是產品與服務背後的那種設定，人有人設，景有景設，貨有貨設，村有村設。這種設定就是產品與服務背後傳遞的感覺、故事、調性、文化等。

村莊也可以通過打造「村設」的方式形成新的地理標識，來吸引大量的關注。河北省張家口市玉狗梁村，位置偏僻，資源貧乏，村民生活貧困，青壯年大都外出打工，村黨支部書記盧文震帶領村裏面的老人練瑜伽，獨創了農民生活瑜伽操，在鍛煉身體的同時將短視頻上傳到快手等平台上，因其「反差萌」吸引了大量眼球，玉狗梁村變成了瑜伽網紅村，帶動了鄉村旅遊與藜麥、馬鈴

---

[1] 根據陳力寶的介紹，2019 年 11 月 1 日下午，快手總部 W 座 404 會議室。

薯等特色農產品銷售，實現了脫貧。[①]

在這些「設定」確定之後，還需要通過視頻、圖片、文字的方式與用戶進行更直接、更多層次的交流，強化網友認知，刺激購買。

4. 信息流的配置

信息流的流向決定了注意力資源配置的渠道，信息平台能夠通過信息分發的方式為貧困人口賦能，這是一個信息營銷、信息傳播、信息價值轉化的全鏈條賦能過程。

同時，通過人工智能信息技術，能夠實現信息的精準推送與精準匹配，讓信息找人，人找信息，讓信息的生產者與信息的消費者相互尋找，實現信息供給方與需求方的精準連接，大大提高了信息傳播的效率，使得貧困地區、貧困人口的產品被更多的潛在客戶羣體所了解。

四、注意力時代與後 2020 減貧

2020 年我國總體上實現了全面脫貧，2020 年以後國家不會再以舉國之力投入減貧，鄉村可持續脫貧將融入鄉村振興政策，而信息流賦能能夠使脫貧具有內生動力，也將成為後 2020 減貧戰略的重要途徑。

在注意力時代，信息成為先進生產力，注意力成為最寶貴的資源，需要把握注意力經濟的機遇，通過信息流賦能為後 2020 減

---

① 根據玉狗梁村書記盧文震的介紹，2019 年 11 月 1 日下午，快手總部 W 座 404 會議室。

貧與鄉村振興注入新的動能。

在國家層面需要有系統的設計，鼓勵地方政府、村民、互聯網平台、企業、內容生產者、網絡營銷師形成合力，構建全鏈條的鄉村注意力經濟生態，打造鄉村注意力高地，進一步推動鄉村脫貧致富。構建以政府為主導、農民為主體、平台企業為支撐、社會廣泛參與的鄉村注意力經濟振興機制。

加大鄉村振興的注意力經濟基礎設施建設，增強信息基礎設施、週邊產業配套設施投入力度，幫助貧困地區建設流通服務網點，提高倉儲、包裝、加工、運輸等環節的綜合物流服務能力，降低其產品成本，提高市場競爭力。

推進鄉村注意力振興工程。系統挖掘與設計鄉村產業品牌，打造由村幹部、鄉賢等組成的鄉村品牌設計運營團隊，由頭部內容創作者、網絡達人等組成的規模化營銷團隊，由外來資本、村集體、村民等組成的生產團隊，構建全鏈條的鄉村注意力經濟生態，運用新媒體加大貧困地區農產品的宣傳推廣力度，打造更多名副其實的網紅產品，推動鄉村整體脫貧致富。培養一大批掌握信息傳播工具的新農人。通過「讓手機變成新農具」，使傳統農民成為新農人，成為掌握信息工具的網絡達人、帶動鄉村脫貧致富的網紅和宣傳農村、農民、農產品的大 V。

在看到注意力時代帶來的巨大機遇的同時，也要看到巨大的挑戰。信息產品的成癮性、信息繭房、隱性操縱、信息碎片化、一味抓眼球等問題，都使得這既是信息無限豐盛的時代，也是主體性無限匱乏的時代。老子說：「五色令人目盲，五音令人耳聾，五味令人口爽，馳騁畋獵令人心發狂」，許多人深陷在感官刺激帶來的注意力黏着中不可自拔，人日益成為孤單的、疏離的、抽象

的個體，虛擬的世界越來越真實，真實的世界卻越來越虛擬，成
為這個時代極為深刻的內卷化問題之一。

視頻時代的經濟新範式
與治理能力構建

郭全中　中央黨校（國家行政學院）文史教研部高級經濟師

要點

· 新技術革命極大提升了整個社會和經濟發展的效率和能力，帶來新經濟範式。

· 新技術也帶來了新的治理難題。結合新技術的內在規律，新治理能力應當具有積極包容性、系統性、技術性三大特點。

· 現代治理能力構建要在堅持政府機構主導的基礎上，充分發揮平台型企業的功能和作用。

　　人類有史以來，經歷了文字發明、印刷術、電報技術、互聯網技術等四大信息技術革命。每一次信息技術革命，都給社會和經濟帶來了「創造性破壞」，帶來新的社會操作系統和底層架構，創造性地從理念、用戶（用戶規模、用戶權利）、產業、業態、模式等方面建構起新的經濟範式，也破壞性地顛覆了舊的經濟範式。每一次經濟範式的顛覆和變革，都對治理模式提出重大挑戰，而新治理模式也必須適應新技術的發展規律和要求。

新技術革命帶來新經濟範式

互聯網技術，尤其是大數據、短視頻、直播、人工智能等，如今已經成為新的社會操作系統，成為社會平權和賦能的基礎設施，極大地提升了整個社會和經濟發展的效率和能力，從根本上建立起了數字經濟新範式。

在理念方面，新技術重構了用戶個體之間的底層連接關係，充分彰顯了用戶的價值和地位，信息和價值的傳遞效率和能力都產生了本質性變革，「用戶體驗為王」與分權的理念深入人心。

在用戶方面，由於新技術大幅度降低了進入門檻，基本上人人都可以借助新技術更好地參與社會和表達自己，網民規模極為巨大。截至 2020 年 6 月底，我國網民規模為 9.40 億，互聯網普及率為 67.0%，網絡直播用戶數 5.62 億，其中直播電商用戶數為 3.09 億。而快手的日活躍用戶數為 3.02 億，其中直播電商日活躍用戶數突破 1 億。

尤其需要指出的是，用戶權利也得到了本質性擴張，即使是偏遠地區一些文化程度偏低的用戶，也可以通過快手等平台展現自己，進而獲得數字資產和經濟收入。比如山東廣饒的農民本亮大叔成為快手紅人，其粉絲量超過 1 782 萬，年收入過百萬元。

在應用、業態方面，信息分發、內容生產、數字廣告、電子商務、金融服務、物流運輸、外賣等各行各業中都充滿了新應用和新業態，尤其是在短視頻和直播領域，快手等開創了直播新時代。

在產業和經濟方面，2019 年，我國的數字經濟增加值達到 35.8 萬億元，佔 GDP 的比重達到 36.2%，對 GDP 增長的貢獻率為 67.7%；我國直播電商市場規模為 4 338 億元，2020 年將達到 9 610

億元，其中，快手 2019 年直播電商交易額為 596 億元，而 2020 年上半年則為 1 096 億元；我國互聯網廣告總收入約 4 367 億元，同比增長 18.2%；我國遊戲產業實際銷售收入為 2 308.8 億元，同比增長 7.7%；我國直播產業市場規模或超 700 億元。

特別是新技術還催生了一批世界級的公司，我國的騰訊、阿里巴巴、字節跳動、快手、美團、百度等，都是極具競爭力的世界級企業。尤其是在傳統產業進行數字化轉型升級過程中，直播電商等新業態能夠助力企業更好地了解用戶需求，通過「快反」等方式構建起 C2B 商業模式。比如，尚品宅配等公司，借助高黏性、高互動性的快手平台，很好地實現了「快反」。

在商業模式方面，通常採取的是「免費 + 收費」的商業模式，即先通過免費的功能來吸引足夠數量的用戶，再通過增值服務來實現商業價值變現。平台型企業形成了規模巨大且良性互動的生態系統，也具有準公共物品的性質，其副產品是大量免費的公共物品，更好地滿足了人民羣眾日益增長的美好生活需要。

新技術需要新治理能力

毫無疑問，新技術在帶來新經濟範式的同時，也帶來了新的治理難題。如技術尤其是人工智能技術的失控風險與倫理，技術平台的社會動員能力規範，用戶數據隱私保護，數字知識產權保護等諸多難題，都需要通過提升治理能力來解決。

黨和國家早已經充分認識到新技術帶來的新機遇和新風險，要求構建起現代化的治理體系和治理能力。中共十八屆三中全會提出，推

進國家治理體系和治理能力現代化，十九屆四中全會更是明確指出，到 2035 年，基本實現國家治理體系和治理能力現代化。

結合新技術的內在規律，新治理能力應當具有積極包容性、系統性、技術性三大特點。

在積極包容性方面，既要積極主動地去預防可能出現的問題，又要包容新技術帶來的新的內生問題。一方面，新技術帶來的難題極難預判，這要求我們提前積極預防。正如英國哲學家大衛‧科林格里奇在《技術的社會控制》一書中指出的，「一項技術的社會後果不能在技術生命的早期被預料到。然而，當不希望的後果被發現時，技術卻往往已經成為整個經濟和社會機構的一部分，以至於對它的控制十分困難」。

有效的途徑之一就是通過對全社會尤其是對科技企業與技術人員進行系統化培訓，樹立起「技術向善」的理念。一是通過充分發揮技術的巨大潛力，讓它惠及大多數人的生活，進而打造出更好的數字經濟與數字文明，正如快手 CEO 宿華所說，快手的調性就是普惠，給予每一個人獨特的幸福感；二是把「確保新科技被善用而不是被濫用甚至是惡意使用」的觀念，內化到每一個人的觀念中。

另一方面，由於新技術帶來的是革命性的變化，在發展中必然會帶來各種各樣的問題，這就需要監管部門採取包容的態度，在發展中解決問題，在解決問題中更好地促進發展。

在系統性方面，新技術帶來的機遇和挑戰是全面、系統和徹底的，而現代治理能力也需要進行系統化的構建和提升。一方面，構建現代化治理能力要全員參與，除了政府機構起主導作用之外，平台企業、用戶、平台上的各類服務者、供應鏈商家、行業協會、科研院所等各類參與者，都要深度參與，以更好地實現多方力量的協同共治。

以直播電商為例，系統化的現代治理體系包括國家網信辦、國家市場監管總局等黨政機構，淘寶、快手、抖音、京東等直播平台，主播和從事直播的企業，產品和服務的供應鏈，用戶，中國廣告協會等行業協會，科研院所等科研機構，形成覆蓋直播電商全部參與者、全產業鏈的現代治理體系，在促進直播電商良性、高速發展的同時，維持正常的市場秩序並更好地保護知識產權等。

另一方面，現代治理能力的構建需要各種手段和工具，包括「技術向善」理念的培育、各類法律法規的制定和完善、平台企業和從業者的自律等。例如，在直播電商領域，國家市場監管總局發佈了《市場監管總局關於加強網絡直播營銷活動監管的指導意見》，中國廣告協會發佈了國內首份《網絡直播營銷行為規範》，商務部組織阿里巴巴、快手、京東等13家直播電商行業主體代表共同發佈了《直播電商行業自律倡議書》等。

在技術性方面，現代化治理能力建構必須基於先進的技術手段，充分利用大數據、人工智能、區塊鏈等新技術。正如熊彼特所說：不管把多大數量的驛路馬車或郵車連續相加，也絕不能得到一條鐵路。

新技術通過網絡把全世界連成地球村，信息、交易、物流的頻率和效率都得到極大提升，數據成為新的生產要素，數字資產將成為個人的重要財產。但同時也帶來數據隱私泄露嚴重、網絡黑產和灰產違法犯罪現象突出等難題和風險。完全依靠之前的治理能力和手段，已經無法應對，必須依靠先進的技術手段來解決。這就要求我們按照新技術的本質和規律，構建出理念先進、技術領先、實力強大的現代治理能力。

平台型企業治理能力構建的核心抓手

新技術帶來的新經濟範式的一個顯著特點，是平台型企業的崛起。具有較強公共物品性質的平台型企業，已經在平台運行的實踐中扮演着重要的公共規則制定者、裁決者、協調者和服務者的角色。現代治理能力構建要在堅持政府機構主導的基礎上，充分發揮平台型企業的功能和作用。

第一，平台型企業更了解新技術可能帶來的風險。在新技術的應用上，平台企業起着引領和示範作用，也能夠最先知道新技術的發展趨勢和潛在風險。平台型企業在技術的快速迭代中，能夠即時發現技術可能出現的變異和問題，並及時採取對策。

第二，平台型企業規模大、實力強。根據社會責任理論，能力越大責任就越大，目前平台型企業形成了龐大的良性生態系統，是數字經濟的核心參與者和經濟結構轉型的發動機。而且它們絕大多數已經成為世界級企業，成為綜合國力競爭的重要因素，在實踐中已經在多方參與者的協同共治中起到橋樑性作用。

第三，平台型企業技術強。它們都是技術驅動型的公司，在新技術的研發和使用方面都居於本行業領先地位。例如，以大數據和人工智能為基礎的快手、字節跳動等，在整體智能化水平方面就處於國內外領先地位。因此，技術更為先進的平台型企業能夠提供更好的技術解決方案，為現代治理能力賦能。

毫無疑問，技術既是新經濟範式構建時最銳利的矛，更是面對技術帶來的新難題時更堅實的盾，在新技術—經濟範式的互動中，可以構建起先進的、動態調適的現代治理能力。

在通往數字世界的路上

何華峰　快手科技副總裁、快手研究院負責人

2020 年春節前後，新冠疫情爆發。線下銷售受限，直播帶貨突然火了。

很多人找到快手，尋求直播方面的知識：企業找直播帶貨渠道，想了解這是短期一陣風還是長期趨勢，要做多大投入；政府關注直播，想看這是不是持續的經濟新動能；媒體不斷報道、評論，有褒有貶，反映出公眾的關注和疑慮。

2016 年下半年，宿華就提出，視頻是新時代的文本，視頻會改變一切。所以在認知層面，我們很清楚，直播帶貨作為視頻時代的重要場景，絕不止是一陣風，疫情只是加速了視頻化的進程。有人預計，疫情結束後，世界再也回不到過去了，我們深以為然。疫情猶如望遠鏡，提前透露了遠處的世界。

不過，在實踐層面，視頻時代具體是如何演進的，是怎樣改變商業的，我們也需要通過調研才知道。快手本身是一個中性的工具，具體的平台生態演進，並不由我們提前設計。具體的模式也都是用戶在實踐中「跑」出來的，我們也要去看了才知道。

一

2020 年 4 月，結束了居家隔離，我們迫不及待地出去調研。視頻時代的變化真快，和 1 月相比，短短 3 個月就有大變化。特別是臨沂調研，讓我們深受震撼和啟發。

這次調研回來，正好有政府領導希望了解直播帶貨。我們決定做一個小冊子，用鮮活的案例、淺顯生動的文字，把一些問題回答清楚。讓政府和企業在最短的時間內獲得對直播的整體認識。2020 年 6 月初，我們撰寫了 4 萬字的《直播電商研究讀本》。

薄薄的冊子裏，臨沂調研最精彩。臨沂有 130 多個批發市場，是批發之城，短短兩年間，就變成了有上萬名主播的「快手之城」。陶子等二級批發商向快手商家的轉型，充分體現了視頻這種新信息化工具的強大力量。

從臨沂調研中，我們看到：

（1）臨沂批發市場原來輻射週邊地區，直播把銷售半徑擴大到了全國；（2）主播徐小米在 2020 年 4 月 28 日有 100 多萬粉絲，一個晚上的直播銷售額突破 1 000 萬元，這樣的體量是不可思議的；（3）有的批發市場因為沒有及時轉型，變得很被動；（4）線下零售商向直播轉型的過程中，也曾遇到不同渠道價格不一致帶來的「左手打右手」的痛苦；（5）主播們在向品牌化發展。

這本小冊子成了我們與學界、政府、企業交流的工具，沒有正式出版，前後印了 1 145 本。

在這個基礎上，我們繼續到各地調研，不斷發現有意思的內容：

（1）杭州的主播、供應鏈、信息資源最齊備，杭州已成長為「直播之都」；（2）廣州貨源充足，是「供應鏈之都」，但主播不夠，正在努力轉型；（3）在武漢，我們看到大量的快速反應工廠，武漢作為生產基地，正在迅速崛起；（4）在陝西武功，直播帶貨倒逼出新的倉儲、物流等基礎設施；（5）在廣東四會，我們看到直播如何給珠寶行業帶來機會；（6）我們還看到教育行業的新物種……

經過幾次迭代，就有了現在的這本書。

2019 年，我們公開出版了《被看見的力量 —— 快手是甚麼》一書，其中個人案例比較多。我們意識到，新書和之前的書是一脈相承的，都是講視頻時代的生態。比起 2019 年，2020 年的生態已經發生了很大變化，有了更多機構的加入，平台本身的功能也變得更加完善。

二

我們正在通往數字化世界的路上。視頻是強大的數字化工具，較之圖文，更多的事物、場景被更有力地連接起來，即時在線協同使溝通成本呈指數級下降。由人工智能開啟的視頻時代，是構建數字化世界的一個新階段。

世界由交易構成，交易由信息和實物交付兩個環節構成。視頻代表的是信息交互環節效率的革命性提升，整個世界的交易自然會被改變（見圖 15.1）。

交通和通信的英文單詞都是 communication。每一次交通和通信技術的躍遷，都會極大降低交易成本，重構整個世界。京杭大運河、鐵路、書信、電報、電話和今天的視頻，莫不如是。

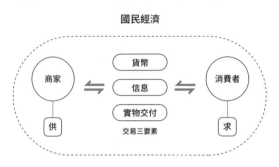

圖 15.1　世界由交易構成

註：貨幣在本質上也是信息。所以，也可以稱交易只有信息和實物交付兩個部分。

　　而改變的過程，表現為商家與新工具的結合。因為有機會獲得更高的投資回報，更多的商家被吸引進來。如此良性循環，生態日趨繁榮。

　　比如，2018 年 11 月 6 日，快手主播散打哥創造出 1.6 億元的日交易額。我們在杭州與遙望網絡的創始人謝如棟交流，他說自己就是因為散打哥才「殺」入直播電商的。

　　視頻時代會改變一切。我們希望每個人都可以了解，因為這與每個人息息相關。

三

　　這本書的編排上，第一部分主要為各地的實踐案例，第二部分為各行業的實踐案例，第三部分和第四部分為快手生態，主要是基礎設施演變和品牌成長。最後，我們討論了視頻時代的扶貧和就業。

　　整本書講的是視頻時代開發新大陸的波瀾壯闊的故事，講述在新的技術—經濟範式下，商業如何重新建構，新供給和新需求呈現甚麼樣貌。這是通向數字中國（其實也是數字地球）、智能社會、智能經濟

的必經之路。

　　案例是最好的學習途徑。我們設想，政府、企業、高校、研究機構等各界人士，可以用最短的時間，看到有價值的鮮活案例，了解視頻時代的輪廓，並對實踐有所幫助。我們也配上了簡潔而深刻的分析和提煉，讓讀者知道我們完整的思考過程，供有興趣的朋友參考和指正。如果讀者覺得其中有一兩篇文章對自己有啟發，我們的目的就達到了。

一、中國短視頻、直播發展概況

1. 短視頻、直播規模概況

中國擁有全世界最多的短視頻用戶，2019 年約佔全球短視頻平台用戶數的 80%。

中國短視頻平台的平均日活躍用戶數於 2019 年已達 4.957 億，到 2025 年預計將達 8.999 億。

每位日活躍用戶在平台的日均花費時長預計將從 2019 年的 67 分鐘增至 2025 年的 110.2 分鐘。

中國擁有全世界最多的直播用戶，2019 年約佔全球直播平台用戶數的 50%。

中國直播平台的平均日活躍用戶數於 2019 年已達 2.134 億，到 2025 年預計將達 5.128 億。

每位日活躍用戶在直播平台的日均花費時長將從 2019 年的 33.2
分鐘增至 2025 年的 51.9 分鐘。

數據來源：艾瑞諮詢

2. 直播電商規模概況

中國直播電商的商品交易總額預計將從 2019 年的 4 168 億元增至
2025 年的 65 172 億元，複合年增長率為 57.7%。

2019 年直播電商的商品交易總額佔中國零售電商市場的 4.2%，
該佔比預計將在 2025 年達到 23.9%。

數據來源：艾瑞諮詢

3. 快手直播電商相關數據

截至 2020 年 9 月 30 日的九個月，快手中國應用程序及小程序平
均日活躍用戶數達 3.05 億，月活躍用戶數達 7.69 億。

截至 2020 年 9 月 30 日的九個月，快手電商 GMV 為 2 041 億元
人民幣，根據艾瑞諮詢，快手成為世界第二大直播電商平台。

快手電商 GMV2018 年為 9 660 萬元，2019 年為 596 億元，2020
年前 11 個月 GMV 為 3 326 億元。

數據來源：快手招股説明書（2021 年 1 月）

截至 2020 年 5 月，快手電商日活躍用戶數突破 1 億，逾 100 萬快
手帳戶具有潛在的經營行為。

數據來源：快手（2020 年 5 月）

二、直播電商大事記

2020 年 4 月 20 日，在陝西考察的習近平總書記來到柞水縣小嶺鎮金米村的直播平台前，點讚當地特產柞水木耳。他強調，電商不僅可以幫助羣眾脫貧，而且還能助推鄉村振興，大有可為。

2020 年

2020 年 1—11 月快手電商 GMV 為 3 326 億元。

8 月，快手電商宣佈 2020 年 8 月快手電商訂單量超 5 億。

截至 6 月 22 日，一年內在快手獲得收入的用戶數達 2 570 萬，來自貧困地區的用戶數達 664 萬。

5 月 20 日，格力集團董事長董明珠在快手直播間帶貨，3 小時總成交額達 3.1 億元。

5 月，快手電商日活躍用戶數突破 1 億，逾 100 萬快手帳戶具有潛在的經營行為。

4 月 12 日，快手聯合央視新聞舉辦公益直播活動，賣出 6 100 萬元的湖北產品，創下為湖北公益直播賣貨的新紀錄。

2019 年

2019 年快手電商全年 GMV 為 596 億元。

12 月，快手直播日活躍用戶突破 1 億，快手遊戲直播日活躍用戶數達到 5 100 萬，遊戲短視頻日活躍用戶數達到 7 700 萬。

「雙十一」期間在「快手賣貨王」活動中，快手主播辛有志直播銷售額破 4 億元。

2018 年

11 月 11 日，淘寶主播薇婭開播兩小時銷售額達 2.67 億元，全天
直播間銷售額超 3 億元。

11 月 6 日，快手主播散打哥一天內帶貨超 1.6 億元。

6 月，快手正式上線快手小店功能。

2017 年

10 月 10 日，淘寶主播薇婭在一場直播中，為一家店舖引導銷售
額達到 7 000 萬元。

2016 年

5 月，淘寶直播正式上線。

4 月，快手上線直播功能。

A

1. **AI**（Artificial Intelligence）：人工智能，用於模擬、延伸和擴展人的智能。

2. **A 貨**：翡翠 A 貨指純天然且沒有經過任何化學手段處理過的翡翠。

3. **AR**（Augmented Reality）：增強現實技術，指透過攝影機影像的位置及角度精算並加上圖像分析技術，讓屏幕上的虛擬世界能夠與現實世界場景進行結合與交互的技術。

B

4. **BA**（Beauty Adviser）網紅化：主要針對美妝行業新零售的應用場景，讓美容顧問成為品牌的流量入口，幫助品牌做分享和「種草」。

5. **白牌**：指一些廠商生產的沒有品牌的產品。

6. **白胚**：用白胚布（沒有印染的白布）製作的沒有版型的樣衣。

7. **包流**：一種生產方式，指衣服的裁片是以一包一包的形式在各個生產員工之間流動，直至做好成品。

8. **標品**（標準產品）：有統一市場標準，如明確的規格、型號、材質，市場價格差距較小的產品。如手機貼膜。

9. B端：即商家、企業端。

10. B貨：是指由天然的、質量比較差的翡翠經過酸洗、充膠後加工而成的翡翠。

11. B2C（Business to Consumer）：電子商務的一種模式，指企業繞過中間商，直接通過互聯網為消費者提供一個新型的購物環境。如網上商店，消費者通過網絡在網上購物。

12. 玻璃種：透明度非常高，無雜質的翡翠。

C

13. C2M（Consumer to Manufacturer）：是一種新型的工業互聯網電子商務的商業模式，指消費者直接通過平台與工廠連接，工廠接受消費者的個性化需求訂單，然後根據需求設計、採購、生產、發貨。

14. C2網紅2M：網紅主播作為中介，將消費者的需求及時反饋給生產商。

15. C店：一般指淘寶C店，指個人店舖、集市店舖，除了天貓商城的店舖外，其他的店舖即淘寶C店。

16. C端：即消費者、用戶端。

17. 垂類：即垂直分類，垂類主播指專注某一類目的主播，例如服裝、食品、家電、玉石等類型的主播。

18. CPA（Cost Per Action）：是一種廣告計費模式，以行為（如消費者訂單量）作為指標來計費，而不限制廣告投放量。

19. CPM（Cost Per Mille）：指廣告展現給每一千個人所需花費的成本。

20. CPS（Cost Per Sales）：指以實際銷售產品的數量來換算廣告刊登金額。

21. CS（Cosmetic Store）渠道：指由化妝品店、日化店、精品店系統構成的日化產品銷售終端網絡系統。如屈臣氏、絲芙蘭等大型的線下渠道。

D

22. 檔口：通常指在批發市場中做批發生意的門店。

23. 單件流：指通過合理的生產標準和流程，安排好每道工序的人員量、設備量，使每道工序耗時趨於一致，以縮短生產週期、提高產品質量、減少轉運消耗的一種高效管理模式。

24. 大 V：指在新浪、騰訊、網易等平台上獲得個人認證（認證用戶暱稱後都會附有類似大寫的英語字母「V」的圖標），擁有眾多粉絲的用戶。

E

25. 二八定律：又稱關鍵少數法則、帕累托法則等，是指在任何一組東西中，最重要的只佔其中一小部分，約 20%，其餘 80% 儘管是多數，卻是次要的。

26. 二批：即二級批發商，指從廠家直接客戶（分銷商或直接批發商）處進貨再銷售的批發商。

27. ERP（Enterprise Resource Planning）系統：即企業資源計劃，指建立在信息技術基礎上，以系統化的管理思想為企業員工及決策層提供決策手段的管理平台。

F

28. 非標品（非標準產品）：指沒有統一衡量標準和固定輸出渠道，產品特性和服務形式相對個性化的產品。如女裝。

29. 服務商：為客戶提供各方面服務（如品牌定位、內容生產、流量運營）的商家或機構。

G

30. GIF（Graphics Interchange Format）: 即圖形交換格式，是一種公用的圖像文件格式標準。

31. 公盤: 翡翠拍賣的一種形式，即玉石原料集中公開展示，買家自行估價、出價、競投的投標過程。

32. 供應鏈基地: 指集成大量供應鏈，供主播選貨並提供運營、售後、物流等服務的機構。

33. GMV（Gross Merchandise Volume）: 指一段時間內的成交總額。

34. 公域流量: 也叫平台流量，不屬於單一個體，而是被集體所共有的流量。

H

35. 好物聯盟: 指由快手電商官方推出的品牌商品供應鏈聯盟，目的在於降低達人的電商化門檻，為主播達人提供更多優質的商品。

36. 虹吸效應: 指某一區域將其他區域的資源全部吸引過去，使得自身相比其他地方更加有吸引力，從而持續並加強該過程的現象。

I

37. IPO（Initial Public Offering）: 即首次公開募股，指一家企業第一次將它的股份向公眾出售。

38. IP（Intellectual Property）: 即知識產權，指個人對某種成果的佔有權。

39. ISV（Independent Software Vendors）: 即獨立軟件開發商，特指專門從事軟件開發、生產、銷售和服務的企業，如微軟。

J

40. JIT（Just in Time）：即準時生產體制，其基本思想是「只在需要的時候，按需要的量，生產所需的產品」，追求一種無庫存，或庫存量最小的生產系統。

K

41. KA（Key Account）：即關鍵客戶、重點客戶

42. 坑產：即坑位產出，坑產 = 該商品單價 × 銷量。（坑位指商品在電商平台或直播間被展示的位置。）

43. K12（Kindergarten through Twelfth Grade）：教育類專用名詞，是學前教育至高中教育的縮寫，現在普遍被用來代指基礎教育。

44. KOC（Key Opinion Customer）：即關鍵意見消費者，指能影響自己的朋友、粉絲產生消費行為的消費者。相對 KOL 影響力更小。

45. KOL（Key Opinion Leader）：即關鍵意見領袖，指擁有更多、更準確的產品信息，且為相關羣體所接受或信任，並對該羣體的購買行為有較大影響力的人。

46. 快反：即快速反應，指消費者提出需求，商家迅速給出反應進行生產。

47. 快品牌：在快手上火起來的品牌。

48. 買手：是指往返於世界各地，掌握流行趨勢，且手中掌握着大批量訂單的人。國內長期缺乏職業的服裝買手，文中主要指服務於直播基地的採購人員。

M

49. MCN 機構：孵化、服務主播的網紅運營機構，功能包括視頻內容設計、流量運營等。

50. 秒榜：直播時，用戶在短時間內給主播大量刷禮物，使自己在該直播間的禮物排行榜中排名第一。直播中或結束時，主播往往會引導粉絲為榜單第一的用戶點關注、引人氣。

51. 毛貨：距離成品只差拋光那一步的翡翠。

O

52. ODM（Original Design Manufacturer）：俗稱「貼牌生產」。在服裝行業，指品牌方委託工廠生產產品，由工廠從設計到生產一手包辦。品牌方直接貼牌並負責銷售。

53. OEM（Original Equipment Manufacturer）：俗稱「代工生產」。在服裝行業，指品牌方向工廠下生產訂單，再將產品低價買斷，並直接貼上自己的品牌商標。產品設計由品牌方完成，代工廠僅負責生產、提供人力和場地。

54. O2O（Online to Offline）：即線上到線下，指將線下的商務機會與互聯網結合，讓互聯網成為線下交易的平台。

P

55. 排期：即安排日期，例如主播團隊對近期每場直播的主題和品類進行安排。

56. PC（Personal Computer）：即個人電腦，包括台式機、筆記本電腦、平板電腦以及超極本等。

R

57. ROI（Return on Investment）：投資回報率。

S

58. SaaS（Software-as-a-Service）：軟件即服務，即通過網絡提供軟件服務。

59. SC 認證：食品生產許可認證。

60. SKU（Stock Keeping Unit）：庫存保有單位。在服裝購買中，

一件特定款式的粉紅色 S 碼襯衫（款式＋顏色＋尺碼）就是一個 SKU。

61. 私域流量：指商家與粉絲建立「關係」後產生的相對封閉的信任流量。

62. SOP（Standard Operating Procedure）：即標準作業程序，指將某一事件的標準操作步驟和要求以統一的格式描述出來，用於指導和規範日常的工作。

63. S2B2C：S 即大供貨商，B 指渠道商，C 為顧客。是一種集合供貨商賦能於渠道商並共同服務於顧客的全新電子商務營銷模式。

U

64. UP 主（Uploader）：指在視頻網站、論壇、站點上傳視頻、音頻文件的人。

V

65. VR（Virtual Reality）：即虛擬現實。

X

66. 小黃車：快手電商的賣貨工具，用於放置直播間商品的連接。

Y

67. 雲倉：是一種數字化、智能化的倉儲系統。大數據平台即為雲端，倉庫通過與互聯網大數據相連接，通過數據分析來整合、處理倉庫的物資和相關信息。

68. 一批：即一級批發商，指直接從廠家進貨的分銷商或批發商。

Z

69. 帳號矩陣：指以認證過的帳號作為運營主體，然後再開設或者聯動多個帳號，使帳號與帳號之間相互引流，最終以帳號組的形式實現營銷效果的最大化。

70. 種水：指翡翠的種質和水頭。通常種質越細膩、水頭越透明，翡翠品質越高。

71. 走播：有多種含義。一種是主播在市場裏邊逛邊直播的模式；另一種是主播不在固定的直播間，而是選擇去商場專櫃、供應鏈直播基地等做直播。

（索引整理：快手研究院研究助理蔡煜暉、田嘉慧）